北京市哲学社会科学规划办公室
北 京 市 教 育 委 员 会
资助出版

科技创新中心建设：法律与政策研究 2017

THE CONSTRUCTION OF
SCIENCE AND TECHNOLOGY
INNOVATION CENTER

A RESEARCH ON LAW AND POLICY 2017

主　编　谭华霖

副主编　陈　巍　贾明顺

社会科学文献出版社
SOCIAL SCIENCES ACADEMIC PRESS (CHINA)

编 委 会

主 办 方

北京科技创新中心研究基地

序

党的十九大指出，创新是引领发展的第一动力，是建设现代化经济体系的战略支撑。近年来，以习近平同志为核心的党中央高度重视科技创新，把科技创新摆在国家发展全局的核心位置。实施创新驱动发展，最根本的是要增强自主创新能力，最紧迫的是要破除体制机制障碍。建立适应创新驱动发展要求的制度环境和政策法律体系，对于我国顺利进入创新型国家行列无疑具有重要意义。2014 年 2 月，习近平总书记考察北京工作时强调，要坚持和强化首都全国政治中心、文化中心、国际交往中心、科技创新中心的“四个中心”核心战略功能。北京市拥有全国最丰富的智力资源和最集中的科技力量，建设具有全球影响力的科技创新中心是中央赋予北京的新定位，也是首都自身发展的内在要求。面向国家战略和首都定位，在北京市哲学社会科学规划办公室和北京市教育委员会的大力支持下，“北京科技创新中心研究基地”应运而生。

基地依托北京航空航天大学，紧密围绕国家战略和首都发展需要，聚焦制约北京科技创新中心建设的若干问题，重点面向科技创新政策制定、机制设计、人才保障等关键领域，深入开展对策性研究和基础学理性研究，为首都发展提供理论支持、智力支撑和决策参考。以服务北京这一决策为主线，力争建设成为该领域决策服务、科学研究、人才培养、学术交流、资料信息建设等五大中心。

基地整合北京航空航天大学精品文科资源，联合优势工科，建立多学科交叉互动机制，具有雄厚的科研实力。基地依托单位已获批国家工业和信息化部首批重点实验室——“工业和信息化法治战略与管理重点实验室”。基地研究团队长期关注高新科技与相关法律、政策的互动问题，承担过大量国家级、省部级研究课题，拥有雄厚的科研基础和丰富的公共政策服务经验。中国工程院院士张军教授担任基地首席专家，法学院院长、教育部“长江学者”龙卫球教授担任基地负责人。

获批建设一年多以来，基地坚持需求导向，立足科技创新中心建设法律与政策研究，组织举办了第三方科技评价法制体系建设、互联网法治论坛等多场学术交流活动，积极承担北京市教委“高精尖中心”建设评估、工业和信息化部知识产权推进计划和制造业法律政策研究等重点任务，广泛引导在校硕士、博士研究生、博士后在站人员以及青年教师面向与北京科技创新中心建设有关的法律与政策问题开展选题研究。在信息与互联网法治研究、制造业重点产业政策与新业态立法研究、技术合同立法研究、科技成果转移转化研究、第三方科技评价研究、域外科技创新法治研究以及与知识产权有关的立法与司法研究等方面，开展了大量工作，取得了丰硕的研究成果。

《科技创新中心建设：法律与政策研究 2017》是对基地建设一年多来该领域研究成果的初步汇编介绍，内容涉及科技创新与法律的互动关系、前沿科技领域法律与政策研究、科技创新给传统法学理论带来的冲击以及科技创新立法与司法实践等。在结尾附上了研究基地一年来的大事记及承担的主要研究项目等，以对外展示基地风采。本书在编写过程中，一如既往地得到了北京市哲学社会科学规划办公室、北京市教育委员会和基地各相关学科、院系、科研机构的大力支持和帮助，在此表示衷心的感谢！本书中可能存在的不足之处，还望广大读者多多批评指正。

北京科技创新中心研究基地
2017 年 11 月

夯实科技创新中心建设的法治保障

（代前言）

谭华霖*

党的十九大为加快建设创新型国家指明了方向，开启了建设世界科技强国新时代。近年来，以习近平同志为核心的党中央高度重视科技创新，把科技创新摆在国家发展全局的核心位置，提出了一系列新思想、新战略、新举措。2014 年 2 月，习近平总书记在北京视察工作时，明确指出要坚持和强化首都全国政治中心、文化中心、国际交往中心、科技创新中心的"四个中心"核心战略功能，赋予了北京建设全国科技创新中心的战略新定位。同年 5 月，习近平总书记在上海考察时提出，上海要努力在推进科技创新、实施创新驱动发展战略方面走在全国前头、走在世界前列，加快向具有全球影响力的科技创新中心进军。支持北京、上海建设具有全球影响力的科技创新中心是中央着力打造区域创新高地，不断优化发展布局，加快创新国家建设的重大战略举措，更是北京、上海城市自身发展的内在要求。2016 年 4 月和 9 月，国务院分别印发《上海系统推进全面创新改革试验加快建设具有全球影响力的科技创新中心方案》《北京加强全国科技创新中心建设总体方案》，为上海和北京全面加快科技创新中心建设指明了方向路径。

科技创新中心建设离不开法治保障。综观历史，全球科技创新中心的形成与发展历程，本质上与科技革命、制度创新、经济波动等因素密切相关，但法律制度的保障与激励作用在科技创新中心的形成过程中也发挥着

* 谭华霖，法学博士，北京航空航天大学法学院教授（院聘），北京航空航天大学党委宣传部部长、新闻中心主任，北京科技创新中心研究基地常务副主任。

重要作用，如英国伦敦、法国巴黎、德国柏林和美国波士顿及硅谷地区等，这些科技领先区域无一不是较早地形成了保障和激励创新的法治环境。科技创新中心建设过程是一个科技与法律密切关联、频繁互动的过程，一方面，科技创新所带来的“未知领域”和“模糊地带”需要法律不断去界定和澄清，各类创新主体的权益也离不开法律的保护，创新资源的配置主要依靠市场，而市场经济即是法治经济；另一方面，建设具有全球影响力的科技创新中心是一个长期演进和不断转型升级的过程，只有通过法律手段将科技创新摆在优先发展的战略地位，为其创造一个可靠、安全、稳定、持续的外部环境才能确保其最终建设成功。

科技创新中心建设需要不断完善立法。立法在某种程度上是利益的选择与平衡。当前，世界范围内新一轮科技革命和产业革命正磅礴兴起，科学技术发展变革的速度超出想象。大数据、云计算、物联网、人工智能、无人驾驶、无人机等新兴业态不断涌现，其对法律制度的配套供给提出迫切需求，致使不断出现新的立法空白。科技与法律的交叉融合愈加密切，科技创新对立法工作的热切呼唤可谓前所未有。科技创新的前瞻性、难以预测性使得人们很难精确地量身制定法律，但滞后的法律往往成为创新的束缚和羁绊，科技创新的发展迫切需要法律及时跟进以填补规则漏洞，这往往对立法形成倒逼之势，要求立法机构能够快速稳妥地完成利益衡量和凝聚共识并对其做出正确及时的响应。当前，推进我国科技创新中心建设，一要着力克服重政策、轻法律的制度设计路径，为科技创新中心建设提供更具稳定性和权威性的法律支撑；二要加强统筹协调和综合配套，纵向处理好法律、行政法规、部门规章、地方性法规等立法的协调性，横向处理好科技、财政、投资、税收、人才、产业、金融等领域立法工作的配套性，系统构筑好保障科技创新中心建设的法律体系；三要注重通过立法规制政府行为，进一步激活市场在配置创新资源方面的作用，使政府在法律框架下通过政策调整和公共服务等手段，引导创新资源的优化配置。

科技创新中心建设也要持续改进司法。司法是维护社会公平正义的最后一道防线。科技创新中心建设离不开公正、便民的司法的保驾护航。近年来，我国司法机构及时回应科技创新中心建设对司法工作的新期待，不断强化司法对科技创新中心建设的导向作用，并开展了系列探索。2014 年以来，北京、上海积极适应科技创新中心建设对司法体制保障方面的需求，已先后设立知识产权法院，并建立了技术调查官等制度。2015 年以来，上海市高级人民法院、上海市人民检察院先后专门出台《上海市高级人民法院关于服务保障上海加快建设具有全球影响力科技创新中心的意见》和《上海检察机关服务保障科技创新中心建设的意见》，为上海建设具有全球影响力的科技创新中心提供优质的司法服务和保障。当前，推进我国科技创新中心建设，一要严格知识产权保护，强化“三审合一”审判机制，统一司法标准，提高司法效率，加大侵权损害赔偿额度，并提升对技术秘密、技术标准、商业模式等创新成果的保护力度，切实保护好科技创新主体的积极性、创造性；二要加强对金融、商事、劳动、行政等各类涉及科技创新中心建设案件的审理与执行，大力推动科技领域多元纠纷解决机制建设，让人民群众在每一个司法案件中感受到公平正义；三要努力建设一支既懂法律又懂科技的专家型、复合型、国际化司法队伍，为司法保障科技创新中心建设提供强有力的人才支撑。

目　录

一　政策研究

二　学术观点

三　法治实践

四 附录

一　政策研究

我国智能制造的法律挑战与基本对策*

龙卫球　林洹民**

摘　要：智能制造将成为我国实现“大国崛起”的关键一环。为了实现这一蓝图，我国现阶段应当主要通过政策而非法律的方式推动其发展。具体而言，我国应当发挥政府的引导和支持作用，公私协力打造研发平台；应当积极推动科技成果转化；应当扩宽融资渠道，着重促进中小企业和落后地区的科技创新和成果转化。同时，法学界也应当积极面对新的挑战，研究智能制造可能带来的法律问题：企业和个人数据保护问题、法律责任分担问题、网络安全问题、规范平台以防止数据垄断问题、《标准化法》修改问题、劳动法改革问题以及调整既有民法制度等问题。格外需要强调的是，对新问题要勇于“跨界”研究。法学家应当通过与其他领域专家的互动和交流，明确法律手段的适用领域和疆界，以此为《中国制造2025》保驾护航。

关键词：智能制造　法律和科技　政府政策　法律挑战

Abstract: Intelligent Manufacturing will be one of the most important keys to China's development. At present, Policy, instead of laws, would be the proper way to make it reality. Specifically speaking, the government of China should take three steps to support it. Firstly, the government should play a guiding role in it,

* 本文原载《法学评论》2016年第6期。

** 龙卫球，法学博士，北京航空航天大学法学院院长、教授、博士生导师，北京科技创新中心研究基地主任；林洹民，法兰克福大学博士生。

meanwhile with the help of private companies to create the platform of intelligent manufacturing; secondly, the government should actively promote scientific and technological achievements to be applied in practice as soon as possible; last but not the least, the government should open up new financing channels for intelligent manufacturing, especially for middle companies in poor areas of China. At the same time, the law scholarships should positively face new challenges, researching legal issues brought by intelligent manufacturing: the protection of corporate and personal, the legal liability of intelligent manufacturing, cyber security, the standardization and anti-monopoly of platform, the modification of *China's Standardization Law*, the reform of labor law and the adjustment of existing law and so on. To overcome such difficulties, the way of research, cooperating with experts in other areas, should be most emphasized in 21st century. Jurists and other experts should regularly interact and communicate with each other, in order to make a clear boundary of law in the background of "Made in China 2025".

Key words: Intelligent Manufacturing; Law and Technology; Government Policy; Legal Challenges

2015 年 5 月 19 日国务院发布《中国制造 2025》行动纲领，公布了九大任务、十大重点领域和五项重点工程，以此掀开了我国从“制造大国”向“制造强国”转变的序幕。在九大任务当中，纲领着重指出“智能制造”是推进信息化和工业化融合的主攻方向，因此要研究制定智能制造发展战略，加快发展智能制造装备和产品。一定意义上说，国家下发文件要求发展“智能制造”是回应金融危机以后世界制造业发展转型的产物。[①] 在 2011 年，德国提出了“工业 4.0”发展计划。从那一刻起，“工业 4.0”几乎成了德国的另一代名词。[②] “工业 4.0”是德国为了回应第四次工业革命而提出的高科技计划，其核心是通过智能集成感控系统（Cyber-Physical System;

① 参见《国务院关于印发〈中国制造 2025〉的通知》（国发〔2015〕28 号）。

② Henning Kagermann/Wolf-Dieter Lukas, *Industrie* 4.0: *Mit dem Internet der Dinge auf dem Weg zur* 4. *industriellen Revolution*, http://www.vdi-nachrichten.com/Technik-Gesellschaft/Industrie-40-Mit-Internet-Dinge-Weg-4-industriellen-Revolution，最后访问时间：2016 年 6 月 27 日。

CPS）实现人、设备与产品的实时连通、相互识别和有效交流；通过“智能工厂”和“智能生产”实现人机互动，构建一个高度灵活的个性化和数字化的智能制造模式。[①] 在这一背景下，美国也不甘落后。就在德国提出“工业 4.0”计划的同一年，美国总统奥巴马推出了“先进制造伙伴计划”（Advanced Manufacturing Partnership；AMP）以期提升本国对先进技术的投资和拓展水平。2013 年 2 月，奥巴马政府又推出了 AMP2.0。AMP2.0 委员会致力于维持美国在科技和创新领域的投资；建立全国范围内的以公私合作为标志的制造业创新联盟；改善社区大学劳动力培训项目，培养复合型人才；通过赋税、法规、能源和贸易改革等改善美国制造业投资环境；等等。[②] 可见，美国又一次赋予了制造业以发展的优先权。除此之外，俄罗斯、印度等国也先后出台政策以推动本国制造业升级，其中日本更是早在 1989 年就已经着手布局。[③] 在这样的背景下，《中国制造 2025》的出台从一开始就面临着巨大的国际压力。以美德为代表的世界制造强国正在紧锣密鼓地抢占新一轮的工业革命的制高点。而我国在“以智能制造为主攻方向”的同时，还必须打好自身的传统工业基础。[④] 换言之，我们是在还没有彻底实现工业 2.0（流水线式）、3.0（自动化）的基础上就要跨越发展到工业 4.0 的阶段，这无疑是极为不易的。然而，时间对所有人都是冷漠的，循序渐进只是一场空梦。新一轮的技术革新已经开始，我们已经没有填补过去的时间了。而中国，比世界上任何一个国家，都清楚地明白落后意味着什么。在这一背景下，为了赶超美德，实现跨越性发展，就必须动用国家的力量，全力推动我国制造业的信息化和智能化。《中国制造 2025》选择的利用国家力量发展工业的路径，既是无奈之举，也是我国可能赶超美欧的唯

---

① Zukunftsprojekt Industrie 4.0，https://www.bmbf.de/de/zukunftsprojekt-industrie-4-0-848.html，最后访问时间：2016 年 6 月 27 日。

② President Obama Launches Advanced Manufacturing Partnership Steering Committee “2.0”，https://www.whitehouse.gov/the-press-office/2013/09/26/president-obama-launches-advanced-manufacturing-partnership-steering-com，最后访问时间：2016 年 6 月 27 日。

③ 汪逸丰：《日本“智能制造系统”国际合作计划及其创新体系概述（一）》，http://www.istis.sh.cn/list/list.aspx?id=10073，最后访问时间：2016 年 8 月 2 日。

④ 《苏波就〈中国制造 2025〉答中外记者问》，http://news.xinhuanet.com/info/2015-03/30/c_134108773.htm，最后访问时间：2016 年 8 月 2 日。

一选择。

那么紧接的疑问就在于，我国该如何通过国家力量推动制造业的智能化？政府能够做点什么？而法律又该扮演什么样的角色？本文意图针对上述问题贡献些许拙见，以为抛砖引玉之用。

一　智能制造背景下的法律和科技

法律和发展似乎是一对永恒的矛盾。一方面，法律是对过去经验的总结，其往往难以预测未来的发展趋势，而法律的国家强制性又使得人们必须遵守法律。这一现象的自然结果便是，滞后的法律往往成为改革的羁绊。也正是注意到了这一点，在改革开放初期，彭真同志强调立法应“宜粗不宜细、宜短不宜长、成熟一个制定一个”，[①] 从而使得社会主义经济体制改革可以“摸着石头过河”。但另一方面，改革本身往往也始于法律的变革，历史上的重大改革无不始于“新法”。我国社会主义改革与 1982 年宪法修改、《民法通则》的制定等密不可分；2007 年生效的《物权法》对个人所有权的平等保护也进一步为社会主义市场经济的发展添砖加瓦。

法律和科技的关系也无外于是。一方面，科技发展本身的不可预期性，使得人们很难精确地为科技量身定做法律；但另一方面，科技发展也需要法律跟进以填补漏洞，从而为科技发展提供一个可靠、安全的外部环境。法律处理的是人与人之间的关系，其有助于形成人与人之间的基本信任。而任何一种投资本质上都是一种信任关系。工业的发展、科技的研发等都需要一种信任模式的建立和良性运作。在这种背景下，应当如何协调法律和科技发展的矛盾？为了应对这一问题，立法者首先尝试通过创新立法技术的方法对此进行协调。例如，日落规则（Sunset Rules）的设立使得特定法律可能只在一定时间段内有效，从而使得立法者可以针对特殊问题做出“权宜之计”；智能预期草案（Intelligent Anticipatory Drafting）的提出也使得立法者可以首先允许企业或研究机构进行特定科技开发和应用，但是政府

---

① 《总则来了，民法典还远吗》，http://www.legalweekly.cn/index.php/Index/article/id/15757，最后访问时间：2016 年 8 月 2 日。

一旦发现其中存在问题，就可以要求其在一段时间内停止开发或应用，并且思考立法的可能性；[①] 反思“技术中立”，承认技术无法在监管缺位的情况下真正“中立”，从而使得法律制度为技术研发设定不违背基本价值观念的宏观框架；等等。[②] 然而，通过上述介绍我们也可以清晰地发现，这种立法技术使得法律大多只能起到缰绳的功效，而无法积极推动科技的发展。更何况，法律特定的程序要求也使得其运行起来仍然不够灵活。

在这种背景下，政府政策或许更有利于协调法律和科技发展的关系。毕竟，政府政策的“立法程序”没有制定法那么严格，这使其可以迅速地填补法律漏洞，以捍卫人格尊严、人身安全以及环境保护等重要利益。在特定历史发展阶段，政策是可以起到类似于法律的作用的。例如，在改革开放初期，我国对于私人财产的保护即是通过政策实现的。再者，政府也可以灵活地通过与科技代表人士协商以调整政策本身，从而避免政策的“滞后性”。这使得政府政策似乎成了最受喜爱的调整科技发展的工具。然而，鉴于政策本身的宽泛性，使得通过政策很难建构出一套统一的、细致的规则框架。更何况，政策本身是否蕴含了除了技术以外的其他价值，这些价值是否与民主社会的其他理念相一致，也颇为值得怀疑。亦即政策制定本身的合法性和透明性并非没有疑问。[③]

人类文明的经验告诉我们，囿于理性的局限性，人们往往是难以做出最优选择的，有时甚至连不做出最坏的选择都很难。两次世界大战即是明证。有无数的机会可以避免战争，但是人类却做出了对彼此最差的选择。战后，丘吉尔也只能遗憾地表示，这是一场本来可以避免的不必要的战争。然而，也正是意识到了自身理性的局限性，人类开始总结经验、探寻规律，力图找到一个至少不是很坏的指引。未知是人类最大的恐惧，而出于这种恐惧，一些本可以避免的错误就产生了。为了避免犯下这种“错误”，理论和学说便显得必不可少。诚然，没有完美的理论，在追求幸福和梦想的道

---

① C. Reed, *Taking Sides on Technology Neutrality*?, 4 SCRIPTed 263 (2007).

② See House of Commons Science and Technology Committee, *Government Proposals for the Regulation of Hybrid and Chimera Embryos*, April 2007.

③ Carola Glinski, *Recht und Globale Private Risikosteurerung*: *Ein Drei-Stufen Modell*, in: Jörg Scharrer (Hrsg.), Risiko im Recht-Recht im Risiko, 1. Aufl., 2011, Nomos Verlag, S. 260.

路上，即使是一根稻草我们也要紧紧地抓住，就让我们允许瑕疵的存在吧。更何况，只要有一双敏锐的眼睛，随着事物的发展，人们还是可以总结出一些经验和教训以便修改理论的。

就法律和科技间的协调而言，无论是修法、新法还是行业标准都可能有诸多不足。然而，如果法律在风起云涌的技术革新面前进展缓慢，那么就可能使得人们只能在一个模糊的环境内行动——在这个环境里，权利和义务都没有明晰。无疑，这并不利于科技的长远发展。但同时需要注意的是，适当的滞后却并不必然是一种缺陷。法律的滞后已经被证明是一种睿智的停顿。“密涅瓦的猫头鹰只有在黄昏时才会起飞。”法律人应该给予实践以探索的时间，待对问题的认知较为成熟后，再将之上升为法律。更何况，目前的法律框架被基本证明是有助于创新和技术发展的，这从我国改革开放以来近 40 年的经济奇迹中即可见一斑。无独有偶，德国司法部部长也认为，不应该仓促出台法律以规范工业 4.0 的发展，因为“未来尚未清晰，人们不应僵化发展路径或者阻碍发展进程”。相反，他认为应该首先借助既有的法律制度，进行部分调整——如数据保护制度和知识产权制度——以回应工业 4.0 的规范需求。[①] 因此，本文认为，在未来发展脉象尚未清晰的情况下，不宜过早地修法或出台新法，以免桎梏了工业的发展。相比较而言，通过政府政策推动《中国制造 2025》的实现，却更为可取。借于政策的指引性和灵活性，我们可以在不束缚市场自由的情况下，集中力量干大事，促进我国制造业的跨越式发展。更何况，第四次工业革命也在某种程度上内在地寻求政府的支持和引导。首先，智能制造的实现依赖于一系列基础设施的进一步完善和先进技术的突破性发展。前者突出表现为网络带宽等，后者则包括智能集成感控系统（Cyber-Physical System）、物联网（the Internet of Things）、云计算（Cloud Computing）、移动计算和普适计算（Mobile Computing，Ubiquitous Computing）以及对大数据的分析和使用等。[②]《中国制造 2025》需要上述软硬件互相配合方能实现，缺一不可。这就使得第四

① Industrie 4.0：Welche Gesetze brauchen wir?，http://politik-digital.de/news/bdi-veranstaltung-zum-rechtsrahmen-digitaler-wirtschaft-148456/，最后访问时间：2016 年 7 月 31 日。

② Baum，G.，*Innovationen als Basis der nächsten Industrierevolution*，in：Sendler，U.（Hrsg.）：“Industrie 4.0-Beherrschung der industriellen Komplexität mit SysLM”，Springer Vieweg，2013.

次工业革命成了一个仅依靠单个或数个大企业无法实现的系统性工程——且不论企业自身的技术能力和资金储备不足，技术研发的漫长周期和伴随而来的巨大机会成本使得企业往往没有动力进行长期、深入的科研攻关，只有借助政府的力量，打造研发平台，整合科研力量，增加融资渠道，方能解决产学研所面临的众多问题。其次，智能制造是对生产力的巨大提升。在生产力提升过程中，资金力量和人才储备雄厚的大企业可能会很快实现自身的工业模式转型，并且享受技术鼎革的红利，而中小企业则可能因为自身实力不足而无力承担“极高的初创成本”，从而导致行业垄断的事实形成。[①] 最后，我国制造业发展水平不均，东部省份发展较好，中西部很多省份甚至还没有实现工业 2.0 或工业 3.0。在这一背景下，如果没有政府的支持和引导，智能制造本身可能会进一步加大我国东西部的贫富差距，进而引发众多社会问题。一言以蔽之，“市场失灵”使得政府必须有所作为。有鉴于此，本文认为，我国也应当同美、德等制造业大国一样，通过出台政策的方式推动智能制造的发展。此外，本文主张法律不可轻动，并不意味着法律就要对智能制造所带来的法律问题听之任之。恰恰相反，法律人应当始终跟进智能制造的发展进程，在这个过程中思考关于疑难问题的解决之道。当然，前提首先必然是，明确随之产生的具体问题和研究思路为何。而这，亦是本文的写作目的之一。

二　我国智能制造应有的促进政策

为了推动《中国制造 2025》的进行，我国已经成立了由国务院副总理亲自挂帅的“国家制造强国建设领导小组”，以统筹发展全局，重点审批决策。这使得我国制造业的跨越式发展有了统一的指导机构。除此之外，《中国制造 2025》行动纲领也明确指出了为了推动智能制造，应当研究制定智

---

① 德国在计划推广工业 4.0 计划时，曾经对工业 4.0 可能带来的影响进行了详细的评估。德国人认为企业发展工业 4.0 的一大不利因素即是“初创成本极高”，这使得中小企业可能有心无力，最终只能被“优胜劣汰”。Bundesministerium für Wirtschaft und Energie（BMWi），*Industrie* 4.0：*Volks-und Betriebswirtschaftliche Faktoren für den Standort Deutschland*，Berlin，2015.

能制造发展战略、加快发展智能制造装备和产品、推进制造过程智能化、深化互联网在制造领域的应用、加强互联网基础设施建设，等等。这些无疑都具有明显的积极意义。然而，相较于其他各国而言，在研发及科技成果转化制度以及资金支持方面，我国还显得过于粗线条，缺乏具体的制度建构。

（一）政府引导、公私结合

自第二次工业革命开始，技术的研发就不再仅仅依赖于个人的力量。为了抢占技术制高点，各国无不利用国家机器投入巨资，整合人才资源，全力推进技术研发。例如，仅仅在 2013 年一年，美国政府就投入了 10 亿美元以建置“国家制造创新网络体系”（National Network for Manufacturing Innovation；NNMI）。[①] 该创新网络体系目前包括国家添加剂制造创新研究院、数字化制造与设计创新研究院、美国轻质材料制造创新研究院、下一代电力电子制造业创新研究院、清洁能源制造业复合材料和结构创新研究院以及制造创新集成光子研究所等机构。除该体系外，美国还提议制定材料基因组计划、国家机器人计划以及国家纳米技术计划等项目，利用国家机器集中力量促进技术革新。[②] 值得注意的是，美国并不是生硬地成立新的研究机构，而是希望借助于已有的资源，将研究中心、大学和企业的研发机构整合起来，提供更好的条件和信息以推动技术发展。

英国政府也早在 2011 年就直接注资成立了高价值制造技术中心（High Value Manufacturing Catapult Center）。[③] 该中心是一个由公权力部门、大学与企业共同运作的研发协调中心，它由“科技策略委员会”（Technology Strategy Board；TSB）设立和监督，由先进设计研究中心（Advanced Forming Research Center）、先进制造研究中心（Advanced Manufacturing Research Cen-

---

① Advanced Manufacturing Natioanl Program Office, *National Network for Manufacturing Innovation: A Preliminary Design* (2013).

② *Industry 4.0: Manufacturing in the United States*, http://ostaustria.org/bridges-magazine/item/8310-industry-4-0，最后访问时间：2016 年 8 月 3 日。

③ High Value Manufacturing Catapult Centre, https://hvm.catapult.org.uk/，最后访问时间：2016 年 8 月 3 日。

ter）、程序创新中心（Center for Process Innovation）、制造技术中心（Manufacturing Technology Center）、国家综合中心（National Composites Center）、核子先进制造研究中心（Nuclear AMRC）和华威制造集团（WMG Catapult）七个研发机构组成。[①] 该中心作为英国政府与私部门间之双向沟通渠道，尤其着重于公私部门合作并投入研发资金，而其下辖的每一中心则分别坐落于不同地区，并且在各自不同的领域为企业提供设备、专业知识和信息等，甚至帮助企业制定商业计划和辅助创新。[②]

在大势面前，欧盟当然也不甘落后。2013 年，欧盟提出了八项公私部门协力（Public-Private Partnerships；PPPs）策略，亦即“展望 2020”（Horizon 2020）研究计划，公权力部门将投入 60 亿欧元以发展新技术、产品与服务，借由企业与欧盟之间的公私协力以提升欧洲制造业在国际舞台上的竞争力。[③] 而 2014 年，欧盟又进一步提出投入 1150 亿欧元的预算进行“未来工厂”计划（Factories of the Future；FoF），[④] 支持研究机构进行制造业相关技术的研究。此外，欧盟还启动了“欧洲数字化议程”（Digital Agenda for Europe），推广“数字未来计划”（Digital Futures Project），该计划由其所设立之“Futurium”在线研发平台支持。[⑤] 尤其值得一提的是，欧盟还特别重视与中小企业的合作。欧盟认为，通过与中小企业的公私合作能够有效提升中小企业的研发能力和技术转化能力，从而提升整个欧洲先进制造领域的国际竞争力。[⑥]

由此可见，世界制造业大国多通过由政府注资成立或整合研究机构的方式，打造统一、先进的制造业技术研发平台，进而通过这些平台促进本

---

① HVM Centres，https：//hvm. catapult. org. uk/hvm-centres/，最后访问时间：2016 年 8 月 8 日。

② *Catapult*，*High Value Manufacturing Catapult*，https：//www. catapult. org. uk/high-value-manufacturing-Catapult.

③ Horizon 2020，The EU Framework Program for Research and Innovation，https：//ec. europa. eu/programmes/horizon2020/，最后访问时间：2016 年 7 月 1 日。

④ European Commission，MEMO：Advancing Manufacturing Paves Way for Future of Industry in Europe，Mar. 19，2014.

⑤ Futurium，https：//ec. europa. eu/futurium/en，最后访问时间：2016 年 8 月 9 日。

⑥ European Commission，*Advancing Manufacturing-Advancing Europe-Report of the Task Force on Advanced Manufacturing for Clean Production*，Mar. 19，2014，http：//ec. europa. eu/DocsRoom/documents/4766/attachments/1/translations/en/renditions/native.

国制造业的智能化和信息化发展。他山之石，可以攻玉。为了实现我国制造业的跨越式发展，我国政府也必须有所作为。建议由政府引导，公私协力，整合相关领域的研究中心、大学研究所以及先进企业的研发部门，打造统一的研发平台，提供良好的产学研基础设施与环境，以此有效地解决困扰产业界和学术界的种种难题。而将众多研究机构连接起来，为一个共同目标而发挥各自所长，也将有效地推动技术进步，促进制造业创新，并加快商业化之进程。在这个过程中，切忌忽视和智能制造领域的中小企业的合作。否则，技术的革新反而会导致"技术垄断"——这在产业转型时期往往特别明显，而大量的中小企业难以实现产业升级也不利于提升我国整体制造业的科技水平和国际竞争力。

（二）促进科技成果转化

我国目前科研的一个重大难题便是科技成果转化问题。在《中国制造2025》的背景下，这一问题更是格外显眼。只有及时促进科研成果的转化，才能使得产学研无缝连接，而科技成果也能尽快接受实践的检验并且转化为现实的生产力。促进科技成果转化的一个重要路径，便是公私协力——政府、事业单位（高校等）和企业通力合作。公私协力将有助于解决研发与商业间之隔阂：一方面使得研发本身有着清晰的现实诉求和实践导向，另一方面也使得企业自身得以了解技术，进而渴望获得先进技术。除此之外，以产业为导向的政策指引也是不可或缺的。例如，欧盟就创设了以产业为导向的"欧洲技术平台"（European Technology Platforms；ETPs），[①] 引导研发成果运用至商业上。除此之外，欧盟还规划设立"欧洲科技移转中心圈"（European Technology Transfer Office Circle），[②] 汇集欧洲各大公共研究机构并主导欧洲技术移转。该科技转移中心圈在协助公权力部门之研发商业化中占有着重要地位。在先进制造领域存在大量的、多样化的专利技术，通过"欧洲技术平台"和"欧洲科技移转中心圈"计划将有效地促进

① European Technology Platforms，http：//ec. europa. eu/research/innovation-union/index _ en. cfm? pg = etp，最后访问时间：2016 年 8 月 4 日。

② European Technology Transfer Offices Circle，https：//ec. europa. eu/jrc/en/tto-circle，最后访问时间：2016 年 8 月 4 日。

技术向产业领域移转。

正是注意到了促进科技成果转化的重要意义，《中国制造 2025》行动纲领也明确提出要“完善科技成果转化运行机制，研究制定促进科技成果转化和产业化的指导意见，建立完善科技成果信息发布和共享平台”。本文认为，为了推动产学研的无缝连接，促进科技成果尽快转化为生产力，我国应当一方面尽可能地鼓励公私协力——鼓励企业自身参与到技术研发过程当中；另一方面应当打造专门的信息共享平台。我国应当仿效欧盟，以政府为主导，汇集各大公共研究机构以组建统一的技术转化平台，从而积极鼓励、引导先进技术走出实验室。不能否认的是，如果成果不能得到积极转化，那么智能制造只能是一纸空文。

（三）增加融资渠道

欧盟《先进制造先进欧洲》报告指出，首先，欧洲制造业在发展智能制造上所遇到的最大障碍在于资金不足，特别是欧洲的中小企业并不具备足够的财力资源以升级先进制造设备。有鉴于此，欧盟提出必须强化与欧洲投资银行（European Investment Bank）间的合作，由银行提出新的手段为智能制造提供资金。其次，欧盟认为应当出台区域性策略，如“欧盟 2014 年至 2020 年结构基金”（Structural Funds 2014 - 2020），“欧盟区域发展基金”（European Regional Development Fund），对不同区域的欧洲企业有侧重、有倾斜地提供资金支持，以此促进全欧的制造业智能化。除此之外，欧盟还要求投资行为必须遵守四项关键目标规则：“创新与研究”、“数字化进程”、“支持中小型企业”以及“低碳经济”,[①] 以此规范投资行为，引导资金向中小企业和环境友好型企业流动。

我国也早在《中国制造 2025》出台之日起就注意到了资金对于制造业升级的重要意义，这从我国财政部副部长兼任国家制造强国建设领导小组成员即可见一斑。而行动纲领也明确提出要“深化金融领域改革，拓宽制造业融资渠道，降低融资成本。积极发挥政策性金融、开发性金融和商业

① Europa. eu，The Funds：European Regional Development Fund，http：//ec. europa. eu/regional_policy/thefunds/regional/index_ en. cfm，最后访问时间：2016 年 8 月 4 日。

金融的优势，加大对新一代信息技术、高端装备、新材料等重点领域的支持力度”。对于科技的研发，财政部当然可以直接投资以为公共科研机构扫除财务障碍。但是，应当如何解决私人企业尤其是中小企业的资金需求是一大问题。虽然通过税收可以一定程度上减轻中小企业的财政负担，但是恐怕远远不足以满足企业的融资需求。有鉴于此，本文建议：首先，我国应当通过有效的措施鼓励、诱导银行提供研发贷款，降低先进制造领域企业的贷款门槛；其次，考虑到我国各地制造业发展水平良莠不齐，应当进行适当的省际倾斜，对中西部省份给出更多的融资优待，使得智能制造成为一次后发省份赶超式发展、平衡我国东西部财富分布不均的良机；最后，可以考虑通过适当的政府采购的方式，有重点、有倾斜地扶持特定地区、特定行业和特定规模的企业的科技研发或成果转化。

（四）小结

时势造英雄还是英雄造时势？人类文明的演进史告诉我们，这对命题并非“甲或非甲”那样的决然对立。历史离不开大势，但同样也离不开人的主观能动性。变革只有在“时势”和“英雄”的相互刺激、相互结合、相互促进当中才能真正实现。智能制造是21世纪的大势所趋，但能否站在时代的风口浪尖，成为21世纪的弄潮儿，则要各使其能，各显神通。美国、欧盟等制造业老牌中心早在数年以前就已经通过政策手段奋勇争先。相比较而言，我国可谓已经落后于起跑。在这种背景下，我国政府应当采取更积极、更主动的姿态，大力扶持我国制造业进行工业化和信息化的结合，从而最终实现智能化。如上所述，我国政府目前采纳的策略包括：政府引导、公私结合打造技术研发平台；促进科技成果积极向产业转化；拓宽融资渠道，解决资金难题；等等。

三　智能制造对既有法律制度的挑战

如前所论，我国当下应当主要通过政府政策的方式推动智能制造的发展。然而，这不意味着法律就无所作为。恰恰相反，法律作为控制社会的主要手段，它对历史发展的影响绝不亚于历史发展对法律的影响。[①] 本文并不是反对法律变革——可以预见，“大数据时代”“智能制造”“虚拟与现实模糊化”背景下的社会现实必然要求不同于当下的崭新的法律制度。然而，法律乃国之重器，岂可轻动？本文反对的只是仓促地修改和制定法律。对于法律人而言，目前的当务之急，并不是出台新法，而是反思《中国制造2025》可能带来的法律难题，并对之进行及时但不冒进的研究。本文认为，智能制造带来的法律问题主要包括企业数据保护、个人数据保护、法律责任承担、网络安全、网络平台和共享经济（Sharing Economy）、《标准化法》修改、劳动法改革以及既有法律、法学理论与时俱进等问题。

（一）企业数据保护

智能制造要实现机器、设备、原材料、工厂以及消费者等“万物互联”，有效的数据交流是必不可少的。然而，相应的重点和难点就在于如何保护企业数据？如何在保障数据流动性的同时，捍卫数据背后的对企业至关重要的商业情报？

智能工厂的设立和推广将创造海量的有价值的商业数据，如操作程序数据、从机器感应器中收集的数据以及软件、CAD 制图方面的数据等。这些数据一方面与产品制造有关，另一方面也可以与其他数据结合使得他人轻易地洞悉企业的商业策略等重要情报。更何况，工业 4.0 下的商业模式就是将众多企业动态地连接在一起，通过全新的价值创造链条——如 RAN Project——以实现生产的智能化和个性化。这一模式天然地要求数据在整个系统范围内跨企业流通，这就进一步放大了企业商业秘密有可能被窥探的危险。然而，企业只有在自身的商业秘密是安全的、数据交换是合理的情况下，才会愿意参与工业 4.0 的“互联”。例如，工厂经营者只有在确保数据不会被泄露或转售给竞争对手的情况下，才会允许一些小公司分析自己的能源使用数据；高科技企业也只有在确保自身的商业情报不会变成“公开的秘密”的情况下才愿意以收费的方式授权他人使用自己的数据，这对中小企业更是影响巨大。在工业 4.0 背景下，中小企业只有借助于特定的技术、经验或创

① 〔美〕伯纳德·施瓦茨：《美国法律史》，王军等译，中国政法大学出版社，1989，第 1 页。

新观念才能在激烈的市场竞争中存活，如果他们认为自身的“秘密”得不到有效保护，那么他们宁愿故步自封，也不愿数据共享。

遗憾的是，在目前的框架之下，很难对智能生产中的商业情报进行有效保护。专利权的高门槛使得专业组织或机构难以将所有的商业技术都认定为专利权进行保护，而商业秘密制度通常只有在非法泄露的情况下才有适用的空间，企业要主张商业秘密保护的重要前提是，其必须证明自身已经采取了充分的措施以保护商业秘密不被泄露。矛盾的是，在工业 4.0 时代中的企业数据将更多地是在自愿的情况下被主动授权给他人使用的。当然，企业也可以通过合同约束相对方，例如通过保密协议来排除非法目的的数据使用。合同制度提供了充分的灵活性，以满足不同情况下合同当事人的利益保护诉求。然而，这种约定一方面容易受到格式条款规则的限制，① 另一方面也不一定能有效地保护“数据财产”。举例而言，一旦发生数据未经许可被转售给他人，企业能否追回仍然是个疑问。依据合同相对性原则，此时企业只能要求自己的合同相对方赔偿损害，但这恐怕并不是企业真心想要的结果。再者，在工业 4.0 背景下，考虑到成千上万的企业都在进行数据授权使用，如果要求每个企业都进行复杂的风险评估和合同谈判，那么整个社会为之付出的交易成本将是一个天文数字。因此，有必要形成一套法律规则——或者至少一种新的格式化的通用合同模板——使得在保障企业对自身数据所有权的同时，也能满足企业商事活动所需的灵活性要求。

针对企业数据的保护问题，本文认为至少有待在下列几个方面进一步展开研究：（1）公司数据应当在哪些原则基础下进行交换；（2）是否需要设立一个专门机构对公司数据交换进行评估、监督等；（3）对企业“数据财产权”需要有更多的研究、调研和法律论证；（4）企业数据流通也需要配套的数据安全制度支持。

（二）个人数据保护

在《中国制造 2025》的背景下，随着员工和智能集成感控系统（CPS）

① Bundesverband der Deutschen Industrie e. V. Noerr, *Industrie* 4.0-*Rechtliche Herausforderungender Digitalisierung*, S. 13.

之间的互动增加，系统内员工个人数据的规模和详细程度也将大幅度提升。这首先表现在企业对辅助系统的使用上。通过该系统，可以准确地记录有关员工的位置、生命体征或工作质量，这将对员工的个人数据保护产生重大威胁。更为严重的是，大数据时代下的数据处理经常交由他国境内的数据分析公司为之。云计算使得数据处理的“外包特征”进一步模糊化，本地数据保护标准通常不能适用于他国，这就使得合同相对方可以完全不遵守他国的数据保护标准，从而使得员工数据存在被滥用的危险。

在这一背景下，“数据财产权”思想在全世界范围内引发了激励的争论。是否应通过设立数据所有权的方式——财产权的路径保护员工的个人数据，并以此实现数据使用和数据保护之间的平衡？这些即使在强调人格尊严的德国也已经在被激励地争论着，遗憾的是他们至今也未达成共识。[①] 更何况，在工业 4.0 时代，对于个人数据保护的讨论至少应该在三个维度——个人数据、公司数据和公共数据之内展开。在智能制造背景下，哪些数据属于个人数据？数据财产权的疆界在哪里？这些都需要进一步的研究。

（三）法律责任承担

在“万物互联”背景下，一家工厂的智能设备的缺陷将不仅仅对自身产生影响，也可能因为其是整个系统中的成员而引发系统内部其他环节的不良生产或服务。然而，源于生产链条的不透明性，要精确地定位整个价值制造链条上的责任人就变得难上加难。生产、销售末端的违约或侵权行为可能是因为上游智能工厂的缺陷而引起的，但究竟是哪个环节出现问题，则难以探知。当末端企业以自身无过错为由提起抗辩时，应当如何维护其相对方的合法权益则是个问题。

也许产品责任（无过错责任）是一种选择。然而，产品责任的逻辑基

---

① Kraus, DSRI Tagungsband 2014, 377 (381 f.); Zieger/Smirra, MMR 2013, 418 (419); Roßnagel, SVR 2014, 281 (282 f.); Hoeren, *Fragenkatalog für dasöffentliche Fachgespräch des Ausschusses Digitale Gesellschaft*, Ausschuss Dr. 18 (24) 43, 8; Hoeren, MMR 2013, 486; vgl. Peschel/Rockstroh, *Chancen und Risiken neuer datenbasierter Dienste für die Industrie*, DSRI Tagungsband 2014, 309 (312); Dorner, CR 2014, 617 (626).

础在于，其假设任何损害都可归结于人类的行为，进而进行责任的分配。而智能制造却是基于能够自我控制和自我学习的智能系统，在网络当中可以自动交换信息。人工智能控制下的机器将不再依据特定的程序运作，而是基于具体的事情，以数据结构为基础做出决定——该数据结构极有可能是由网络中未知的第三方提供的。这在使得责任主体难以被识别的同时，也让终端企业承担责任变得有些难以接受——终端企业可能是无过错的，但因为责任主体难以识别，它甚至都很难向上游追责。在工业 4.0 时代，机器的功能越是取决于数据，责任主体就越难从数据流和算法中被识别。

毋庸置疑的是，在责任分担领域，网络安全法、数据所有权和认证制度等都发挥着重要的作用。然而，如何建构出一套有效的制度以解决智能制造中的法律责任承担问题，恐怕还需要更多的时间和精力。再者，技术和商业模式的不断发展也使得寻找出一种有效的归责路径更为艰难。然需自省的是，在没有对经济和创新进行有效评估的基础上，径自适用严格责任是不可取的。商业模式的创新和对新技术的采用不应当被分配以高额的赔偿风险，进而阻碍其发展。必须进行充分的风险评估，才能设计出一套有效的责任分担制度。退一步讲，即使真要适用严格责任，为了鼓励人工智能的发展，也应当运用责任限额制度（Haftungshöchstgrenzen），以防止人工智能公司损失巨大，以致无以为继。当然，保险制度的跟进，也能成功地起到转嫁风险的作用。①

在《中国制造 2025》的背景下，谁应当对机器造成的损害负责？程序员、提供数据的云端服务者还是生产、销售者自身？在由外部入侵导致损害发生的情形下，也应当由产品制造相关者承担责任吗？本文认为，对上述问题不能仓促给出答案。在技术变革初期，应当坚持下列原则以分配责任：（1）立法者应当保持一定的克制，不仓促地出台法律以免阻碍智能制造的动态发展；（2）严格责任或连带责任的适用与否必须在考虑经济影响的基础上进行进一步的论证，初期应当有所限制；（3）智能制造网络的参与者必须可以识别，这是判断合适的责任承担者的前提和基础。

---

① Bundesverband der Deutschen Industrie e. V. Noerr, *Industrie* 4. 0-*Rechtliche Herausforderungender Digitalisierung*, S. 13.

（四）网络安全

第四次工业革命将极大地提升一国的制造业水平。但是，这种通过网络将各种机器设备、工厂和销售端连接的做法也带来了巨大的安全隐患——一旦遭受网络攻击，整个国民经济都可能被重创。因此，必须提前布局网络安全防御计划，以之为《中国制造 2025》保驾护航。可以说，网络安全的实现与否，将是决定我国能否成为制造强国的重要前提。在德国，为了给工业 4.0 创造安全的外部环境，联邦经济与能源部专门委托专业机构对如何应对工业 4.0 时代的网络安全问题进行研究，并且形成了《工业 4.0 的网络安全报告》（*IT-Sicherheit für die Industrie 4.0*）（以下简称《报告》）一书，指导政府、行业组织和企业捍卫和工业 4.0 有关的网络安全。在该《报告》当中，研究机构认为确保智能生产中的网络安全之关键措施之一在于实现统一但又兼顾个别行业需求的安全防护标准。智能工厂无论是自身的组织构建、设备采购还是智能产品制造等都应当符合标准，具备一定的“防破坏性”。本文认为我国也应当为智能制造量身打造合适的制造业网络安全标准体系。该体系的塑造应当保证以下两点：一是应当在本国内部实现统一的标准规制；二是必须考虑到特殊行业的利益，并且适当地考虑行业标准的作用。在一些特殊领域，网络安全标准应当远远高出通用标准，因此应当在坚持统一化的同时确保标准本身的灵活性和妥当性。而在未能统一网络安全标准的当下，应当鼓励企业首先使用经过工信部有关部门认证的厂商的产品，以此防微杜渐，避免追悔莫及。

（五）网络平台和共享经济

随着大数据时代的来临，数据交换、客户联系和服务平台显得越来越重要。原则上说，网络平台的设立有助于降低市场准入门槛、降低交易成本并且鼓励新的商业模式的创制。更何况，以平台为基础、以数据为驱动的商业平台本身也是智能制造的重要组成部分。例如，根据用户的数据，机械公司可以为客户提供量身定制的维修和各种优化服务。因此，智能制造必然要鼓励网络平台的发展。

然而，平台本身也带来了新的威胁和挑战。在工业 4.0 时代，平台上的用户信息泄露、滥用风险以及平台本身对数据市场的垄断正在变成一个个亟须解决的难题。工业网络平台相较于目前的个人使用平台（如微信、QQ、淘宝等）而言，其利益链条更为复杂，也往往和实体经济，尤其是具体的产业部门相关联。这就使得平台信息一旦泄露，无数企业的重要情报就可能被他人窃取，因此，网络平台的安全性和保密性成为制约《中国制造2025》的一大难题。

此外，平台本身也会钳制企业。兹举一例，通过不允许企业“撤回数据”的方式可以成功地将企业钳制在特定平台之上。[①] 生产、销售链条的数据化和网络化将使得制造业有呈现垄断的危险——数据无法“带走”，销售者和生产商都无法随意更换数据平台。值得借鉴的是，欧盟《一般数据保护条例》创制了“数据可携权”（Right to Data Portability）这一特殊的制度，使得个人随时可以要求平台将数据以通用的、可下载的方式移交给自身，从而实现个人数据在不同平台之间移转。《一般数据保护条例》主要是侧重于对个人数据的保护。然而，其基本思路也值得扩张到对企业数据的管理上。通过赋予企业以选择的自由，可以有效地避免平台垄断，鼓励行业竞争，进而保护制造企业的利益。然而，“数据可携权”或许走得太远了，是否应该采纳权利化的路径，一概赋予所有的数据主体要求任何存储自身数据的平台提供合规的数据包，还有待进一步的观察。因为一旦将之权利化，如果平台不能满足这些要求，那么就要对数据主体承担相应的损害赔偿责任。这可能会对平台，尤其是初创的平台造成巨大的负担，进而桎梏经济发展和技术创新。[②]

正是看到了智能制造可能会导致垄断这一危险，《中国制造 2025》行动纲领才明显指出要“严厉惩处市场垄断和不正当竞争行为”。为了贯彻《中国制造 2025》这一行动纲领，规范平台的运营和操作，本文认为对于智能制造网络平台的管理应当坚持以下几点：（1）网络平台本身必须为新型商业模式提供发展的空间；（2）力保平台数据使用的透明度；（3）为了促进自由

---

① Vgl. Europäische Kommission, Pressemitteilung v. 06. 05. 2015, IP/15/4921, Rn. 420 ff.

② See Peter Swire & Yianni Lagos, *Why the Right to Data Portability Likely Reduces Consumer Welfare: Antitrust and Privacy Critique*, 72 Maryland Law Review 341 (2013).

竞争，鼓励数据可携性；(4) 网络平台的安全性和保密性必须得到维护。

（六）《标准化法》修改

在21世纪，万物互联的“物联网”将成倍地增加网络接口的数量。这些接口应当被规范化，最好被标准化。智能制造要想成功地实现“物联网”，接口的非抵触性应当是必不可少的。因此，应当为《中国制造2025》打造通用的标准；而标准的通用性也内在地要求标准制定的民主化。然而，目前“标准”的制定却往往是由大企业主导。为了解决这一难题，一方面，德国的DKE/ DIN标准化路线图（die DKE/DIN-Normungs-Roadmap）力图使中小企业都能参与到工业4.0标准的制定当中。中小企业将会得到“中小企业数字化”这一支持制度的大力扶持，从而选择适合自身的数字化技术。[①] 另一方面，标准化专利（Standardessentielle Patente）将在工业4.0当中扮演着越来越重要的角色。然而，专利的排他性可能会产生过高的准入门槛。有鉴于此，应当保障所有的市场参与者在合理的条件下都能够得知标准的内容，从而顺利地进入市场。

21世纪是标准化的时代，然而我国关于标准化的主要规制却是通过1988年颁布的《标准化法》以及1990年发布的《标准化实施条例》实现的。标准制定的现代化和国际化是我国标准化立法改革的重要任务。在正在进行的《标准化法》修改当中，建议首先确保标准制定的民主性，着重考虑中小企业的利益；进而避免“标准垄断”，确保标准专利使用许可的合理性。如此，方能为智能制造的实现扫清障碍。

（七）劳动法改革

智能化生产给中小企业创造了巨大的机遇——他们可以凭借专业人才与大型企业竞争，进而迅速崛起。事实是，在德国有五分之一的中型企业已经开始创设新的岗位以招纳新型复合型人才；而信息处理的分散化、信息技术的去中心化也使得小企业乃至初创公司获得巨大的发展空间，相应

---

① Friederike Welter/Christian Schröder, *Digitalisierung ja-Industrie* 4.0 *bislang unter Vorbehalt*, ZfWP 2016, S. 64.

地，初创公司数目明显增加。[①] 然而，同样不容忽视的是，智能制造要求劳动者具备复合型知识背景的现实也对目前的劳动力资源提出了新的挑战——劳动者可能因为不符合技术要求而大量下岗。

为了回应这一问题，德国掀起了大规模的员工再培训浪潮。仅在 2014 年，就有 29% 的员工接受了再培训。也就是说，差不多在三个德国雇员里边就有一个在该年正在接受再培训。[②] 然而，德国的经验表明，并不是所有企业都已经认识到了人才再培养的重要性——超过 100 人规模的企业往往比小公司在培训员工、吸纳新型人才方面更加迟钝。[③] 另外，智能生产并不是要求吸纳或培训更多的了解 IT 技术的员工，而是接受或培训更多的跨专业、跨学科背景的人才。相应地，一方面，有关员工培训的规则必须被修改，另一方面，高校的教育制度也必须跟上时代的潮流——目前需要的不是精通 IT 的信息科学人才，而是跨学科的、有“互联”观念的人才。[④]

值得注意的是，这在对教育、培训制度提出挑战的同时，也使得雇佣关系可能趋于紧张，而员工不能胜任工作甚至不能较好地完成工作就可能被辞退。[⑤] 在产业转型的情况下，恐怕会有大量的员工不符合劳动能力要求，是否当即允许企业将之解聘？在转型期应当如何处理雇员和雇主之间的劳动关系？这些都有待进一步的研究。

（八）检视民法等法律部门的既有规则

智能制造着眼于第四次工业革命，致力于实现虚拟与现实之间的模糊化。这种客观实践势必会对我国现行的法律框架产生冲击。因此，应当检视既有的规则，发现其中的不合时宜之处，进而做出相应的删减或变通。兹以民法为例介绍之。智能制造的一个重要特点就是生产设备之间的关联性。在不远

---

① Friederike Welter/Eva May-Strobl, *Mittelstand im Wandel*, in: IfM Bonn, IfM-Materialien Nr. 232, Bonn 2014, S. 32 – 35.

② Christian Schröder, *Digitalisierung*, Denkpapier des IfM, Bonn 1/2015: S. 1 – 16.

③ Siegrun Brink, *BDI-PwC-Mittelstandspanel: Die Digitalisierung im Mittelstand.* Berlin/Frankfurt 2015, S. 20.

④ Christian Schröder, *Herausforderungen von Industrie* 4. 0 *für den Mittelstand*, Bonn 2016, S. 11ff.

⑤ 参见孙光宁《“末位淘汰”的司法应对——以指导性案例 18 号为分析对象》，《法学家》2014 年第 4 期。

的将来，智能设备可能会自动搜索合作伙伴、自动下单，一旦机器运算发生错误或者整个智能数据交换系统出现故障，那么企业是否还要为错误下单负责?[①] 我国现行民法中的要约、要约邀请、承诺和意思表示瑕疵等制度都是建立在以人为参照的基础之上的。如果人和人之间的交易在将来变成人和机器之间的交易，其中的意思表示错误怎么来理解？如果变成双方都是机器来进行交易，那么又该如何判断机器之间的要约、承诺和错误?[②] 在根据程序进行交易的计算机之间，又该如何认定格式条款的适用与否?[③] 这些无疑都对我国现行民法制度产生了冲击。再者，智能制造时代的侵权归责也是未来研究的重点和难点之一。如果智能产品发生安全事故，产品生产者和销售者是否需要承担无过错责任？产品生产者和销售者是否可以以产品本身符合安全标准为由进行抗辩？如果事故主要是由于黑客入侵引起的，又当如何?[④] 目前的侵权法理论解决了产品购买者及其“亲密之人”使用产品时的风险分担问题，但是并没有规范第三人从外部侵入产品并进行违法行为的情形。[⑤] 这些都有待进一步的研究。我国目前正在编纂民法典，或许可以以此为契机，检视我国现行法当中不利于智能制造的法律规则，或更改之，或增修例外，从而避免法律本身成为技术进步、产业变革的绊脚石。

四　对新问题应有的研究思路和基本路径

苟日新，日日新，又日新。21 世纪智能化、数字化背景下的生产模式

① Sven Hötitzsch, *Juristische Herausforderungen im Kontext von*, *Industrie* 4.0, in: Eric Hilgendorf/Sven Hötitzsch (Hrsg.), Das Recht von den Herausforderungen der modernen Technik, 1. Aufl., Nomos 2015, S. 85.

② 参见《大胆假设，小心求证——周学峰、丁海俊谈网络时代的民法典制定》，http://www.duxuan.cn/doc/9668067.html，最后访问时间：2016 年 8 月 4 日。

③ Sven Hötitzsch, *Juristische Herausforderungen im Kontext von*, *Industrie* 4.0, S. 86.

④ Gerald Spindler, *Verantwortlichkeiten von IT Herstellern*, *Nutzern und Intermediären*, 2007, Rn. 119.

⑤ Zuletzt im, Airbag Urteil, BGHZ 181, 253 = NJW 2009, 2952; dazu *Klindt/Handorn*, NJW 2010, 1105. Palandt/*Sprau*, § 3 ProdHaftG Rn. 6; BGH, NJW 1981, 2514; Lenz, *Produkthaftung*, 2014, Rn. 317; Foerste in Graf v. Westphalen, *Produkthaftungshandbuch*, 3. Aufl. 2012, § 24; Moseschus, *Produkterpressung*, 2004.

必然要求不同于以 19 世纪的流水线和 20 世纪的自动化为规范对象的法律理念和法律制度。如前所述，法律应当在企业和个人的数据保护、网络安全、法律责任承担、劳动法改革、反垄断、《标准化法》改革以及改革传统民商法律体系等领域进行及时但不冒进的研究，以期形成妥当的研究成果为《中国制造 2025》的推进保驾护航。那么，针对上述问题，又该如何进行法学研究呢？换言之，在 21 世纪，法律人对智能制造所带来的挑战的研究思路和基本路径是什么？本文认为，在新的时代，法律人也必须“跨界”。

目前的世界是一个现代化、全球化、数字化以及高度分散、高度网络化的世界。这个世界太复杂了，以至于人们不能希冀通过单纯的法律知识而精确地控制它。[①] 在 21 世纪，不同系统、不同领域之间的相互作用、相互关联比以往任何一个时代都更为频繁、更为复杂，也更为深入。而法律人囿于自身知识谱系的单一性，往往很难对高技术催生的新事物有相对完整和清晰的认识。法律通过概念规范行为，然而，如果立法者并不了解客观实践，那么概念规范的结果就可能会适得其反。这从我国个人数据保护以“用户同意”为原则即可见一斑。该原则的结果使得企业几乎可以随意地收集个人数据——几乎没有人会去阅读所谓的“隐私声明”，为了使用软件或程序，人们只会机械地点击“同意”并“下一步”。有鉴于此，21 世纪的立法就不能像 20 世纪初的《德国民法典》那样，主要由法学家和法官来完成。相反，其必须与政治家、经济学家、科技专家以及代表劳动者的群体等进行全面的、长期的沟通和交流，如此才能避免法律人自身的“隧道视角”，进而实现不同社会系统之间的通力合作。即使是在强调“封闭的法律体系”的德国，法学家们也没有自大到认为通过法学家内部的几次会议就能应对工业 4.0 的挑战。恰恰相反，德国大力鼓励、支持不同行业之间频繁“跨界”，使得彼此都能了解对方的逻辑体系或利益诉求。例如德国工业 4.0 平台就召开了多次由政治家、经济学家、技术专家和公会代表组成的会议，对相关的所有问题都争取通过一致表决通过的程序进行解决。会议涉及的具体议题包括数据安全、数据保护、民法和民事程序法改革、产品责任法和劳

① Volker Boehme-Neßler, *Unscharfes Recht*, *überlegungen zur Relativierung des Rechts in der digitalisierten Welt*, 1. Aufl., Duncker & Humblot 2008, S. 640.

动法，等等。[1] 除此之外，德国还鼓励一些以理工科见长的学校的法学院充分发挥自身的优势，在与其他系所合作的基础上展开对前沿问题的研究。例如，维尔茨堡大学法学院即在依托本校强势学科基础上展开了对“机器人法”的研究；明斯特大学则侧重于对电信法和传媒法的研究；帕绍大学则在利用现行法回应工业4.0需求的同时，反思私法的基础理论问题。

在与其他领域人才互动的同时，法律人也必须懂得克制自身的“狂妄”——不要希冀通过法律解决所有问题，有时其他手段比法律手段更为有效。早在20世纪末，哈佛大学法学院雷席格教授就指出，对于具体问题的解决可以有技术、法律、社会规范和市场四种规制路径，[2] 选择法律知识规范事物有时并不是最好的选择。例如，在很多时候，技术手段比法律手段成本更低、绩效更好。通过“自设计保护隐私”（Privacy by Design）、“默示隐私保护”（Privacy by Default）以及“自设计保护网络安全”（IT-Security by Design）等技术手段，可以有效地通过事前设置的方式来保护个人数据和数据安全。就“自设计保护隐私”而言，该理念自2006年被英国信息委员会提出之后，就被越来越多的学者所认可。学者们认为，通过将匿名系统、加密工具、Cookie阻碍工具、严格的准入系统等隐私增强技术（PETs）植入产品设计当中，将使得数据保护从反应型（reactive）转变为主动型（pre-emptive），有利于将危险从根源当中消弭，从而更有利于保护个人自由，[3] 这些学者们的观点逐渐被立法部门所重视。2008年，英国信息委员会办公室成立了专门的隐私保护项目以研究如何通过设计保护隐私。安大略信息和隐私委员会也提出了通过设计保护隐私的七大原则，例如隐私保护必须是默认设置，且具备可视性和透明性，以尊重用户隐私等。随着国际隐私保护委员会、隐私权保护公益组织乃至一些大型公司的积极响应，通过设计保护隐私的理念逐渐被全世界所接受。2016年4月通过的欧盟《一

① Hintergrund zur Plattform Industrie 4.0, http://www.plattform-i40.de/I40/Navigation/DE/Plattform/Plattform-Industrie-40/plattform-industrie-40.html; jsessionid=3E2AB1039DC8E7C5AFB25C38629502BB，最后访问时间：2016年8月2日。

② See Lawrence Lessig, *Code* 2.0, Basic Books (2006).

③ Benjamin J. Goold/Daniel Neyland, *New Directions in Surveillance and Privacy*, Willan Publishing, pp. 18－38 (2009).

般数据保护条例》更是明确规定了该制度。值得一提的是，该条例注意到了“隐私保护”和“数据保护”之间的差异性，因此将之更改为通过设计和默示保护数据（Data protection by design and by default）。[①] 这等于进一步拓宽了数据保护的范围，使得全欧范围内的数据保护得到了进一步的加强。通过该制度，内置程序将自动阻止对个人数据的收集，从而有效地保护个人数据。相较于数据泄露或被滥用后的法律追责而言，技术手段使得个人数据的收集受到严格限制。这种事前预防的手段，从绩效上恐怕是法律所望尘莫及的。

21 世纪是跨界的时代，而企业和个人的数据保护、网络安全、法律责任承担、劳动法改革、网络平台反垄断、《标准化法》改革以及改革传统民商法律体系等法律难题，先天地就具备着涉猎范围的多元性和专业性。以网络安全为例，建构一个妥当且符合社会发展程度的智能制造网络安全规则，离不开网络技术专家、机器制造专家、法律工作者、经济专家、企业代表、劳动者代表乃至中央和地方政府代表等人士的多方沟通和合作。通过沟通，法学家们也能开阔视野，明晰法律的边界——规制事物的手段有多种，而法律只是其中的一种且不一定是最优的一种。对 21 世纪法律新问题的研究，应当也必须“跨界”。而为了实现跨界交互，可以考虑构建合适的沟通平台，或由政府出面组建专门的涵盖多种学科的智库，或由综合性大学牵头依托自身的理工科优势思考法律的现代化问题，从而避免法律人受限于固有视野而南辕北辙。

结　论

亚当·斯密的“自由放任主义”在 20 世纪 30 年代被“大危机”证明只是一种一厢情愿，而凯恩斯的“国家大规模干预经济理论”也在 20 世纪 70 年代的“滞胀危机”中被证明并非一种绝对真理。理论是无法完美的，但理论却又是必不可少的。不可否认，“自由放任主义”缔造了大英帝国百年的繁荣，“看不见的手”成功地推动了工业革命的发展；凯恩斯的学说虽

① General Data Protection Regulation，Art. 25.

然已经不再被奉为圭臬，但他的理论和因此促成的“看得见的手”也成功地帮助了美国和其他国家走出了大危机。其实，亚当·斯密和凯恩斯并没有错，他们都是在特定环境下给出了自己时代的较优解。真正奇妙的是时代，所以因时制宜十分重要。在珍妮纺纱机时代，自由放任是最好的调整生产关系的法律政策；在流水线生产时代，国家大规模引导、干预经济发展也具备着一定的合理性。但是，当生产关系过渡到自动化时代时，陈旧的学说就无法适应新的社会图景了。而在“智能工厂”时代，我们又当奉何种理论为圭臬呢？

法律是变革最为重要的手段。然而，在对智能制造的发展方向和基本路径都未能达成共识的当下，切忌将某种学说、规则奉为纲领。因为，一旦制度定型，则国人行为皆受其所制；而一旦制度有误，我国将错失发展良机。有鉴于此，本文认为，对目前的基本法律制度应首先保持稳定。我国目前的法律制度经过近 40 年的发展，基本可以被认为是适应于转型和有利于技术创新的。在此前提下，可以考虑“政策试验先行、法律巩固后进”的策略，即初期先借助于政策的手段，集中力量试验性地推动和调整智能制造的发展，后期再从法律推进巩固。

具体而言，首先，应当通过有效政策体制运行，发挥政府引导，推进公私结合，整合相关领域的研究中心、大学研究所以及先进企业的研发部门，打造统一的研发平台，提供良好的产学研基础设施与环境，以此有效地解决产业界和学术界所面临的种种难题。在这个过程中，要加强和先进制造领域的中小企业的合作，以促进中小企业的发展。其次，还应该积极促进科技成果转化，应当汇集各大公共研究机构以组建统一的技术转化平台，从而得以积极鼓励、引导先进技术走出实验室。最后，应当增加融资渠道，通过有效的措施鼓励，诱导银行提供研发贷款，降低先进制造领域企业的贷款门槛；适当进行省际倾斜，对中西部省份给出更多的融资优待，使得智能制造成为一次后发省份赶超式发展、平衡我国东西部财富分布不均的良机；也可以考虑通过适当的政府采购的方式，有重点、有倾斜地扶持特定地区、特定行业和特定规模的企业的科技研发或成果转化。

为了给《中国制造 2025》保驾护航，法学界也应当积极应对挑战，对下列法律议题进行深入的研究：企业和个人数据保护问题、法律责任分担问题、网络安全问题、规范平台和防止数据垄断问题、《标准化法》修改问题、劳动法改革问题以及调整既有民法制度问题等。而对上述问题的研究，切忌由法学家单一为之。应当秉持“跨界”的理念，与政府代表、科技专家、企业代表、劳动力代表等相关人士进行定期的、全方位的交流和互补互助。在此基础上，比较各种规制手段的绩效，确定法律手段的适用疆界，以此防止法律徒具空文或适得其反。

相比较其他大国而言，我国制造业的智能化和信息化才刚刚起步，可以说我们在起跑上已经落后于其他制造业强国。这种劣势使得我们必须奋起直追：一方面通过政策直接推动制造业产业升级；另一方面法学家亦必须全力以赴，紧跟实践，及时地发现问题、研究问题、解决问题，以此为《中国制造 2025》保驾护航。在 21 世纪，中国必须崛起，落后的代价过于沉痛，以至于我们再也无法承担了。能否抢占智能制造的制高点，将成为“大国崛起”的关键一环。围绕“智能制造”的法理重点和法律难点众多，本文仅为抛砖引玉。

大数据与智能制造产业知识产权问题研究*

谭华霖 等**

第一部分　大数据有关知识产权问题研究

（一）数据资源与知识产权

1. 数据和信息

数据和信息是两个比较常见且易混淆的概念。信息泛指能在人类社会传播的一切内容，而数据是指用于记录事物的符号。在计算机科学领域，数据是信息的数字化、电子化载体，是用 1 和 0 表现的电磁记录。信息是数据的内涵，数据是信息的一种载体或形式。单个的数据本身没有任何意义，当数据含有明确的内容成为信息后才能成为权利保护的对象。比如“30”“小明”“年龄”都是数据，不具有实际意义或价值；而“小明今年 30 岁”是一条信息，内容比较明确。所以，谈及数据其实指的是其承载的信息内容，而非计算机科学领域中的字节，信息的内容和类型直接决定了数据上的权利和性质。

---

* 本文作为2015年工信部知识产权推进计划项目“互联网+背景下中国制造业转型升级有关知识产权现状、问题及对策研究”和2016年工信部知识产权推进计划项目“智能传感与控制领域知识产权协同运用研究与推进”部分研究成果简介。

** 谭华霖，法学博士，北京航空航天大学法学院教授（院聘），北京航空航天大学党委宣传部部长、新闻中心主任，北京科技创新中心研究基地常务副主任。

2. 数据财产

无论何种类型的数据（包括具有强烈人身属性的个人信息类数据），在其具有使用价值且可以交易获得对价时，就可以视为广义的一种资（财）产，如同技术、品牌、商业秘密。从民法角度来看，数据财产对应的是数据财产权，可以从两个层次去理解：对于数据产生主体——用户来说，数据财产权是以所有权为理念的建构，基础在于用户对个人权益的占用、使用、收益和自由处分的权利；对于数据开发和应用主体——企业来说，数据财产权是以经营权为理念的建构，基础在于企业对于其经营管理的财产享有占有、使用和依法处分的权利。

3. 数据产品

数据产品是从产业角度对大数据的界定。数据产品是产业存在和发展的基础要素，是各相关技术作用的对象，也是各环节和企业产生关联的纽带，更是各主体利益诉求之所在。

某些数据产品本身就是知识产权客体，比如以数字形式存在的作品、核心技术指标等，就是按现有知识产权规则保护的。某些数据产品，经相关主体技术开发或智力创造后具备了一定独创性，而成为知识产权的客体，最典型的就是数据库。随着技术的发展，必然会有越来越多新的数据可以纳入知识产权保护体系。某些数据产品，虽经过加工但并不具有独创性，也不会对数据上的原始权利性质和归属产生根本性影响，形成的数据产品自然不能纳入知识产权体系。

（二）大数据技术与知识产权

1. 加强对技术的知识产权保护

知识产权制度是激励技术创新的重要手段，一方面通过许可制度使权利人得到合理回报，另一方面为创新成果的转移和转化提供途径，合理高效配置创新资源。大数据是技术的产物，技术涉及面广、表现形式丰富、更新周期短，更应发挥知识产权的保障和促进作用。

有的技术与软件或硬件相结合，按现行知识产权规则，可以申请软件著作权或专利权。对于没有与软件或硬件相结合的技术，是否可以作为专利权客体值得探讨。大数据技术的基础和核心是算法，但不等同于算法。

算法是指一个表示为有限长列表的有效方法，包含清晰定义的指令用于计算函数，[①] 比如决策树归纳算法、聚类算法等，属于抽象思维领域，排除在专利权范围之外。而大数据技术是对算法的选择和重新演绎，选择何种算法、如何实现最优的算法，需要技术开发者理论、技术和经验的积累，需要付出创造性的劳动。选择出更优算法的过程实质上就是一个智力成果的创造过程，是技术开发者智慧的结晶、创新能力的体现。另外，不同于科学原理、自然规律和自然现象，大数据技术需要通过应用具体的语言编程，实现与计算机紧密联系，基于现实需求而产生，最后应用于某个行业或领域具体问题的解决。所以，作为一种解决技术问题的技术方案，理论上大数据技术可以申请方法专利。

事实上，加强对大数据技术的保护的做法在西方国家已有体现。比如全球知名的大数据企业、英国最大的软件企业 Autonomy 公司，以贝叶斯概率论和香农信息论为基础获得了超过 130 项专利。[②]

2. 推进技术标准与专利的融合

专利和标准是鼓励技术创新、推广技术应用、推动产业发展的两种手段，具有一致性和互补性。标准是一种统一的技术规范，完善的技术标准能提高数据质量，实现数据价值的最大化。随着大数据技术的迅猛发展，技术更新周期越来越短，将专利纳入技术标准能够克服标准制定本身的滞后性，提升标准质量，同时也加快了专利进入产业化的速度。[③]

但由于性质的不同，大数据技术标准化与专利化必然会产生冲突。标准追求的是统一和普遍适用，而专利追求的是经济回报。[④] 标准具有公共属性，而专利是私权适用私法基本原则和规则。

要解决两者冲突，必须坚持利益平衡原则，充分利用综合性手段，加强对标准与专利结合的管理、引导和规范，满足市场主体对效率、自由、安全等价值的追求。一是实施标准化战略，按照行业类别组织建立统一的

① 张苗：《基于用户查询意图的信息检索技术研究与实现方法》，湖南大学硕士学位论文，2013。

② 罗涛：《大数据产业的美国经验与中国对策》，《高科技与产业化》2013 年 5 月号总第 204 期。

③ 郭济环：《技术标准与专利融合的动因分析》，《中国标准化》2011 年第 11 期，第 32 ~ 35 页。

④ 张勇刚、张素亮：《“专利性技术标准”：一种新的知识产权形态》，《建设科技》2005 年第 11 期，第 61 ~ 64 页。

数据采集和质量标准。以企业为主体参与国际标准竞争机制，在政策和机制上，支持、鼓励和引导企业积极参与国际标准化活动，支持和鼓励有研发能力的企业参与并承担相关国际标准的制定、修订任务，积极培育和发展企业联盟标准。二是推动标准化战略与知识产权战略融合促进。① 构建符合我国国情又与国际惯例相协调、兼具公平和效率、兼具制约和激励的专利与标准冲突协调联动机制。三是构建标准化组织的专利政策模式，包括允许必要技术专利纳入标准、专利信息需事前披露制度、技术标准使用人必须获得专利权人的许可方可使用专利、标准化制定机构不介入具体的专利许可事务等。②

3. 做好关键技术的专利布局

专利布局是利用知识产权制度保护自己技术，并抑制竞争对手技术和市场优势的重要手段。微观层面，企业出于市场竞争进行专利布局；宏观层面，政府推进专利布局有利于在大数据领域的国际竞争中处于优势。

政府应在大数据的关键技术和前沿领域提前规划和统筹推进。一是针对关键技术和新兴发展动向，制定有针对性的知识产权保护政策，引导研发方向。二是推进国内相关企业组建发展战略联盟，通过共同研发、组建专利池、加强标准运作等手段，增强国际竞争力。三是完善企业为主体、产学研相结合的技术创新体系。③ 四是加大专业市场和重大技术标准中的知识产权保护力度。④ 大力支持企业和研发机构在国外部署知识产权，鼓励在国外运用知识产权，健全知识产权预警应急机制、国外维权和争端解决机制。⑤

企业要有充分的专利检索和分析规划，了解竞争对手和行业前沿趋势，

① 冯晓青：《企业技术创新与知识产权战略标准化探讨》，《中国市场》2013 年第 11 期，第 65 ~70 页。

② 邓娟：《国际标准与专利的法律冲突》，重庆大学硕士学位论文，2013。

③ 冯春华、孙宝军：《吉林省产学研合作存在的问题及对策分析》，《金融教育研究》2012 年第 6 期，第 83 ~88 页。

④ 国务院法制办公室：《中华人民共和国新法规汇编》（2012 年第 6 辑总第 184 辑），中国法制出版社，2012。

⑤ 徐慧、周婕：《中国企业“走出去”遇到的知识产权问题及其原因探析》，《中国发明与专利》2015 年第 6 期，第 6 ~13 页。

确定技术发展方向。进行持久的核心技术积累，对核心技术进行专利布局，形成必要的专利组合。通过基本专利申请、外围专利申请、充分申请、抢先与阻击申请、超前申请等多种策略，构建合理的专利保护网等。

（三）大数据的应用与知识产权

1. 创新商业模式

目前大数据产业链大致可以分为三个层次：数据产生形成层、数据分析处理层和数据应用服务层。①

在产生形成层，数据提供者是业务主体，最主要的商业模式为出售或出租其拥有的数据。比如，Inrix 公司在交通信息领域，面向 GPS 生产商、交通规划部门、FedEX 和 UPS 等物流公司等，出售完整交通状况模式图或者数据库。在这种商业模式下，数据产品是否属于知识产权客体，交易规则是否遵循知识产权制度，都按照现行规则来判断。对于不受知识产权保护的数据产品，数据提供者也可以主张服务对价。

在分析处理层，技术提供者是业务主体，最主要的商业模式为提供数据的分析和处理技术服务。比如，IBM 提供软硬一体的大数据解决方案；华为基于 IT 基础设施领域在存储和计算的优势，提供整体大数据解决方案。②在这种商业模式下，技术提供者可以主张技术服务对价，也可以按照知识产权规则就加工处理形成的新数据产品主张权利。

在应用服务层，应用服务提供者是业务主体，常见的商业模式为基于对大数据的分析结果去推动客户业务发展，比如精准定位广告、咨询研究、市场营销、行业应用等服务，这一层次可衍生发展的商业模式最为丰富。此类商业模式下，应用服务提供者可以基于咨询、分析等服务要求对价，也可以根据某些数据应用本身享有的知识产权获得对价。

2. 健全交易或服务平台保护机制

除上述三个主要环节之外，大数据产业链还包括相关支撑或保障领域，

① 孙金良、吕稀艳：《基于系统动力学的物联网产业链分析》，四川省通信学会 2010 年学术年会，2010。

② 大数据的多种商业模式 - 存储 - 畅享网，http://www.vsharing.com/k/storage/2013-10/690059_2.html。

比如 IT 硬件、数据安全保障等。其中，数据交易或服务平台是目前比较受关注的领域。2014 年 2 月，国内首个面向数据交易的产业组织——中关村大数据交易产业联盟成立，中关村数海大数据交易平台启动。2015 年 4 月，贵阳大数据交易所正式挂牌并完成首批大数据交易。①

数据交易或服务平台，属于知识产权服务业领域，本质是一种关于交易的商业方法，在著作权和商业秘密无法提供保护的情况下，以专利权对其进行保护不失为一种途径。我国专利法规定，对智力活动规则和方法不授予专利权。② 审查指南中认为其是一种思维活动，没有利用技术方式或自然法则，并且没有解决具体的技术上的问题。但同时指出，虽然纯粹的思维活动不可申请专利，但具备技术特征并能够产生技术性效果的商业方法并非不可申请专利。对结合计算机的商业方法发明的审查可适用《关于涉及计算机程序的发明专利申请审查的若干规定》。③ 换而言之，我国对商业方法采用的是“软硬件”相结合的保护标准。这一标准可以适用于数据或服务交易平台，对于包括某种技术方案并解决了某些技术问题的平台，可以申请专利。需要注意的是，围绕交易平台而开发出来的相关软硬件，按照现行知识产权制度，可以申请取得著作权或专利权。

（四）大数据产业中的行为规则

1. 采集与隐私保护规则

采集是利用计算机技术将被采集对象电子化、信息化的过程，是客观描述和无差别转化，并不会对被采集对象的权利状态造成根本影响。被采集对象承载何种权利，采集后数据上的权利还是归属被采集者，比如姓名、家庭情况等个人信息无论变成何种形式都还是个人信息。④ 采集者必须获取许可后才能进行采集，而被采集者有权要求其支付合理对价。被采集者和采集者之间是许可和被许可的关系。

① 王玉林、高富平：《大数据的财产属性研究》，《图书与情报》2016 年第 1 期，第 29 ~ 35 页。

② 李长健、徐丽峰：《我国计算机软件专利保护文献综述》，《重庆邮电大学学报》（社会科学版）2010 年第 3 期，第 20 ~ 24 页。

③ 《商业方法专利的保护及研究》，https://m.book118.com/html/2015/1002/26511532.shtm。

④ 邹沛东、曹红丽：《大数据权利属性浅析》，《法制与社会》2016 年第 9 期。

被采集者对已被采集到的数据可以请求删除，欧盟立法称之为“被遗忘权”：被采集者有权自主决定处理其个人数据的方式，有权要求采集者及时删除身份信息和负面资料等个人数据，或者授权他人行使以上权利。若被采集者事前许可他人收集而后反悔，涉及人身属性的数据也应当停止收集乃至删除，但被采集者应赔偿由此产生的损失；非人身属性数据删除与否，按照合同法相关规则处理。

2. 加工与处理规则

主要涉及的主体是数据的采集者与加工处理者，其权利义务关系依据合同法相关规则处理。如果采集者对获取的数据采取了相关保密措施，则应被视为商业秘密，遵循现有商业秘密保护规则。如果获取的数据不能作为商业秘密受到保护，采集者还可以通过以下途径主张权利：一是其采集行为已使数据“增值”，就增值部分享有权利；二是采集行为是加工服务，应支付相应对价；三是如果采集行为使数据产品具有了独创性，则采集者对其享有知识产权，应遵循现有知识产权规则。

3. 应用规则

主要涉及的主体是加工处理者和应用者，则二者的权利义务关系依据合同法相关规则处理。如果加工处理者的开发行为使数据产品获得了独创性，应受到知识产权保护，遵循现有知识产权规则。如果加工处理过的数据不具有独创性，但加工处理者采取了相关保密措施且具有商业价值，则应被视为商业秘密，遵循现有商业秘密保护规则。如果获取的数据不能作为商业秘密受到保护，也不能受到知识产权保护，加工处理者还可以就其开发行为主张相应对价。

4. 转让和交易规则

大数据产业链中各主体相互之间可以通过信息平台或者数据交易协议，进行数据的共享和交换。他们之间是平等主体，依据合同法相关的规则处理彼此关系。

需要注意的是，在数据转让和交易之时，不得侵犯数据上的在先权利，造成损害的应当承担单独或连带损害赔偿责任。比如，采集者在将采集的数据进行交易或共享时，相关数据不得包含被采集者的个人信息。采集者应采取数据脱敏等相关技术，对涉及被采集者个人属性信息进行清洗、屏蔽或处理，最终提供加工处理方的数据不得侵害被采集者的隐私。

5. 公有数据的开发和使用规则

政府有独特优势采集和处理气象、交通等各种公共数据，政府采集数据用于公共目的之时，应当严格遵循法定程序，并保障个人隐私信息的安全。政府依法要求公民提供履行职能所需的数据之时，被采集者应该予以配合，但政府不得将该数据非法提供他人使用。在紧急时刻，政府有权对特定数据进行征收和征用，但应当提供适当补偿。

虽然政府对公有数据具有管理权和控制权，但应逐步简政放权，并由监管者向服务者角色转换，构建公共数据共享平台，提升信息公开的透明度，向采集者开放海量公共数据源（涉密数据或者政府特定用途的数据除外）。

6. 跨境流通规则

跨境流通指的是数据在不同国家的流通，属于国际法范畴，制定跨境流通规则是国家数据主权的体现。数据跨境流通的前提是要保证国家安全，不法的流通会给国家主权和国家安全带来危险。跨境流通的数据必须合法，并遵守国家协议及国际条约的相关规定，不能规避国内法律的规定，也不能违反社会公共利益和公序良俗，在此基础上鼓励数据的合理流通。加强国际合作，推进大数据共享，建立数据跨国共享和互操作的框架；坚持互惠原则，给予对等保护，达到数据在本国及外国间的同等性。①

（五）政策建议

《关于提高大数据产业知识产权创造、运用和保护能力的若干意见》（专家建议稿）

数据是推动社会经济发展的基础性和战略性资源，大数据正在成为下一个激发创新力、提高生产力、增强竞争力的前沿领域。大数据与各行业的广泛融合和创新应用，对于推进“中国制造 2025”和“互联网 +”国家战略、促进大众创业和万众创新、加速社会经济转型升级具有重要意义。提高我国大数据产业知识产权创造、运用和保护能力，是鼓励技术创新、

① 齐爱民、盘佳：《大数据安全法律保障机制研究》，《重庆邮电大学学报》（社会科学版）2015 年第 27 卷第 3 期。

培育创新应用、营造良好环境，推动大数据产业发展的重要保障。

一、指导思想

全面贯彻落实党的十八大和十八届三中、四中全会精神，紧紧围绕创新驱动发展和工业转型升级战略，以“激励创造、有效运用、依法保护、科学管理”为方针，以建立与大数据产业发展相适应的知识产权管理服务体系为核心，以法律保护与政策引导相结合为手段，培育企业知识产权创造与运用能力，完善关键技术领域知识产权风险防控与预警机制，完善政府、企业、科研院所联动创新机制，持续激发创新主体活力，维护市场公平竞争，提高大数据产业发展能力。

二、总体目标

大数据产业知识产权管理体系基本健全，知识产权保护体系基本完善，知识产权服务能力基本满足产业发展需要。大数据企业知识产权创造和运用水平进一步提高，技术创新能力进一步增强。大数据知识产权交易与运用规范有序，以知识产权为纽带的产学研用协同创新机制基本健全。提高知识产权国际化保护水平，提高大数据企业产业的国际竞争力。

三、基本原则

（一）坚持市场驱动。充分发挥市场配置资源的基础性作用和知识产权制度的激励、保障作用，优化市场环境，坚持企业创新主体地位，加快推进产学研用协同创新，培育大数据战略性新兴产业，增强内生发展动力。

（二）坚持产业导向。立足大数据产业发展需求和行业特色，强化知识产权工作部署，在云计算平台、数据存储、数据预处理、数据挖掘分析、数据安全等领域突破一批关键技术，探索创新应用和商业模式，完善大数据产业系统。

（三）坚持政府指导。加强宏观引导和政策激励，进一步推进简政放权，强化对大数据产业各类企事业单位和组织的知识产权管理与服务，健全大数据产业知识产权工作的支撑服务体系，营造良好的发展环境。

四、重点任务

（一）实施大数据标准化战略。建立大数据标准体系，统一数据采集和质量标准，规范数据形式和接口标准，促进数据的公开与共享。支持和鼓励企业、高校、科研机构和社会组织共同参与标准化工作，强化科技创新与技术标准的紧密结合。积极培育和发展企业联盟标准，推动标准化战略与知识产权战略相互融合。支持和鼓励有研发能力的企业参与并承担相关国际标准的制定、修订任务，支持基于自有知识产权的标准研发、评估和试验验证。

（二）加强企业大数据知识产权创造和运用能力。加强关键技术的专利布局，建立关键基础和重点领域的知识产权评议机制、预警机制和公共服务平台。鼓励企业利用专利多种方式构筑知识产权战略竞争优势，推进建立大数据产业专利联盟，支持企业以专利共享和共同维权为纽带，实现行业内专利资产的科学管理和战略运营，推动构建“专利池”。鼓励具有自主知识产权和技术创新能力的大数据企业做强、做大。

（三）强化大数据知识产权管理和风险控制能力。加强大数据知识产权工作指导，健全并推行大数据知识产权管理标准。推进大数据企业建立知识产权管理制度，提升工业领域知识产权创造、运用、保护和管理能力。深入开展企事业单位知识产权试点示范工作，实施中小企业知识产权战略推进工程和知识产权优势企业培育工程。定期组织关键技术和重点领域的知识产权态势发布，开展专题研讨培训活动，提高行业知识产权风险预警应对水平。

（四）促进大数据知识产权转化和应用。支持企业推进原始创新、集成创新和引进消化吸收再创新，掌握共性技术，突破关键核心技术，尽快缩小与国际先进水平的差距，促进大数据技术成果的产品化、服务化、产业化。紧密关切市场需求，着力推进大数据在重点领域的应用，形成对大数据产业发展的有力拉动。

（五）培育大数据知识产权服务。支持知识产权服务单位针对大数据产业开展专项和重点服务，提升全产业链条知识产权运用和保护水平。健全各类数据交易或服务平台工作机制，构建安全、高效的数据交易机制，创新知识产权服务模式，构建服务主体多元化的知识产权服务体系。完善政府信息公开机制，建立公共数据开发和服务平台，加大公共数据开发力度。提高大数据知识产权涉外事务处理能力，支持申请境外知识产权。加强行业知识产权综合数据服务平台建设，完善平台与行业组织、产业联盟等对接的服务模式。

（六）深化产业政策与知识产权有效衔接。紧密结合产业发展规划、产业特点以及技术优势，有针对性地制定、实施知识产权相关支持政策，发挥政策对技术发展和知识产权创造的导向作用。构建统一开放、竞争有序的市场体系，为各类大数据相关主体营造公平竞争的环境。加快转变政府职能，充分发挥产业技术联盟、行业协会等社会组织在推动科技服务业发展中的作用。

（七）健全产学研协同创新机制。鼓励相关企业、高校和科研机构开展产学研合作，建设产业技术创新战略联盟试点和协同创新中心。搭建科研院所与企业以知识产权利益分享为纽带的合作机制，推进大数据协同融合创新。

（八）加强大数据知识产权国际合作交流。支持国内企事业单位与国外研发机构、企业交流合作，及时学习、借鉴先进理念和成功经验。充分发挥社会组织和中介机构在处理大数据知识产权国际事务和海外维权等方面的作用。

五、 保障措施

（一）加强组织领导。建立由工业和信息化部牵头、相关部门和单位参加的部际协调机制，加强宏观指导和政策协调。工业和信息化部有关司局要按照职能分工，加强对农业知识产权发展的协调指导，细化政策措施，创新体制机制。各级政府及有关部门要高度重视，切实加强组织领导制定具体实施方案和落实措施。

（二）加大政策支持。加强产业、科技、人才、财政等政策与大数据知识产权政策的衔接。制定有利于鼓励大数据相关的基础研究和关键技术研发的政策措施。按照产业规划布局和发展需求，统筹支持方向，加强国家科技重大专项、战略性新兴产业专项、工业转型升级资金等专项资金与大数据产业及大数据知识产权服务的衔接。

（三）营造良好氛围。宣传普及知识产权相关法律法规，开展知识产权培训，增强从业人员知识产权意识。面向行业和企业组织知识产权态势发布会和论坛交流，组织知识产权实务培训和宣传。选择有特点、有代表性的企业，建立联系点机制，跟踪发展情况，总结并推广成功经验和做法。积极利用报刊和网站等媒体，采用多种形式，宣传大数据领域知识产权案例和成果。

第二部分　智能制造有关知识产权问题研究

（一）智能制造知识产权形态解析

技术创新与知识产权具有天然的密切联系，知识产权对于技术创新具有极大的推动作用，而实现技术创新则是知识产权制度的重要目标之一。[①]“互联网 +”背景下推动我国制造业转型升级和发展智能制造，科技实力及配套的条件保障固然很重要，但知识产权法律与政策这一“软实力”也同样重要。具体来说，推动我国制造业转型升级，政府的资源投入和引导非常重要，政策制定和政策信号会起到关键作用，但技术研发和创新并不能完全由政府包办，只有制定正确的知识产权政策，充分发挥知识产权制度激励创新的作用，才能调动市场这个最持久、最强大的动力源，推动这一产业的长远发展。[②] 在这种意义上讲，一个制造业强国也一定是一个知识产权强国，必须有强大的知识产权制度作为支撑。

另外，我国现代制造业的发展，要在国际公认的准则和框架下，在市场经济和法治环境下，与国外跨国企业进行合作和竞争。应当认识到，在全球化的竞争背景下，知识产权制度既是有效的激励，也可能是潜在的障碍。一方面，一定程度上的知识产权保护是进行持续创新以改善技术的重要保障；另一方面，过度严厉的保护又会因为高成本而对技术转移产生阻碍，在一定程度上阻碍本国产业技术的发展。因此，发达国家与发展中国家在相关领域中的知识产权政策往往存在较大的分歧，我们必须学会善用知识产权制度。正如郑成思教授所说，在制定和实施相关知识产权政策时，一定要致力于对策性研究，注意使保护权利与限制垄断相结合。[③]

再者，我国已将“互联网 +”概念在国家层面上正式提出，互联网的基础性、先导性及战略性地位将日益提升，“互联网 +”在加速传统产业转

---

① 冯晓青：《技术创新与知识产权战略及其法律保障体系研究》，《知识产权》2012 年第 2 期。

② 《战略性新兴产业知识产权政策初探》，http://www.docin.com/p-944381945.html。

③ 中国国际贸易学会编辑出版委员会：《形势与对策：中国外经贸发展与改革（2006 年）》，中国商务出版社，2006。

型升级和促进关键技术更新迭代的同时，其相关治理问题也对现有的法律政策和知识产权制度提出了严峻的考验。“互联网 +”背景下传统的知识产权概念边界越来越模糊，新现象、新问题层出不穷，有学者甚至提出了“知识产权云”的概念。①

可以预见，在新一轮以智能制造相关技术为核心的制造业技术革命和产业变革中，知识产权的博弈将空前复杂和激烈。如何有效地运用知识产权占领新一轮产业竞争制高点，建立一条以“专利技术 - 新产品 - 新标准 - 质量品牌”为代表的知识产权综合运用与创新发展之路，是我国制造业创新发展和实现转型升级亟待突破的瓶颈问题之一。为促进制造业技术创新与知识产权的有效融合，需要建立以知识产权法律制度为核心的促进技术创新的法律保障体系，建构和完善二者融合互动的法律运行机制。② 因此，研究制造业转型升级与知识产权的互动关系及其法律保障体系具有重要的现实意义。

从产业发展的实际情况来看，中国制造业大而不强的主要原因是国内多数本土制造业企业实际上多是国外跨国公司的代工厂，从事附加值极低的产品加工组装的中端环节。由此可知，以智能制造升级中国制造的核心在于促进中国制造业向产业链前端和后端转移，从而提高产业附加值。产业链的前端和后端分别对应研发设计和市场营销服务。③ 故此，中国制造业转型升级的关键在于技术创新和品牌运营，所对应的知识产权问题主要涉及：(1) 专利权；(2) 技术秘密；(3) 软件著作权；(4) 技术标准；(5) 品牌与商标战略。

1. 专利权

专利权是智能制造领域最显著的知识产权形态。由于“互联网 +”背景下技术迭代更新速度快，信息开放共享度高，非常有必要将研发成果及时专利化予以保护。通过对智能制造领域各类创新主体研发产生的技术方案进行特征抽象和概括，形成配置合理的权利要求，清楚地限定专利的保

---

① 李从东、洪宇翔：《云制造环境下的知识产权问题研究》，《现代管理科学》2014 年第 12 期。

② 《技术创新与知识产权战略及其法律保障体系研究》，http://www.cqvip.com/QK/96792A/201202/40874300.html。

③ 参见王欣《我国装备制造业全要素生产率测度》，复旦大学出版社，2012。

护范围，使他人无法在产业上轻易绕过，进而实现对创新的保护和激励。给予对做出发明创造的专利权人一定期限的技术独占权，使得权利人可在该期限内独占性实施或许可他人实施发明创造的内容而获得经济利益，从而“为天才之火浇上利益之油”，实现鼓励发明创造、激发创新的目的，同时有助于智能制造产业发展进步。

在这个产业创新高度活跃的时代，要想跻身智能制造产业，必须用专利筑牢根基，乘势而上，走在行业前端。例如，在 2017 年汉诺威工业博览会上，海尔集团、华为公司等一批来自中国的知识产权优势企业，凭借自身拥有的知识产权，展示了业界领先的智能制造新技术。其中，海尔集团的互联工厂拥有超过同领域对手三倍数量的专利，以专利技术为支撑，互联工厂不仅可以让用户在客户端发挥天马行空的想象来设计产品，还可以集纳全球最新的技术资料激发研发人员的创新灵感。此外，互联工厂的优势还在于其拥有 43 项国标标准、专利运营收入超过对手 180 倍……不难发现，专利为海尔的智能制造产业注入了强大的活力。①

2. 技术秘密

技术秘密与专利权不同，专利权“以公开换保护”，技术秘密则是不为公众所知的技术诀窍，主要是指凭借经验或技能产生的，在工业化生产中适用的技术情报、数据或知识，具有秘密性、实用性、价值性和保密性。实际上，对具体的技术方案采用专利或是技术秘密予以保护往往是发明人策略性的选择问题，二者适宜适用的场合不同。具体到智能制造领域，由于技术复杂程度往往较高而产品周期相对较短，侵权举证存在一定的难度，在专利申请过程中，保留必要的技术诀窍，做到使说明书公开“适度”，从而对企业核心技术形成全面、有梯度的保护是非常有必要的。

3. 软件著作权

在信息化时代，软件虽然看不见、摸不着，却发挥着不可或缺的重要作用。通过运用互联网理念，软件技术与工业技术开始实现融合发展，软件已不再是处于从属地位的工具，而成为智能制造的突破口，对智能制造具有核心驱动作用。智能制造离不开硬件和软件的双重支持，如果说硬件

---

① 《智能制造，靠专利站潮头》，http://www.iprchn.com/index_newscontent.aspx? newsid=99949。

是智能制造的基础，那么软件则是智能制造的灵魂。智能制造的发展以企业的自动化和信息化发展为基础。自动化主要实现生产过程的数字化控制，离不开过程控制类软件的深度应用；信息化主要实现企业研发、制造、销售、服务等环节和流程的数字化，同样以各种分析类软件的深度应用为特征。因此，软件著作权是与智能制造产业有关的重要知识产权客体。在著作权法所保护的作品中，计算机软件由于其专业性和技术性较强，是最特殊的一类客体，软件著作权的设立旨在鼓励计算机软件的开发和应用，促进软件产业和国民经济信息化的发展。[①]

4. 技术标准

技术标准，根据国际标准化组织（ISO）的定义，是指由标准化团体批准的，由有关各方依据科学技术发展的先进经验，共同合作起草的，基本上或者一致同意的技术规范，其目的在于促进最优的公共利益。[②] 技术标准的制定和推广有利于各生产厂家统一规格，确保有关技术事项尽可能地实现统一，促进具体产品和服务的通用性、互换性、兼容性，通过消除“替换成本”，进一步实现节约成本，从而保护广大消费者利益。标准的制定离不开对相关领域先进技术的归纳和吸收，因而不可避免地与专利权发生密切关联。[③] 专利权属于私有权利，而标准却具有公共产品的属性，尽管二者属性截然不同，但相互融合已成为事实。具体到智能制造领域，数字化、网络化、智能化要求必须及时实现信息互联互通，因此，技术专利化、专利标准化已成为相关企业的基本创新路线，通过将专利纳入技术标准，从而占据智能制造产业的制高点。

推进智能制造，标准化要先行。工业和信息化部、国家标准化管理委员会根据《中国制造 2025》的战略部署，联合发布了《国家智能制造标准体系建设指南》(2015 年版)。它明确了建设智能制造标准体系的总体要求、建设思路、建设内容和组织实施方式，从生命周期、系统层级、智能功能等三个维度建立了智能制造标准体系参考模型，并由此提出了智能制造标准体系框架，框架包括“基础”“安全”“管理”“检测评价”“可靠性”等

① 杨建一：《海峡两岸计算机软件最终用户法律责任制度比较研究》，厦门大学硕士学位论文，2011。

② 郑辉：《标准制定原则与我国专利制度的调和》，《电子知识产权》2009 年第 2 期。

③ 《与专利许可有关的 FRAND 原则研究》，http://www.doc88.com/p-0532892872825.html。

5 类基础共性标准和“智能装备”“智能工厂”“智能服务”“工业软件和大数据”“工业互联网”等 5 类关键技术标准，以及包括《中国制造 2025》中 10 大应用领域在内的不同行业的应用标准，构建了由“5 + 5 + 10”类标准组成的智能制造标准体系框架，建立标准体系的动态完善机制，逐步形成智能制造强有力的标准支撑。[①]

5. 品牌与商标战略

品牌是指消费者对产品的认知程度，品牌的重要作用在于其能够让消费者清楚地“看到”企业的优势，将企业特定的产品与其他企业产品区别开来，产品质量好，消费者自然会口口相传、反复购买；反之，消费者也可凭借品牌的识别，轻松地避开质量差的产品。专利制度在激励和保护创新方面发挥着重要作用，但由专利带来的技术竞争优势和市场声誉最终都会凝聚到企业的品牌当中。新技术在提高产品质量的同时也会提升消费者对企业品牌的评价，只要品牌受到合法保护，企业便能长期保有创新带来的优势。品牌制度在保护和激励创新过程中也发挥着重要作用，这源于技术的市场优势地位或许只能维系一个阶段，但基于品牌的营销优势却可以持续久远。因此，提升经营品牌能力同样是解决制造业产业升级问题的关键手段，凭借品牌经营，企业才能全面收获技术创新的红利。[②]

商标是区别产品或服务来源的标记，是市场信息的重要载体和传递者，商标的使用降低了消费者搜索商品或服务的成本。商标战略是以商标创造、运用、保护和管理为主要环节，以品牌价值提升为核心内容的经营战略和制度安排。在智能制造产业发展中实施商标战略，有利于其技术优势转化为市场优势，提升产业产品的附加值，促进企业品牌由自主化向高端化发展，最终向国际化迈进，实现新兴产业产品在市场上的领导力。[③]

传统“中国制造”背景下，国内 OEM 代工企业之所以纷纷陷入经营困境，最终难以为继，原因主要在于其忽视了品牌战略，“只会做产品而不会

---

① 辛国斌：《智能制造标准先行——〈国家智能制造标准体系建设指南〉解读》，《中国信息化》2016 年第 3 期，第 9 ~ 10 页。

② 彭学龙：《中国制造的品牌战略》，http：//www. yidianzixun. com/home? page = article&id = 0AEfGNRH。

③ 储敏：《新兴产业发展中的商标战略思考》，《知识产权》2013 年第 7 期，第 71 ~ 76 页。

做品牌”。对此，《中国制造 2025》明确提出了要实现“中国速度向中国质量的转变”，“中国产品向中国品牌的转变”。通过统计《中国制造 2025》采用的术语和措辞可以发现，“品牌”二字共出现了 25 次，《中国制造 2025》反复强调“推进制造业品牌建设”“不断提升企业品牌价值和中国制造整体形象”“加大中国品牌宣传力度”。[①] 可以看出，在打造“中国制造”升级版的过程中，提升品牌战略、提高品牌经营能力已经不容回避。

（二）探索衡量智能制造产业发展的知识产权指标体系

《中国制造 2025》指出，创造并运用好知识产权，打造具有国际竞争力的制造业，是我国提升综合国力、建设世界强国的必由之路。以核心技术与自主品牌攀登国际制造业高端链条，增强产业竞争力，需要持续加强制造业产业发展中的知识产权导向，强化创新与知识产权的协调性。因此，在耦合知识产权战略与智能制造产业政策的基础上，提出客观、公正、可行的知识产权监测、评价关键指标，构建基于产业视角的制造业知识产权指标体系，对于政府有效监控智能制造产业健康发展无疑具有重要的意义。指标构建过程重点考虑的几个指导原则如下。

1. 注重指标的科学性、系统性

智能制造是一个系统过程，与之相关的知识产权指标之间不是线性的关系，要兼顾制造业自身规律，全方位、多层次地进行考量。指标设计应能充分反映制造业知识产权的内涵和外延，具有合理的层次结构，在应用上具有较强的可操作性和测度性，具备一定的显示度。同时，应当坚持定量与定性相结合，定义明确、数据来源可靠、处理方法科学，且具备相对的稳定性。

2. 全面结合智能制造产业发展特点

指标设计要坚持共性与特性相结合，在部分沿用传统评价指标的基础上，综合考虑智能制造产业特点，如“互联网 +”背景下知识产权形态变化、产业新技术迭代加快、国际标准化竞争、商业模式创新、品牌战略等，力求与时俱进，契合产业实际。

---

① 参见《中国制造 2025》。

3. 发挥指标的引导性

构建智能制造知识产权指标体系的目的是从整体上全面、客观地展示制造业知识产权发展状况，进而有针对性地分析问题和原因，因此既要考虑指标反映知识产权现状，也要考虑指标的预见性，发挥引导性，为制定产业知识产权相关政策提供依据。

指标体系的构建应遵循知识产权工作和产业活动规律。[①] 知识产权创造、运用、保护、管理构成知识产权工作的有机整体，知识产权创造和运用是核心，知识产权管理、保护是外在环境，为知识产权的创造和运用提供了平台和助力。这也与国家知识产权战略纲要中提出的“知识产权能力包括知识产权的创造、运用、保护及管理的综合能力”相契合。[②] 初步构建的指标体系如下表。

一级指标	二级指标	三级指标
知识产权的创造	知识产权投入	智能制造研发投入（占比）
		知识产权专项经费投入
		专业人才队伍建设
		投入激励机制建设
	知识产权产出	产业每年新增知识产权数量（专利、商标、软件著作权）
		万人有效知识产权数量
		发明专利占比
		专利平均被引用情况
		国外知识产权数量占比
		驰名商标与品牌建设情况（参考国际认可的品牌强度指标，如 interbrand 等）
		企业制定产业技术标准情况
		知识产权布局情况（同族专利布局、“专利池”等）
		高新企业数量
		技术秘密（非专利技术）数量

① 许美玲：《国内十省市知识产权战略比较研究》，北京化工大学硕士学位论文，2010。

② 刘华锋：《甘肃省知识产权战略实施与绩效评估研究》，兰州大学硕士学位论文，2011。

续表

一级指标	二级指标	三级指标
知识产权的运用	运用机制	运营保障体系建设情况
		商业模式创新情况
	运用效果	主导产业专利产品年产值比重
		知识产权许可、转让、作价入股交易额
		知识产权质押融资情况
		国外专利技术引进情况（核心技术依赖度）
		知识产权信息利用情况
		产学研合作情况
知识产权的保护	司法保护	司法机关能力建设
		专门案件数量与结案情况
		海外知识产权预警与维权情况
	行政保护	行政机关能力建设
		专门案件数量与结案情况
		公共维权援助机构建设情况
知识产权的管理	组织机构	制造业知识产权国家专门管理机构建设情况
		制造业企业知识产权管理机构建设情况
	政策法规	国家政策法规及其实施情况
		企业管理制度及其实施情况
	服务与文化	公共服务平台建设
		中介机构及从业人员密度、服务满意度情况
		知识产权宣传、培训情况
		产业知识产权认知度

注：相关资料来自政府官方统计、相关产业分析报告、企业调查等。

（三）促进智能制造发展的知识产权对策研究

1. 强化知识产权综合布局

（1）着力提升专利质量

发展智能制造产业的关键在于，科技要超前部署、率先投入并引领发展，知识产权布局将决定国家在未来产业链条中所处的位置。由于智能制造领域多为前沿技术，产业技术发展路线尚未充分明确，未来主导性技术尚未成形，发达国家还没有完成知识产权布局。对于我国来说，要认清形势，抓住机遇，在智能制造前沿技术高地抢先进行知识产权布局，为我国未来产业发展提供广阔的空间。[①]

牢固树立“数量布局、质量取胜”观念，着力提升专利质量，深入挖掘智能制造领域核心专利。围绕核心专利做好策略性、有层次的专利布局，形成以基本核心专利为中心，外围专利和从属专利为栅栏的密集专利网络。例如，通过设立智能制造领域相关产业专利基金，从知识产权尤其是核心专利入手提升和保障产业发展。同时，对于利用财政资金设立的智能制造领域研究项目，应当明确项目承担者的知识产权产出目标和科技成果转化义务。[②]

（2）针对核心专利采取特别审查措施

研究对智能制造领域核心专利申请采取特别审查措施，提高专利审查的质量和效率。在不违反《TRIPS 协定》的基础上，研究智能制造产业中各个分支产业技术的分布特点以及技术的生命周期，选择适当的领域对相关专利申请采取加速审查的策略，从而加速技术产业化的进程。2009 年以来，美、日、英、韩等国家均采取措施对绿色专利加速审查。可见，调整知识产权制度的某些环节以适应产业发展的需要已成为各国的普遍做法。[③]

（3）加强面向重点国家和地区的知识产权布局

充分学习和利用国际知识产权规则，有针对性地加强面向重点国家和地区的知识产权布局。例如，积极通过 PCT、巴黎公约等途径布局海外专利，使知识产权尤其是专利成为国际竞争的利器，提前“圈占技术领地”。

---

① 毛金生、程文婷：《战略性新兴产业知识产权政策初探》，《知识产权》2011 年第 9 期，第 63 ~ 69 页。

② 张嘉荣、尹锋林：《新〈促进科技成果转化法〉与知识产权运用评析》，《电子知识产权》2015 年第 11 期，第 65 ~ 69 页。

③ 毛金生、程文婷：《战略性新兴产业知识产权政策初探》，《知识产权》2011 年第 9 期，第 63 ~ 69 页。

（4）实施智能制造标准化提升计划

实施智能制造标准化提升计划，强化技术标准研制与技术创新、产业升级协同发展，加快建立智能制造标准体系。智能制造的快速发展将使工业标准规范不一致的问题越发凸显，由于缺乏行业性的智能制造标准规范，企业在跨系统、跨平台集成应用时往往因设备不能兼容等问题而出现集成困难，[①] 在一定程度上妨碍了产业的进步。应推进智能制造重点领域标准化试点示范，超前规划标准化路线图，为产业发展扫除有关障碍。

（5）积极培育智能制造中国品牌

《中国制造2025》指出，要“打造一批特色鲜明、竞争力强、市场信誉好的产业集群区域品牌”，全面提升制造业品牌经营能力。要鼓励智能制造领域相关企业适时在国际范围内布局商标注册等，将品牌战略、技术创新和专利战略有机融合，实现以技术培育品牌，以品牌激励并保护创新。同时，培育智能制造高端品牌要综合考虑市场、法律、语言等要素，关注中西方文化差异，兼顾品牌国际化和本土化，产出有影响力和国际竞争力的核心品牌。[②]

2. 活化知识产权运营

（1）加快知识产权运营机制建设

以智能制造升级中国制造的核心在于促进中国制造向中高端产业链、价值链跃升，然而，知识产权运用与产业创新发展结合不够紧密等问题一直严重制约着我国制造业转型升级和“走出去”参与国际产业竞争的步伐。目前，我国科技企业孵化器、加速器、产业园、创业投资机构、技术价值评估机构和转移平台等相关知识产权服务业还尚未完全发展起来，一定程度上阻碍了智能制造技术产业化的进程。发展智能制造，迫切需要大力改善我国知识产权转移转化体系不完善、知识产权转化利用率持续较低、知识产权共享规则不健全等问题。以增强智能制造产业知识产权协同运用能力为核心，以专利技术产业化为突破口，着力搭建知识产权转移转化平台，活化知识产权运营，推动知识产权转移转化与产业创新发展有效对接，促

① 姜红德：《智能制造，中国标准突围前行》，《中国信息化》2016年第8期，第46～48页。

② 参见包晓闻《企业核心竞争力经典案例·欧盟篇》，经济管理出版社，2005。

进知识产权资源转化为产业竞争新优势，实现将智能制造转化为升级中国制造的力量。①

（2）完善知识产权评估与资本化途径

知识产权资本化是实现知识产权价值的重要手段，是解决智能制造中小型企业资本难题的有效途径，也是制造业领域经济转型升级的重要突破口。要进一步释放更加宽松的法律和政策环境，建立基于知识产权价值实现的多元资本投入机制，丰富和创新知识产权融资方式，发挥商业银行、企业、政府部门和中介机构各自的作用，引导金融资本向智能制造产业转移，加强制造业与金融的深度融合。

（3）加快建立符合智能制造模式特点的知识产权共享规则

智能制造是知识密集型和网络环境下的制造模式，由于技术越来越复杂，研发不确定性和风险性越来越高，分工也越来越细，任何单个企业都无法拥有某一产品所需的全部技术和知识产权，聚集各界力量、形成联盟优势越来越成为迫切的现实需要。探索构建智能制造产业知识产权联盟，有针对性地构建网络开放环境下信息共享及有关产业联盟的知识产权权属和收益分配政策，有助于整合研究资源，形成合力，避免布局雷同、重复建设，同时有助于解决产能过剩等问题，推进整个产业的健康快速发展。

3. 严格知识产权风险防控与保护预警

（1）建立“走出去”的知识产权分析和预警机制

“一带一路”倡议的提出，为中国制造业企业“走出去”指明了方向。知识产权分析、预警是跟踪、检测和预见国际范围内主要竞争对手知识产权布局动态的重要手段，只有做到“知己知彼”，才有可能采取有针对性的应对措施，进而确定引导企业技术开发的方向（导航），形成自己的产业竞争优势。与此同时，我国智能制造产业的发展，要在国际公认的准则和框架下与国外跨国企业进行合作和竞争。当“中国制造”在国内外市场披荆斩棘之际，以“337 调查”等为代表的接二连三的知识产权纠纷迫使不少中

---

① 常利民、张义忠：《深化知识产权运用以智慧升级中国制造——2014 年工业和信息化部工业企业知识产权运用能力培育工程地方特色培育实践探索》，《中国工业评论》2015 年第 4 期，第 64 ~ 66 页。

国企业不断反思与应对。因此，开展技术“走出去”的知识产权分析和预警，对于避免跨国知识产权纠纷、保护我国智能制造产业国际竞争力具有重要的现实意义。此外，对涉及国家利益并具有重要自主知识产权的企业并购、技术出口等活动，政府知识产权管理部门也要做好监督或调查，避免自主知识产权流失以至危害国家安全。①

（2）完善技术秘密和软件著作权的保护

开放、平等、协作、分享的互联网精神加速渗透和颠覆着人们传统的制度观念，技术变革对专利制度的冲击也在所难免。专利权的边界正在不断模糊（可专利性、保护范围等），随着世界互联互通，基于主权的地域性问题可能也将弱化，不论服务提供商还是用户，对国际协同规则的需求都愈加迫切和向往。因此，我们必须提防专利制度重大变革以及短期可能效力低下的问题，技术秘密则成为绝好的“次要”选择。建立完善的技术秘密保护制度，智能制造企业要签订好研发、生产和销售各个阶段相关保密协议，避免技术秘密泄露带来损失，保护企业权益不被侵害。

鉴于软件的技术性和功能性较为特殊，其与著作权法保护的其他对象有显著区别，在司法实践中对其法律保护比较困难。著作权的保护相对专利权明显弱化，加之互联网环境下，对软件的侵权成本极端低廉，侵权行为呈现分散状态，侵权软件传播迅速，影响广泛，对权利人的合法权益可能构成根本性损害。因此，必须加强计算机软件著作权的保护，才能发挥软件的核心驱动作用，大力推进软件技术与工业技术融合发展，推动智能制造。

（3）严格知识产权保护

知识产权保护对于智能制造技术创新和产业的发展无疑具有十分关键的作用。严厉的知识产权保护制度有利于将技术创新上的优势推进转化为经济利益，不断固化权利人的垄断地位，但发达国家所推行的“国际统一知识产权保护制度”并不完全符合发展中国家的实际利益。发展中国家囿于自身知识积累和研发能力较为落后，往往选择相对宽松、适度的知识产

① 张朝霞：《国际知识产权规则对我国科技创新的负面影响及其对策》，《甘肃科技》2008年第9期，第5~8页。

权保护机制，以充分利用知识与技术的国际扩散和转移来推进自身产业的跨越式发展。改革开放以来，我国的知识产权保护立法已相对完备，知识产权保护强度之所以落后于发达国家，主要在于执法强度的不足。推行严格的知识产权保护政策，一方面要通过《专利法》的第四次全面修改有效遏制知识产权侵权行为，提高侵权者成本；另一方面要着重加强知识产权司法和行政保护双轨制，建立健全知识产权执法协作机制，积极探索推进“三审合一”审判模式改革，形成知识产权保护合力，针对反复侵权、群体性侵权以及大规模假冒等行为开展知识产权保护专项行动。同时，在保护知识产权的过程中，注意有效规制滥用知识产权的垄断行为，不断完善中国特色，形成与世界接轨的知识产权保护体系。

4. 加强知识产权管理

（1）强化政府管理职能，有针对性地制定知识产权政策

知识产权管理是实现知识产权价值的重要抓手。设计和构建完备的、系统的、有效的知识产权管理体系和政策是催发知识密集型制造业自主创新的不竭动力。智能制造领域各类创新主体要根据自身条件、技术环境和产业竞争态势科学设定知识产权管理模式，实现激励创造、促进运用、加强保护的目标。知识产权政策要与产业政策紧密结合，贯穿从技术开发到产业化的各个环节，覆盖知识产权从创造到运用的全链条。政府对知识产权的管理行为支撑着智能制造产业健康运行，促进智能制造产业的发展，首先需要由政府主导制定一系列的法律法规。不同产业领域中技术创新的特点不同，对知识产权政策也有着不同的需求，目前所施行的一体适用的知识产权政策也应当进行适应性调整。例如，在智能制造领域，主要以累积创新为主，技术迭代更新速度快，同时存在大量专利丛林现象，这一领域的知识产权政策应当重点结合上述特点进行区别化设计。欧洲专利局（EPO）发布的报告指出，一些灵活性知识产权机制可能在未来战略性新兴产业中发挥越来越重要的作用。在美国，联邦巡回上诉法院（CAFC）有时也根据不同行业技术创新的不同特点，对知识产权法进行斟酌适用。[①] 由此可见，及时制定分领域、有区别的“软性知识产权政策”将会大大有利于

① 毛金生、程文婷：《战略性新兴产业知识产权政策初探》，《知识产权》2011 年第 9 期。

智能制造等战略性新兴产业的发展。

（2）深化智能制造领域知识产权国际合作

以智能制造为代表的战略性新兴产业发展需要全球协调的知识产权政策，这些大规模的技术方案在全球的扩散与转移，需要一套符合各国阶段性发展特征的全球范围内协调的知识产权政策才能实现。因此，必须积极推动该领域知识产权国际合作，加强我国相关政策的包容性、开放性和国际协调性，为我国智能制造产业的发展营造有利的国际环境。

（四）政策建议

（1）组织机构

完善组织架构和工作体系，建立知识产权协同管理机制。在国家制造强国建设领导小组下设立知识产权专门工作机构，构筑部门联合、部省联动、产业主管部门内部专业司局联手、专业机构全面支撑的组织协同体系，形成推进合力。

（2）政策环境

紧密对接国家知识产权战略，进一步凝聚智能制造产业知识产权共识，加强产业政策与知识产权政策相结合，在产业政策中落实知识产权任务和要求，加快形成运用知识产权制度支撑智能制造产业发展的政策环境。

（3）知识产权创造

加强智能制造产业关键核心技术知识产权创造与储备，提升企业创新能力，实施重大关键技术、工艺和关键零部件的专利布局，形成一批产业化导向的关键核心技术专利组合。持续开展智能制造重点技术领域专利导航和分析预警，及时掌握技术发展动向，分析确定关键共性技术攻关方向，规避研发风险。进一步对接国际知识产权体系，支持企业在掌握核心技术的基础上联合起来开展国内外标准制定工作，力争在国际技术标准格局中占据一定位置。持续实施品牌战略。

（4）知识产权运用

加快构建智能制造知识产权协同运用体系，探索建立“政产学研金服用”深度融合的专利协同运用新机制。加快实施中小企业知识产权战略推进工程和知识产权成果应用示范工程，支持知识产权推向市场中的商业模式创新。贯彻《促进科技成果转化法》，探索完善知识产权权属共享和收益分配机制。

（5）知识产权保护

探索建立制造业转型升级与智能制造知识产权联合保护机制。设立专门保护工作部门，协助执法部门开展行业知识产权保护，持续开展打击侵权假冒专项工程，推动建立和完善产业专利联盟，代表行业开展行业性集体谈判等。

（6）知识产权管理

围绕智能制造重点领域行业基础和关键核心技术，加强国家相关科技专项管理，探索实施全过程知识产权管理，明确承担研究单位知识产权考核指标和技术转移义务。充分发挥政府采购、政府创业投资资金等引导作用。

（7）知识产权服务

提升智能制造知识产权公共服务能力，创新服务模式。加强智能制造各类创新主体与专业技术交易机构、创投机构、金融机构的联系，打造基于“互联网＋”的知识产权互动交流平台，开展知识产权优势企业试点、示范工作，加强知识产权培训、维权咨询服务等。

（8）知识产权文化建设

加强知识产权文化建设，持续组织开展智能制造全产业知识产权政策宣讲与实务培训，营造产业创新发展的良好社会氛围。

（五）我国国家层面智能制造现行政策法规一览

2015.5《中国制造 2025》国务院发布

围绕实现制造强国的战略目标，《中国制造 2025》明确了九项战略任务和重点，提出了八个方面的战略支撑和保障，是我国实施制造强国战略第一个十年的行动纲领。

2015.7《国务院关于积极推进“互联网＋”行动的指导意见》国务院发布

《指导意见》提出的“互联网＋协同制造”，与《中国制造 2025》紧密呼应，突出强调并细化了互联网在制造业的融合和变革作用，提出发展智能制造、大规模个性化定制、提升网络化制造水平、加速制造业服务化转型等四大方向，加强工业互联网建设布局。

2015.12《国家智能制造标准体系建设指南》工业和信息化部、国家标准化管理委员会联合发布

明确了建设智能制造标准体系的总体要求、建设思路、建设内容和组织实施方式，从生命周期、系统层级、智能功能等三个维度建立了智能制造标准体系参考模型，并由此提出了智能制造标准体系框架，框架包括“基础”“安全”“管理”“检测评价”“可靠性”等五类基础共性标准和“智能装备”“智能工厂”“智能服务”“工业软件和大数据”“工业互联网”等五类关键技术标准以及包括《中国制造2025》中十大应用领域在内的不同行业的应用标准。

2016.3《制造业单项冠军企业培育提升专项行动实施方案》工业和信息化部发布

中国制造业大而不强是发展亟须解决的突出问题。企业是制造业竞争力的基础，实现制造业由大变强，不仅要发展一批世界级的大型龙头企业，还应培育一批长期专注于制造业特定细分领域、能够引领该领域发展并占据市场领先地位的单项冠军企业，引导企业埋头于自己专长的领域“精耕细作”，具体包含两方面内涵：“单项”，企业必须专注于目标市场，长期在专长领域“精耕细作”；“冠军”，要求企业应在相关细分领域中拥有冠军级的市场地位和技术实力。

2016.4《两化深度融合创新推进2016专项行动实施方案》工业和信息化部发布

《方案》明确提出要开展智能制造国际合作，培育并支持智能制造国际合作示范企业和园区建设。

2016.4《智能制造试点示范2016专项行动实施方案》工业和信息化部发布

《方案》明确，2016年在有条件、有基础的重点地区、行业，特别是新型工业化产业示范基地中，遴选60个以上智能制造试点示范项目。提出了智能制造试点示范2016专项行动的五大重点行动：离散型智能制造试点示范；流程型智能制造试点示范；网络协同制造试点示范；大规模个性化定制试点示范；远程运行维护服务试点示范。

2016.5《国务院关于深化制造业与互联网融合发展的指导意见》国务院发布

坚持创新驱动、融合发展、分业施策、企业主体原则，通过打造制造企业互联网“双创”平台，推动互联网企业构建制造业“双创”服务体系，支持制造企业与互联网企业跨界融合等手段，力争到2018年底，制造业重点行业骨干企业互联网“双创”平台普及率达到80%，相比2015年底，工业云企业用户翻一番，新产品研发周期缩短12%，库存周转率提高25%，能源利用率提高5%。

2016.5《机器人产业发展规划（2016—2020年）》工业和信息化部、国家发展和改革委员会、财政部联合发布

《规划》提出到2020年自主品牌工业机器人年产量达到十万台，六轴及以上工业机器人年产量达到五万台以上；服务机器人年销售收入超过300亿元；培育三家以上具有国际竞争力的龙头企业，打造五个以上机器人配套产业集群。

2016.6《中国制造2025—能源装备实施方案》国家发展和改革委员会、工业和信息化部、国家能源局联合发布

2020年前，围绕推动能源革命总体工作部署，突破一批能源清洁低碳和安全高效发展的关键技术装备并开展示范应用。基本形成能源装备自主设计、制造和成套能力，关键部件和原材料基本实现自主化。使能源装备制造业成为带动我国产业升级的新增长点。

2016.8《智能制造工程实施指南（2016—2020）》工业和信息化部、国家发展和改革委员会、科技部、财政部联合发布

《指南》明确，坚持“统筹规划、分类施策、需求牵引、问题导向、企业主体、协同创新、远近结合、重点突破”的原则，将制造业智能转型作为必须长期坚持的战略任务，分步骤持续推进。“十三五”期间同步实施数字化制造普及、智能化制造示范，重点聚焦“五三五十”重点任务，即攻克五类关键技术装备，夯实智能制造三大基础，培育推广五种智能制造新模式，推进十大重点领域智能制造成套装备集成应用，持续推动传统制造业智能转型，为构建我国制造业竞争新优势、建设制造强国奠定扎实的基础。

另有《制造业创新中心实施指南》《工业强基实施指南》《绿色制造实

施指南》《高端装备创新实施指南》同期发布。

2016.8《装备制造业标准化和质量提升规划》国家质检总局、国家标准化管理委员会、工业和信息化部联合发布

以提高制造业发展质量和效益为中心，以实施工业基础、智能制造、绿色制造等标准化和质量提升工程为目标，提高我国制造业技术水平和国际化水平，提升我国制造业质量竞争能力。《规划》提出到2020年工业基础、智能制造、绿色制造等标准体系基本完善，质量安全标准与国际标准接轨的步伐加快，同时重点装备质量水平要达到或者接近国际的先进水平。到2025年，系统配套、服务产业跨界融合的装备制造业标准体系要基本健全。工业基础标准和质量提升的对接上，要加快“四基”领域标准的制定，“四基”包括核心基础零部件、先进基础工艺、关键基础材料和产业技术基础。

2016.8《关于完善制造业创新体系，推进制造业创新中心建设的指导意见》工业和信息化部发布

《意见》指出，围绕重点行业转型升级和新一代信息技术、智能制造、增材制造、新材料、生物医药等领域创新发展的重大共性需求，建设一批制造业创新中心。到2020年，形成15家左右国家制造业创新中心；到2025年，形成40家左右国家制造业创新中心。此外，《意见》还提出八大主要任务。

2016.9《智能硬件产业创新发展专项行动（2016—2018年）》工业和信息化部、国家发展和改革委员会联合发布

《专项行动》深入贯彻供给侧结构性改革和创新驱动发展战略，提升我国智能硬件共性技术和高端产品的供给能力。同时，深入贯彻供给侧结构性改革和创新驱动发展战略，以推动终端产品及应用系统智能化为主线，着力强化技术攻关，突破基础软硬件、核心算法与分析预测模型、先进工业设计及关键应用，提高智能硬件创新能力。

2016.10《工业控制系统信息安全防护指南》工业和信息化部发布

随着信息化和工业化融合的不断深入，工业控制系统从单机走向互联、从封闭走向开放、从自动化走向智能化。在生产力显著提高的同时，工业控制系统面临着日益严峻的信息安全威胁。《指南》以当前我国工业控制系统面临的安全问题为出发点，注重防护要求的可执行性，从管理、技术两方面明确工业企业工控安全防护要求。

2016.11《信息化和工业化融合发展规划（2016—2020 年）》工业和信息化部发布

“十二五”期间，国务院有关部门和地方政府部门大力推进两化深度融合工作，两化融合顶层设计逐步加强，全国两化融合步入深化应用、变革创新、引领转型新阶段，在改造提升传统产业、培育新模式及新业态、增强企业创新活力等方面的作用逐渐增强，为推动我国制造业转型升级、重塑国际竞争新优势奠定了坚实基础。

2016.12《智能制造发展规划（2016—2020 年）》工业和信息化部、财政部联合发布

《规划》提出 2025 年前，推进智能制造实施“两步走”战略：第一步，到 2020 年，智能制造发展基础和支撑能力明显增强，传统制造业重点领域基本实现数字化制造，有条件、有基础的重点产业智能转型取得明显进展；第二步，到 2025 年，智能制造支撑体系基本建立，重点产业初步实现智能转型。《规划》提出了十个重点任务：一是加快智能制造装备发展；二是加强关键共性技术创新，布局和积累一批核心知识产权；三是建设智能制造标准体系；四是构筑工业互联网基础；五是加大智能制造试点示范推广力度；六是推动重点领域智能转型，在《中国制造 2025》十大重点领域试点建设数字化车间/智能工厂，在传统制造业推广应用数字化技术、系统集成技术、智能制造装备；七是促进中小企业智能化改造；八是培育智能制造生态体系；九是推进区域智能制造协同发展；十是打造智能制造人才队伍。

2016.12《大数据产业发展规划（2016—2020 年）》工业和信息化部发布

《规划》明确了强化大数据技术产品研发、深化工业大数据创新应用、促进行业大数据应用发展、加快大数据产业主体培育、推进大数据标准体系建设、完善大数据产业支撑体系、提升大数据安全保障能力等七项任务，提出大数据关键技术及产品研发与产业化工程、大数据服务能力提升工程等八项重点工程。此外，《规划》明确了“十三五”时期大数据产业的发展思路、原则和目标，将引导大数据产业持续健康发展。

2017.3《关于金融支持制造强国建设的指导意见》中国人民银行、工业和信息化部、银监会、证监会、保监会联合发布

《意见》提出，要高度重视和持续改进对“中国制造 2025”的金融支持和服务，始终坚持问题导向，聚焦制造业发展的难点、痛点，着力加强对制造业科技创新、转型升级的金融支持。《意见》针对不同的金融产品和服务提出了具体要求。其中包括通过设立先进制造业融资事业部、科技金融专营机构等，提升金融服务专业化、精细化水平。

高新技术专利许可 FRAND 原则研究

贾明顺*

摘　要： 技术专利化、专利标准化正不断成为一些企业占领市场优势地位的战略选择。将企业自身拥有的知识产权纳入广泛适用甚至唯一适用的行业标准，一方面加快了先进技术的推广应用，有利于社会进步，另一方面也带来了复杂的知识产权保护问题。FRAND 原则作为专利标准化的重要规制手段，堪称标准必要专利许可的“帝王原则”，是知识产权法律与科技产业发展交叉融合的产物。随着技术标准与知识产权的融合不断深化，国内外与 FRAND 原则有关的司法案例也在迅速增加，使 FRAND 原则不仅成为司法上的热点，也成为产业竞争和专利运营的热点话题。但由于“公平、合理、无歧视”原则的内涵过于宽泛，而我国行政主导的技术标准制定体制也与国外市场主导的体制不同，对该原则的借鉴和移植也存在一定的障碍，因此有必要对这一原则进行深入研究和剖析。本论文首先运用传统的方法对 FRAND 原则的产生背景进行了梳理和研究，其次进一步澄清了 FRAND 原则的基本内涵和法律属性，并运用比较的方法，研究了国外典型案例的判决。最后通过梳理、分析和对比国内法的规制现状，给出了促进 FRAND 原则与我国现有制度有机融合的建议，指出要因地制宜、分级规制，并建议在我国《专利法》第四次修改中纳入相关规制条款。

关键词： 专利　标准化　FRAND 原则

Abstract: It seems that having more standard essential patents (SEPs) has become a strategic choice for some enterprises to occupy the market dominant posi-

* 贾明顺，法律硕士，北京航空航天大学科学技术研究院知识产权主管。

tion. Enterprises choose to put their intellectual property rights into the widely used or even the only applicable industry standards, this has led to some challenges to us. On the one hand, it is conducive to the application of advanced technology and social progress. On the other hand, it has also brought complex problems to the protection of intellectual property. As an integration product of intellectual property and technology industry, the FRAND principle is an important way to regulate the standard essential patents, which is also called the emperor principle of SEPs licensing. With the development of the integration of technical standards and intellectual property, judicial cases related to the FRAND principle also increased rapidly at home and abroad, making it not only become the focus of judicial practice, but also become a hot topic of industry competition and patent operation. But due to the meaning of the principle "fair, reasonable and non discriminatory" is too abstract and China's characteristics of standard setting, it also brings some obstacles to the introduction and absorption of the principle. Therefore, it is necessary to carry out an in-depth study of the principle. Firstly, this paper use historical methods to study the background of the FRAND principle, than try to clarify the basic connotation of the principle and its legal attribute. Secondly, the paper use the method of comparison to study some typical cases of foreign countries. Finally, we try to give some reasonable suggestions on application of the principle in China, and point out that we should act according to circumstances, the FRAND principle should also be applied according to the actual situation of our country.

Key words: Patent; Standardization; The FRAND Principle

一　FRAND 原则概述

（一）FRAND 原则的产生背景：专利标准化带来的法律问题

1. 专利与技术标准的融合

专利权是西方舶来品，即针对具有新颖性、创造性和实用性的发明创造技术方案，经由政府主管部门审批而授予的在一定期限内的技术实施垄断权。专利制度对做出发明创造的专利权人给予一定期限的技术独占权，这使得权利人可在该期限内独占性实施或许可他人实施发明创造的内容而获得经济利益，通过“为天才之火浇上利益之油”，实现了鼓励发明创造的目的。同时，由于专利制度“以公开换保护”，社会公众可以从公开的专利文献中获得有用的技术情报，从而又达到了促进社会科技进步的目的。应该说，专利天生就该与市场经济相结合，闲置的专利只能给权利人带来成本。以企业为例，专利作为各行业技术型企业的重要无形资产，越来越受到重视。企业通过投入资金研发获得专利权，再将专利技术转化运用获得经济利益，反哺后续技术研发工作，形成良性循环，从而不断实现企业与市场的共赢。

根据国际标准化组织（ISO）的定义，技术标准是指由标准化团体批准的，各方依据科学技术发展的先进经验，共同合作起草的，基本上或者一致同意的技术规范，其目的在于促进最优的公共利益。[①] 技术标准具有强制性，实质上是一种统一的技术规范，其制定和推广有利于各生产厂家统一规格，确保有关技术事项尽可能地实现统一，促进具体产品和服务的通用性、互换性、兼容性，通过消除“替换成本”，实现进一步节约成本、保护广大消费者利益的目的。作为知识产权与技术标准的结合点，可互联互通性和可替代性是极为重要的因素。[②]

标准的制定离不开对相关领域先进技术的归纳和吸收，因而不可避免地与专利权发生密切关联。早期的技术标准往往较为简单，标准数量较少，所采纳的技术一般为该领域已经通用的成熟技术方案，加之各产业领域专利数量较少，二者联系尚不紧密。随着科技发展日新月异，社会分工朝着不断精细化的方向发展，人们对产品、服务质量提出了更高的要求，各类标准化组织不断增多，产业标准如雨后春笋纷纷涌现。而在科技与经济一体化的创新时代，知识产权也越来越受到人们重视，各类创新主体纷纷围绕有关产业领域布局专利，不断“跑马圈地”，以期获得市场独占权，谋求

---

① 郑辉：《标准制定原则与我国专利制度的调和》，《电子知识产权》2009 年第 2 期。

② Henning Fraessdorf, *Intellectual Property in Standards*, McGill-Queen's University Press, 2002. 8.

巨大的经济利益。在这种趋势下，各个技术领域专利权已几乎无处不在，制定技术标准已无法绕开和回避遍布丛生的专利权，刻意地回避专利的存在无异于“掩耳盗铃”，标准与专利的结合成了不可阻挡的现实。技术专利化、专利标准化不断成为各产业领域实力派企业的基本创新路线，其通过推动将专利纳入技术标准，以占据行业产业的制高点。

2. 私权与公共利益的冲突

应该说，标准具有公共产品的天然属性，因为标准往往由行业产业权威主体负责制定，容易被普遍接受，具有极大的覆盖范围。专利权作为一种技术独占权，实际是权利人的无形资产，具有天然的私权属性。专利权人追求扩大许可范围，收取高额的许可费用以满足自己的利益需求；相反，技术标准则追求以较低的成本获得最大范围的推广，满足公共利益的需求。一般而言，技术标准特别是强制性国家标准，倾向于排斥将专利权纳入其中，如我国 2013 年 12 月发布的《国家标准涉及专利的管理规定（暂行）》第十四条明确规定，强制性国家标准一般不涉及专利。国内有学者认为，专利权属于私有权利，而标准却具有公共产品的属性，含有专利权的技术标准则是“掺有杂质的公共产品”，该论断形象地点明了技术标准与专利权的冲突关系。

尽管技术标准与专利权属性截然不同，但二者相互融合已成为事实。对于那些在制定技术标准时无法回避的专利，称之为标准必要专利（Standard Essential Patent）。按照我国《国家标准涉及专利的处置规则（征求意见稿）》规定，标准必要专利是指当标准实施主体在实施具体行业标准时，没有办法通过采用其他任何商业可行的方式来避免对该专利的具体侵犯。对于标准必要专利，由于其与技术标准捆绑在一起，同时具备了“公共利益”的属性，因此必须对专利权人行使权利进行必要的限制，以免专利权人滥用权利损害公众的利益。专利权是合法的垄断权，例如，对于普通发明专利而言，权利人有权禁止他人以生产经营为目的制造、使用、销售、许诺销售和进口其专利产品，方法专利权的保护范围还延伸至根据专利方法所直接获得的产品。但对于标准必要专利，必须对其专利权的权能进行合理“束缚”。专利权人的应得利益应仅限于该专利本身，不能通过推广被纳入标准的专利技术而得到利益，否则制定标准的行为便成了单纯地限制公众选择权和助长不公平竞争的行为。有学者总结，专利与技术标准的结合是一柄双刃剑，应该说，标准具有积极的社会效益，使得专利权能够得到更为广泛的推广和实现，但专利权作为私权的排他属性使得其更容易被不当利用，从而使某些标准借助知识产权的“庇护”实现事实上的垄断，进而破坏正常的市场秩序。[①] 因此，如何对标准必要专利权利人进行合理地限制，在专利权人和社会公众之间实现利益的均衡，这一点越来越受到重视。FRAND 原则巧妙地给出了这一问题的最优解，得到了世界范围内各标准化组织的普遍采纳。

（二）FRAND 原则的表现形式：国际标准化组织的知识产权政策

1. 概述

专利标准化使得专利权人与被许可人之间的市场地位愈加不平等。专利权人手握标准必要专利的“王牌”，卡住了竞争者进入市场的唯一路径，往往凭借强势的市场主体地位索要过高的专利许可使用费，并容易附加其他不合理的交易条件，甚至以禁令救济威胁将竞争对手排挤出市场。随着国际标准化运动的不断深化，这一现实问题愈发突出，标准化组织、专利权人、标准实施者三方的利益冲突也愈发强烈。一些国际标准化组织开始注意在制定技术标准时将知识产权问题作为重要的考量因素之一，针对技术标准与专利权的冲突问题，纷纷制定了各类知识产权政策予以规制。主要的政策概况如下。

（1）允许将专利权纳入技术标准

绝大多数标准化组织允许将专利权纳入技术标准，专利权人并不因为专利被纳入技术标准而丧失权利。

（2）专利权人的知识产权披露义务

在进行技术标准提案时，有关专利权人应当就其所知的可能包含在该提案技术标准中的知识产权进行报告和披露，声明知识产权权属及法律状态等有关信息，上述知识产权常见的即为专利和专利申请。专利权人的该

① 徐申民：《标准专利权的滥用及其法律规制》，载《技术转移与公平竞争》，上海交通大学出版社，2008，第 184 页。

项披露义务与后续专利许可密切相关，根据禁止反悔原则，专利权人就其未进行充分披露的专利权很难在后续许可中主张权利。事先披露的义务是 VITA 组织（一个制定模块化、实时嵌入式计算机系统标准的非营利标准化组织）2006 年第一次倡导的，对于该组织成员是否履行了事先披露义务，该组织还建立了一个专门的仲裁机构，对于未履行该义务的专利权人，可能会被要求“其专利技术在该标准的实施过程中被免费地授权使用”。① 这种对专利信息的披露政策“有效地保证了技术标准化更加公平、合理、无歧视”。②

（3）专利权人的许可承诺

绝大多数标准化组织在其知识产权政策中规定，标准必要专利权人应当免费或以 FRAND 原则为基本标准许可他人实施其专利。专利权人的这一承诺通常要求在其专利正式被标准化组织批准纳入标准之前做出，若拒绝承诺，标准化组织则一般转向寻求替代技术方案或中止标准制定工作，确保技术标准的实施不受制于单个专利权人。

应该说，在各标准化组织对与标准有关的知识产权问题的探索和尝试中，FRAND 原则应运而生。在市场主导的专利标准化过程中，FRAND 原则已经成为运用最为广泛的帝王法则。FRAND 原则在欧洲通用，RAND 原则在北美通用，除了称谓上略有差异，二者实质内涵基本一致，本文不再进行区分，统称为 FRAND 原则。

2. 欧洲电信标准协会（ETSI）的知识产权政策

ETSI 是欧盟 1988 年批准建立的非营利性欧洲地区电信标准化组织。该组织在《欧洲电信标准化协会知识产权政策》中对 FRAND 原则进行了明确规定。ETSI 的基本知识产权政策包括：（1）知识产权权利人必须在三个月内书面承诺将按照公平、合理、无歧视的条件来授予专利许可，且该承诺不可撤销；（2）如若知识产权权利人不能给出上述不可撤销的承诺，则 ETSI 全体大会将重新审核该标准的技术需求，积极寻求可替代的技术用于补

① Antitrust Enforcement and Standard Setting: the Vita and Ieee Letters and the “ip2” Report [EB/OL]. [2014-09-27]. http://www.usdoj.gov/atr/public/speeches/223363.pdf.

② VITA Secures ANSI Re-Accreditation, Modifie Patent Policy to Reflect changes in Ex-Ante Disclosures [EB/OL]. [2014-09-29]. http://www.vita.com/news/VITA%20Secures%20ANSI%20Re-Accreditation%205-2007.pdf.

足技术标准，确保 ETSI 所发布的技术标准不受制于知识产权；（3）如不存在可行的替代技术，则应当停止技术标准的制定工作。该组织将 FRAND 原则摆在了较高的位置，即一切标准必要专利权人必须在其专利纳入技术标准时做出不可撤销的 FRAND 承诺，否则 ETSI 将寻求替代技术或中止有关技术标准的制定工作。①

3. 美国电气和电子工程师协会（IEEE）的知识产权政策

IEEE 是美国最大的专业技术组织之一，作为美国国际性的电子工程技术和信息科学领域工程师协会，它在世界范围拥有极大的影响力。IEEE 专门成立了专利工作委员会（PatCom），负责与标准制定有关的各项专利事宜。IEEE 关于 FRAND 原则是通过一种叫作“保证信”的方式规定的，标准必要专利的持有人应当在技术标准提案被大会正式批准前提交一份与专利许可有关的“保证信”，详细说明所涉及标准必要专利的权属、权利许可等方面的现状与立场，表明其愿意按照合理且无歧视的原则对外发放许可。IEEE 通过其官方网站定期对“保证信”进行公开，方便潜在的被许可人查阅和沟通。②

4. 英国标准学会（BSI）的知识产权政策

BSI 是英国政府特批建立的独立的非营利性民间机构，也是唯一的英国全国性标准化组织，负责制定和执行英标（BS 标准）。BSI 在其专利政策中规定，如果纳入技术标准的专利是英国的授权专利，标准必要专利权人会被要求正式地做出免费许可或“公平、合理、无歧视”（FRAND）的许可，同时将这一情况在专利局进行备案。纳入标准的必要专利维持年费将减半收取，作为对专利权人的特殊优惠。BSI 不允许专利权人拒绝许可。③

应该说，世界上大多数标准化组织均具有类似的知识产权政策，将 FRAND 原则作为专利标准化的前提条件之一。FRAND 原则有利于协调标准必要专利权人与潜在被许可人之间的地位不平等性，防止专利权人在其专利标准化后索取过高的使用许可费或拒绝许可、附加不合理交易条件等妨

① [EB/OL]. [2014－10－27]. http://www.etsi.org/.

② [EB/OL]. [2014－10－27]. http://www.ieee.org/index.html.

③ [EB/OL]. [2014－10－27]. http://www.bsigroup.com/en－GB/.

害市场竞争秩序的行为。但多年来，各个标准化组织对于 FRAND 原则的采纳又多停留在表面上，缺乏实质性的约束机制，对于 FRAND 原则是否真正得到落实缺乏必要的关注。例如，多数标准化组织不承担专利有效性和必要性的鉴定审查义务，对公平、合理、无歧视的指导与解读不够深入，不给出 FRAND 原则的具体含义，不强制专利权人就其所知的包含在技术标准中的专利进行披露，不参与专利权人与标准实施者因 FRAND 原则产生的争议与纠纷，也不反对标准必要专利权人就标准实施者向司法机构寻求禁令救济。这样一来，FRAND 原则虽然被普遍视为标准化组织的核心知识产权许可政策，但却又极易被标准必要专利权人架空，因此，我们应将这一原则的真正适用问题留给司法机构去解决。

二 FRAND 原则的法律分析与国外司法适用

（一）FRAND 原则的法律属性

将 FRAND 原则作为标准必要专利许可的基本原则已成为世界主要标准化组织的共识。近年来，世界各国司法机关也不同程度地出现了以 FRAND 原则为争辩焦点的司法判例。在阐述各国法院如何正确运用 FRAND 原则平衡标准必要专利权人与标准实施主体利益从而公平裁决相关纠纷之前，有必要对 FRAND 原则的法律属性进行考察。只有进一步明确该原则的法律属性，才能准确运用于司法裁决过程，也才能更好地发展这一原则。FRAND 原则究竟具有怎样的法律属性？怎样在现有法律体系中确定 FRAND 原则的准确坐标？要想回答这些问题，需要系统地考察 FRAND 原则的法律渊源。

1. 以专利法为视角

应该说，专利权天然具有垄断的色彩，通过赋予权利人一定期限的垄断权获得必要的经济利益，实现鼓励创新的目的。正当行使专利权的行为本身是合法的，这种合法的垄断性是利益均衡的结果，应当受到法律的保护，但对此也必须进行有效的限制。例如，专利法上的强制许可、权利用尽、先用权等制度的设定对此进行了基本的规制。为了防止知识产权滥用，TRIPS 协议也规定，为防止知识产权滥用行为的发生，或者权利人采用不当手段限制贸易，可以采取适当的规制措施，但应当符合本协议的规定。[①]

专利法上关于专利权强制许可的规定与标准必要专利具有密切的关联。应该说，二者均是针对特定专利权而采取的必要限制。专利强制许可制度是对专利制度的重要“挑战”，它突破了专利权作为私权的基本界限，类似物权领域的征用制度。世界各国的专利法中一般都对强制许可规定了较为严格的启动条件。我国《专利法》规定了三种可以给予强制许可的情形，由国务院专利主管部门进行审批和许可使用费的裁决。其中，对于滥用专利权被认定为非法垄断的行为，可以依法给予专利权强制许可。现实中，尽管强制许可制度形成和成熟较早，但我国自专利制度建立以来，尚未实施过一例强制许可，足见其门槛之高。FRAND 原则是从另外的角度对于纳入标准的必要专利进行权利限制，根据 FRAND 原则，专利权纳入技术标准后，权利人不得拒绝潜在的标准实施者实施其专利，法院对于侵犯标准必要专利权的行为一般也不给予禁令救济，目的在于彰显标准的公共属性，维护市场竞争秩序。FRAND 原则出现较晚，而且作为一项针对特殊专利（实际上标准必要专利仅仅占有极小的比重）的产业规制政策，其在法律层面更显得抽象模糊。实际上，上述行为与专利权强制许可的后果基本上一致，况且在现实中，标准必要专利权人违背 FRAND 原则的行为也大都涉及专利权的滥用或构成非法垄断，因此与《专利法》上述规定具有互通之处。

2. 以反垄断法为视角

FRAND 原则来源于对标准化组织中存在的必要专利的管理需要，主要目的在于均衡标准必要专利权人与标准实施者之间的利益关系，体现了法律的衡平原理。事实上，FRAND 原则的法律来源主要是竞争与反垄断法，而非知识产权法，[②] 是规制权利人滥用知识产权妨害市场竞争秩序的一个重要原则。知识产权法经过近四百年的不断发展，其保护体系已经相对完善，而对知识产权滥用的管制则是一个正在探索和不断完善的领域。[③] 知识产权法与反垄断法的定位和作用不同，知识产权法的主要目的在于促进科技进

① See Art. 8 para. 2 of TRIPS.

② 贾晓辉、潘锋：《标准组织知识产权政策》，《信息技术与标准化》2010 年第 1 期。

③ 钱永铭、安佰生：《知识产权许可的反垄断行为研究》，《国际贸易》2007 年第 9 期。

步、鼓励创新，而反垄断法的核心目的在于维护市场良好的竞争秩序。因此，对 FRAND 原则的解读还应当回归反垄断法的视角。

近年来，对于规制知识产权滥用行为，各国司法机构不断把目光投向反垄断法的领域。我国《反垄断法》明确规定："经营者行使知识产权的行为，不适用本法；但是，经营者滥用知识产权，排除、限制竞争的行为，适用本法。"这为反垄断法介入知识产权滥用行为提供了明确的法律指引。我国《反垄断法》不仅调整市场结构上限制竞争的行为，也调整其他限制市场竞争的行为。[①] 反垄断法的积极作用在于，通过对限制市场竞争措施的禁止，优化竞争机制，稳定市场秩序，实现社会财富的不断积累。事实上，反垄断法并不是禁止垄断行为，而是反对不合理的垄断，即市场支配地位必须以合理为要件。进一步明确的相关法规还包括下列：2015 年 4 月 7 日，国家工商行政管理总局发布《关于禁止滥用知识产权排除、限制竞争行为的规定》；2015 年以来，国家发改委、商务部、工商总局、知识产权局结合各自职能和实践经验，共同起草了《关于滥用知识产权的反垄断指南（草案建议稿）》；2017 年 3 月 23 日，国务院反垄断委员会吸收各家所长，发布《国务院反垄断委员会关于滥用知识产权的反垄断指南》（征求意见稿），面向社会征求意见。

回到 FRAND 原则，技术标准的公共属性与专利权合法的垄断性相结合，使得标准必要专利权人比普通专利权人往往具有更大的"垄断地位"。当进行专利许可谈判时，专利权人通常处于强势的地位。若专利权人利用该强势地位而使得被许可人被迫接受不合理的条件，就存在滥用知识产权破坏竞争秩序的嫌疑，应当受到反垄断法上的规制。有学者概括，专利权纳入技术标准的行为一方面使得专利技术得到普及，另一方面也在市场的准入上设置了门槛，通过排除不符合该标准的产品或服务，实现排斥竞争对手的目的。[②]

应该说，企业组成产业联盟制定技术标准的行为本身在一定程度上也属于反垄断法所规制的横向联合行为，标准必要专利权人通常具有反垄断

① 《反垄断法》第三条规定："本法规定的垄断行为包括：（一）经营者达成垄断协议；（二）经营者滥用市场支配地位；（三）具有或可能具有排除、限制竞争效果的经营者集中。"

② 徐申民：《标准专利权的滥用及其法律规制》，载《技术转移与公平竞争》，上海交通大学出版社，2008，第 184 页。

法上的市场支配地位。从需求替代的角度看，标准必要专利与普通专利不同，不存在近似的替代品，每一项标准必要专利均难以被其他技术方案所取代；从供给替代的角度看，标准必要专利作为标准实施者必须实施且唯一的技术方案，专利权人是该技术市场的唯一技术供给方，没有与之相竞争的对手。如上文所述，反垄断法并非禁止垄断，而是反对经营者滥用市场支配地位妨碍竞争秩序，反对不合理的垄断行为。事实上，FRAND 原则作为标准化组织知识产权政策的核心，其精神恰好来源于反垄断法，二者具有密切的关联。FRAND 义务禁止标准必要专利权人过高定价、差别定价、捆绑搭售、附加不合理交易条件以及拒绝交易和积极寻求禁令救济等行为，这与反垄断法上的相关规定不谋而合，例如我国《反垄断法》第十七条规定的禁止差别待遇条款。

3. *以标准化法为视角*

标准化法通常是指规范标准的制定、实施行为的法律，条文一般比较简单，例如我国 1988 年制定的《标准化法》共 24 条，其立法目的在于“适应社会主义现代化建设和发展对外经济关系的需要”，[①] 且未涉及与标准有关的知识产权问题。2017 年 2 月 22 日，国务院常务会议讨论通过《中华人民共和国标准化法》（修订草案），并推进将草案提请全国人大常委会审议。该草案亦未明确回应与标准有关的知识产权问题。世界标准化运动历时已久，而标准化过程中的知识产权问题大量涌现的时间较晚，在多数国家尚未被纳入标准化法的调整范围。一般认为，标准化法侧重调整有关标准制定和实施主体的权利义务关系，以促进社会经济发展、改善产品与服务质量、提高经济效益等为目标。从世界范围看，对与标准有关的知识产权问题进行规范存在三种立法模式：一是就标准与知识产权结合的问题单独立法；二是将知识产权问题纳入标准化法；三是将与标准相关的知识产权问题置于知识产权法的体制下。[②] 例如我国先后以部门规章的形式制定了

---

① 《标准化法》第 1 条规定：“为了发展社会主义商品经济，促进技术进步，改进产品质量，提高社会经济效益，维护国家和人民的利益，使标准化工作适应社会主义现代化建设和发展对外经济关系的需要，制定本法。”

② 徐申民：《标准专利权的滥用及其法律规制》，载《技术转移与公平竞争》，上海交通大学出版社，2008，第 184 页。

《国家标准涉及专利的规定》（暂行）、《涉及专利的国家标准修改管理规定》（暂行）、《国家标准涉及专利的处置规则》（征求意见稿）等法律规范性文件。2013 年，美国司法部与专利商标局联合制定发布了《标准必要专利权人基于 FRAND 原则下获取救济的政策声明》（*Policy Statement on Remedies for Standards-Essential Patents Subject to Voluntary F/RAND Commitments*[①]）。但这些法规或政策已不再隶属于严格意义上标准化法的范畴，而系由知识产权管理部门、司法部门主导制定。

4. *以合同法为视角*

尽管专利法和反垄断法甚至标准化法都对 FRAND 原则的内容实质有所涉及，但各种法律均未明确将 FRAND 原则作为一种确定的法律原则进行规范。国内外司法实践也未对这一问题给出明确的结论。有学者指出，专利权人事先做出的 FRAND 承诺应是一种合同限制，应当从合同法的视角定位 FRAND 原则。[②] 也有学者认为，“公平、合理、无歧视的许可条件是专利权人与标准化组织之间设定的合同条款，因此，应当依照合同的目的，在充分理解公平、合理、无歧视原则设置背景的基础上，解释和澄清其具体含义，并以此作为计算相关专利许可费率的基本原则。”[③] 既然 FRAND 原则并未在法律上直接构成标准必要专利权人的一项义务，而是基于专利权人自愿做出了承诺才附加而来，因此也有理由将其理解为一种基于合同性质的义务。相比来看，这种义务与合同制度具有如下不同之处。

一是非强制性。绝大多数标准化组织对于专利权人是否愿意做出 FRAND 承诺并不强制要求，而将选择权交由专利权人自己行使，专利权人有权决定是否将专利纳入技术标准，从而决定是否做出 FRAND 承诺。这种自愿性符合缔约自由的合同基本原则，是私法自治的重要表现。

二是对世性。FRAND 原则是面向所有潜在的标准实施者做出的承诺，

---

① *Policy Statement on Remedies for Standards-Essential Patents Subject to Voluntary F/RAND Commitments.* [EB/OL]. [2014-12-01] http://www.justice.gov/atr/public/guidelines/290994.pdf.

② 张平：《技术标准中的专利权限制——兼评最高法院就实施标准中专利的行为是否构成侵权问题的函》，《电子知识产权》2009 年第 2 期。

③ 张吉豫：《标准必要专利“合理无歧视”许可费计算的原则和方法》，《知识产权》2013 年第 8 期。

而不管实施该标准的主体是否加入了相应标准化组织。根据标准化组织的知识产权政策，这种承诺是不可撤销的，哪怕专利权人退出标准化组织或将专利权进行转让。假如将 FRAND 承诺作为一种合同义务，合同的相对方可以是任何具有民事行为能力的主体。合同的性质在一定程度上类似于悬赏广告，专利权人基于这种承诺负有对任何潜在相对人的强制缔约义务，一旦违背，被许可人便具有相应的类似强制许可抗辩权。

三是内容的不确定性。FRAND 承诺实质是一种由标准化组织制定的格式化承诺，也是一种不确定具体内容的原则性承诺。对于种种可能的专利许可交易，FRAND 承诺没有也无法事先具备明确具体的交易条件。FRAND 承诺仅作为交易双方进行专利许可谈判的基本原则，具体内容还需交易双方谈判确定或由司法机构予以确定。

四是救济方式的特殊性。对于合同违约，《合同法》规定了十分成熟的救济渠道，例如解除合同、返还财产、赔偿损失等。然而，对于标准必要专利权人违背 FRAND 原则，法院无法直接适用《合同法》进行裁判。因为专利许可交易尚未达成，合同没有成立，被许可人自然缺乏请求权基础。标准实施者只能在谈判破裂后请求法院依照 FRAND 原则裁决专利许可费的具体金额。

FRAND 原则究竟能否定义为合同义务，对此尚且难以拿出具有说服力的论据。虽然作为一种自愿性的承诺，司法实践往往也认可其承诺的约束力，但从根本上看，FRAND 承诺与一般的合同缔结行为具有明显不同。技术标准制定的过程犹如在特定产业领域内的“立法”活动，特定的专利权经“自荐”或“推举”成为标准必要专利，这在性质上不同于平等民事主体的合同行为。因此，应当认可 FRAND 原则在法律上的独立地位，不宜将其完全纳入合同法、反垄断法、专利法或标准化法等的具体范畴。

（二）FRAND 原则的基本内涵

FRAND 原则涉及三方主体的利益协调，即标准化组织、专利权人、标准实施主体。标准化组织作为政府批准建立的非营利性社会团体，一般具有行业优势企业联盟的特点，有着天然的专业优势，在技术标准的制定中发挥主导作用。标准化组织确定的政策和各类保障机制不仅影响着该组织的正常运行和相关技术标准的市场应用，也对社会公共利益有着深远影响。专利权人作为标准必要专利的所有权人应当享有专利法规定的有关权能，获得与其贡献程度相符的经济回报。标准实施主体作为公共利益的代表，应当得到公平竞争的市场环境，受到专利权人公平、合理、无歧视的对待。FRAND 原则的前提条件是"许可"的存在，即对于任何善意的标准实施主体，专利权人不得直接拒绝许可，否则他人将无法进入市场竞争范围内。落实 FRAND 原则应当充分平衡上述三方当事人之间的利益，特别是协调专利权人与标准实施主体之间的利益，应当既使得专利权人从技术创新中获得应有的回报，也避免其凭借有利地位附加不合理的交易条件或索取过高的许可费。

1. 公平原则

"公平"是一个抽象和宏观的概念，难以准确界定何为公平，在司法实践中完全由法官依照其他法律规则或原则进行自由裁量。因此 FRAND 原则在北美又被称为 RAND 原则，不单独提出公平（Fairness）的概念，而是默认它的存在——专利许可一旦满足了合理、无歧视的原则，自然认为是符合公平原则的。关于公平原则，或许可以就民法上的"帝王条款"——诚实信用原则进行适当解读。史尚宽先生指出，该原则涉及两种利益关系，即当事人与当事人的利益关系和当事人与社会的利益关系。该原则的目标应当是在上述利益关系调整中均能达到平衡。梁慧星先生又进一步指出，诚实信用旨在谋求利益之公平，而所谓公平就是市场交易中的基本道德。[①]由此可见，公平是一个介于法律与道德之间的模糊的概念。

2. 合理原则

相对于上述公平原则，FRAND 原则中的合理原则更加容易具体化。一般认为，合理原则的核心在于标准必要专利许可使用费的确定应当合理，如计算方法、计算单元、总体数额等均需合理，在一定程度上符合交易各方的预期，能够令人信服和接受。实际上，过高的专利许可费可能造成相关产业整体成本的显著提高，降低产业竞争程度，还可能会抑制产业链下游投资，进而对产业的正常发展造成不良影响；而过低的许可费又会抑制

① 梁慧星：《诚实信用原则与漏洞补充》，《法学研究》1994 年第 2 期。

产业上游对研发的投入，会削弱其向下游厂商进行技术转移扩散的动力，进而影响产业长远发展。标准必要专利使用许可费应当系统地结合纳入标准的专利权利要求项数、专利技术的创新程度、标准实施者的实施规模及获利情况等因素综合考量确定。专利许可费的计算有多种方法，交易基础的不同也会导致许可费存在一定的差距，但造成差距的考量因素应当合理，标准专利使用许可谈判应当在充分综合各类因素的基础上进行。专利权人也不得附加不合理的交易条件、强制捆绑许可非标准必要专利等，否则会造成交易双方在权利义务分配上明显不对等。

3. 无歧视原则

如果说任何专利许可交易均需满足公平、合理的原则，那么无歧视原则就成为 FRAND 原则的最大特色，它鲜明地诠释了标准必要专利与一般专利的区别之处。专利权作为一种私权，权利人有权选择交易对象，但标准必要专利的这一权能要受到限制甚至禁止。专利纳入标准后，权利人应当平等地对待所有潜在的标准实施者，不得拒绝许可或选择性许可其专利。无歧视原则一方面剥夺了标准必要专利权人的选择权，另一方面还要求专利权人在基本相同的交易条件下索取提供基本相同的要价，并不得附加额外不合理的交易条件，以限制相对人参与公平竞争的权利。

4. 基于 FRAND 原则授予专利许可的基本要求

通过上述对 FRAND 原则性质分析，可以得出其对于标准必要专利权人的约束性具体体现在以下方面。

（1）与潜在的被许可人进行善意的许可谈判

专利权被纳入技术标准的行为使得标准必要专利权人占据有利的市场地位，FRAND 原则要求其不得滥用这一有利地位妨害市场秩序和竞争，这就要求专利权人尊重每一个潜在的许可相对人（标准实施者），进行善意的沟通和谈判，特别是对于愿意支付合理费用的相对人，不得拒绝接触、拒绝许可或进行“选择性许可”。

（2）许可费数额及其他许可条件应当合理

虽然专利权人应当本着 FRAND 原则与被许可方进行具体的许可费谈判，但这并不意味着专利权人必须只能获得同样的许可费，不同的市场主体以及外部环境等均可能导致许可费出现合理差距。标准必要专利权人有权综合各类因素提出适当的许可费要价，但在交易条件基本相同的情况下，许可费数额不宜差距较大。此外，按照许可费计算的一般标准，应当基于实施技术标准（因而实施了特定标准必要专利）的最小可销售单元进行计算，专利权人也不得强行要求他人接受标准必要专利与其他专利的捆绑许可。

（3）禁令救济通常应当受到限制

受限于 FRAND 承诺并不意味着标准专利权人对潜在标准实施者的当然许可，未经其授权而擅自以商业为目的的使用仍然对其构成侵犯。因为专利权具有私权属性，对于专利侵权行为，一般而言，法院多数情形下首先责令停止侵权，批准专利权人的禁令救济。对专利侵权行为发布永久禁令是英美法院根据衡平法原则形成的规制措施之一，美国最高法院在 1908 年的经典案例 Continental Paper Bag Co. V. Eastern Paper Bag Co. [①] 中确立了禁令原则。但禁令发布与否是各法院自由裁量权的范围，并非确认侵权后就一定发布禁令，特别是对标准必要专利提供禁令救济应当予以充分限制。一是因为 FRAND 原则的当然之意在于标准必要专利权人不得径自拒绝许可，否则即是将竞争者直接排挤出市场；二是因为标准必要专利权人容易以向司法机关申请禁令救济为威胁向标准实施者索取过高的专利许可费（专利劫持）。

（4）专利转让时，受让人应当同意遵守在先的 FRAND 承诺

按照标准化组织的知识产权政策，FRAND 承诺是不可撤销的。标准必要专利可以依据专利法等法律的规定进行专利权主体的转移，但由于标准涉及公众利益，受让方必须同意针对该专利转让前已做出的 FRAND 承诺，否则将对标准的实施造成严重影响，损害公众利益。例如，我国商务部针对微软收购诺基亚在《关于附加限制性条件批准微软收购诺基亚设备和服务业务案经营者集中反垄断审查决定的公告》中提出的限制性条件，自收购完成之日起，微软公司应当继续遵守诺基亚公司之前向各标准化组织做出的 FRAND 承诺。[②]

---

① Continental Paper Bag Co. V. Eastern Paper Bag Co. , 210 U. S. 405. LEXIS 40324.

② 《关于附加限制性条件批准微软收购诺基亚设备和服务业务案经营者集中反垄断审查决定的公告》，见商务部公告 2014 年第 24 号。

相对于 FRAND 原则对标准必要专利权人的约束性，标准实施者也应当积极寻求标准必要专利权人的许可，在未得到专利权人授权的条件下，不得实施侵权行为。

（三）FRAND 原则的国外司法适用

1. 回归司法案例的必要性

尽管 FRAND 原则越来越受到标准化组织和产业的重视，相关方面的研究也越来越多，但随着许可证交易情况变得愈发复杂，FRAND 原则的模糊性、不确定性也愈发凸显。作为一项专利标准化过程中的基本许可原则，FRAND 原则在现代已经受到了日益严重的挑战。[①] 首先，“公平”“合理”这些词汇的内涵过于宽泛，缺乏足够的现实可操作性；其次，“无歧视”原则在现实中就更加难以界定和落实，标准必要专利权人在与被许可人（标准实施主体）进行许可费率谈判时往往要求被许可人承担严格保密义务，其他被许可人往往难以得知具体费率或其他优惠政策，因此无歧视原则对于专利权人的限制往往难以体现。正是由于这种多解性和不可操作性，FRAND 原则很容易被现实架空，[②] 也是由于这种不确定性，有学者称其为“没有牙齿的老虎”。[③] 因此，FRAND 原则在专利标准化活动日益增多的今天，“只应成为对专利权人的最低要求，而不是最普遍的做法”。[④] 如何体系化地剖析 FRAND 原则？对于 FRAND 原则，最具有解释权限的标准化组织选择了回避这一问题，将这一原则的澄清交由司法机构负责。因此，有必要通过司法案例，从不同方面对 FRAND 原则的具体含义进行具体解读。

以下案例从不同的侧面对 FRAND 原则的具体含义进行了澄清，尽管都是针对个案的法律适用，但我们也能够从中看出 FRAND 原则在调节专利权人与标准实施者利益、在协调专利私权属性与标准的公共属性冲突中所发

---

① Schoechle, Timothy, “Re-examining Intellectual Property Rights in the Context of Standardization,” *Innovation and the Public Sphere*, *Knowledge*, *Technology & Policy*. Fall 2001, Vol. 14.

② 张平：《论涉及技术标准专利侵权救济的限制》，《科技与法律》2013 年第 5 期。

③ Pat Treacy, Sophie Lawrance., “FRANDly Fire: Are Industry Doing More Hare Than Good?” *Journal of Intellectual Property Law and Practice*, 2007 (12).

④ 顾金焰：《专利标准化的法律规制》，知识产权出版社，2014，第 157 页。

挥的巨大作用，能够感受到相关国家和地区的司法机构在诠释“公平、合理、无歧视”深刻内涵时的创造性思路。应该说，司法实践让 FRAND 原则真正成为专利标准化活动的活的灵魂。

2. 美国：微软诉摩托罗拉案

2010 年 10 月，摩托罗拉提出要求微软公司支付其拥有的 H. 264 视频编解码标准（属于国际电信联盟制定的标准）和 802. 11 无线局域网标准（属于美国电子和电器工程师协会制定的标准）的专利许可费，认为微软公司在其开发的产品中使用了相关标准必要专利。在费率方面，摩托罗拉公司要求按照产品整体价格的 2. 25% 支付专利费。2010 年 11 月，微软以其要价违背 FRAND 原则为由向法院提起诉讼。2013 年 4 月，法院判决基于 FRAND 原则，每项产品的许可费范围应在 3. 471 美分到 19. 5 美分和 0. 555 美分到 16. 389 美分。而依据该判决，微软仅需每年向摩托罗拉支付 180 万美元的专利许可费。

该案中，由于摩托罗拉的专利组合被国际电信联盟、美国电子和电器工程师协会纳入了相关标准，而摩托罗拉亦曾做出了 FRAND 承诺，因此，案件的核心在于如何依照 FRAND 原则确定标准必要专利的许可费率，具体应当考量哪些因素？法院认为，该案中标准必要专利应当按照 FRAND 原则进行许可，许可费率的计算方法和考量因素不应与未纳入标准的普通专利许可费的计算方法和考量因素相同。而关于普通专利的许可费计算方法，美国法院通常采用 Georgia-Pacific 因素进行分析。该案中微软公司提出了“具体价值法”，即通过将纳入技术标准的替代专利技术的经济价值切割出来，与其他可以被纳入该标准的替代专利技术进行比较，进而计算出专利技术价值的具体方法；摩托罗拉公司则提出了“假设性双边协商法”。法院综合考量各种方法的合理性以及现实复杂程度等，最终采纳了摩托罗拉公司的方法，并据此对 Georgia-Pacific 因素进行了适当修改。[①] 该案中依据 FRAND 原则计算标准必要专利使用费的全部考量因素如表 1[②] 所示。

① Microsoft Corp. v. Motorola Inc. , 2013 U. S. Dist. LEXIS 60233.

② 此表源自徐朝锋、秦乐等：《从微软与摩托罗拉案例看 RAND 许可费率计算方法》，《电子知识产权》2014 年第 4 期。

表 1　微软诉摩托罗拉案中的许可费计算考量因素

序号	考量因素
1	在可与 FRAND 许可相比较的情形中原先收到的使用费
2	被许可人在使用可比较的其他专利时所支付的费用
3	许可的实质及范围
4	专利对被许可人专利产品的贡献
5	许可的期限及专利期限（通常一致）
6	专利对被许可人其他非专利产品的贡献
7	专利对标准的增量价值
8	专利发明的性质、商业性的体现，使用发明的益处
9	侵权人使用发明的程度
10	在 FRAND 前提下商业惯例的利润/销售价格部分
11	区别于非专利的因素，应归于发明的部分利润
12	专家的意见
13	假设许可人和被许可人在侵权行为开始时考虑到 FRAND 承诺的目的，合理并自愿协商会达成的使用费金额

该案最大的意义在于法院确立了根据 FRAND 原则计算标准必要专利许可费的方法和考量因素，在新的考量因素下，摩托罗拉诉求的 40 亿美金专利许可费最终被判决支付 180 万美元。人们不禁疑问：是否标准必要专利越来越不值钱？事实上，这恰恰体现了 FRAND 原则的伟大之处，即不应使专利权人因专利被纳入标准的行为获得额外利益。本案实际上演化成双方在法院确立的考量因素下的证据之争，微软最终赢得了这场官司。应该说，对于普通专利许可使用费或侵权赔偿数额的确定，法院积累了成熟的计算规则，而标准必要专利如何通过确定许可使用费诠释“公平、合理与无歧视”原则的深刻内涵，实现标准使用者与专利权人的利益平衡至关重要。对此，该案创造性的司法尝试给出了一个具体可行的方案。

此外，关于专利侵权禁令救济的适用，美国也通过司法案例确立了较为明确的规则。2006 年美国最高法院以九名大法官无异议的方式做出终审判决，否定了美国联邦巡回上诉法院就 MercExchange 诉 eBay 一案的二审判决，确立了专利侵权发布永久禁令的四项原则，即（1）证明产生不可弥补的损害；（2）金钱赔偿的不足；（3）救济措施应当平衡考虑各方存在的困难；（4）不会对公众造成危害。[①] 对于标准必要专利，法院认为，专利权人已自愿承诺通过 FRAND 条款授权其必要专利，作为补偿将该必要专利技术纳入技术标准中，金钱赔偿通常能够很好地对损失进行弥补，因此 eBay 的不可弥补损失的标准往往不能被适用。对侵犯标准必要专利的案件向法院申请发出永久禁止令，从近年司法案例看，这一点往往不能够被支持。例如，在 2012 年的苹果诉摩托罗拉一案中，波斯纳法官就指出，“面临禁令的威胁，专利许可费的谈判过程过多地有利于专利权人，这与 FRAND 原则是相互冲突的。尽管存在专利权人做出的 FRAND 承诺、禁令的威胁以及过高的成本使得专利权人取得了不合理的许可条件，但这并非仅由于其专利技术的价值，还与他人被标准锁定有关。假如该专利仅仅是一个复杂系统的微小组成部分，其技术价值和对创新褒奖之间的不平衡会变得更加突出。因此，专利权人的禁令威胁让在 FRAND 原则下专利权人感受到交易的许可费反映的是专利所劫持的价值，而不是专利技术本身的市场价值。”[②] 但是，是否可以理解为 FRAND 许可声明意味着专利权人对禁令救济权的放弃？美国司法机构对此均保持比较谨慎的态度，仍坚持以个案处理的原则。例如，2013 年美国国际贸易委员会在三星诉苹果 337 调查案中裁定，苹果公司侵犯了三星公司“传输格式组合标识符”专利权，苹果的有关智能手机、平板计算机等产品禁止在境内发售。然而，美国政府却在 60 日内对这一举措表示反对，通过贸易代表否决了国际贸易委员会的排除令，这也是美国政府 26 年来第一次否决国际贸易委员会的境内销售禁令。2013 年 1 月，美国司法部和专利商标局共同发布了《标准必要专利权人基于 FRAND 原则下获取救济的政策声明》[③]，其对专利权人的“专利劫持”行为对竞争造成的影响，以及是否允许通过申请禁令来获得救济进行了深入的分析。

① 和育东：《美国专利侵权的禁令救济》，《环球法律评论》2009 年第 5 期。

② Apple Inc. v. Motorola Inc. , 2012 U. S. Dist. LEXIS 40537.

③ *Policy Statement on Remedies for Standards-Essential Patents Subject to Voluntary F/RAND Commitments.* [EB/OL]. [2014 - 12 - 01] http://www.justice.gov/atr/public/guidelines/290994.

3. 欧洲：德国关于专利技术的使用判决案

原告公司（飞利浦）拥有可重写和刻录光盘某标准的专利技术，被告一家公司在没有获得其授权的基础上使用了该标准中的 EP325330 号专利，于是飞利浦向法院提起侵权诉讼。被告公司以其拥有强制许可抗辩的权利为由，请求法院驳回飞利浦公司诉讼请求，辩称因为飞利浦已构成滥用市场支配地位。该案经德国地方法院和上诉法院审理，最后 2009 年由联邦最高法院作出判决。法院认为，标准必要专利权人一方面通过禁令拒绝许可其拥有的标准必要专利，而另一方面却通过诉讼寻求利益回报，不符合《德国民法典》所规定的诚实信用原则，因此被告此时可提出专利强制许可抗辩。最高法院还就被告此时应当满足的条件进行了充分的分析。该案对标准必要专利权人在专利侵权诉讼中寻求禁令救济以及基于反垄断领域的专利强制许可做出了创造性的解释。

德国联邦最高法院在另外一件案件（Standard-Spundfass 案）中也再次重申了上述基本原则。该案中，原告的专利技术成为行业标准，被告向原告提出了有偿使用其专利技术的请求，但却遭到原告的拒绝，于是被告在这种情况下直接制造和销售了该专利产品。原告起诉要求被告赔偿，被告反诉原告滥用专利权限制竞争，违反德国《反对限制竞争法》，并请求德国法院依法给予其涉案标准必要专利的强制许可。德国联邦最高法院在审理中指出，知识产权法与竞争法立法目的不同，但原则上，知识产权法不能成为法院适用竞争法的障碍。[①] 最后德国法院依据德国《反对限制竞争法》认定，在涉案专利被纳入技术标准的情况下，权利人应当有义务许可全体竞争者使用其所拥有的标准必要专利，该标准必要专利对行业中的任何企业都应当开放。

通过以上分析可知，德国法院在规制标准必要专利方面往往更为严厉，专利权人一旦使其专利成为技术标准，便会受到严格的法律规制，其专利权也将受到严格的限制。德国法院通过结合《德国民法典》《反对限制竞争法》等法律的论证，实现了在司法裁决中捍卫 FRAND 原则的目标，深值我国司法机关参考借鉴。

① 顾金焰：《专利标准化的法律规制》，知识产权出版社，2014，第 117 页。

三　FRAND 原则在中国的应用现状

（一）我国专利标准化的初步发展

与发达国家相比，我国标准化工作起步较晚，并且带有强烈的行政色彩。例如，1979 年颁布实施的《中华人民共和国标准化管理条例》中明确规定，标准一经批准发布就成为技术法规。我国的标准化工作是由政府主导开展的，最初完全具有强制性。1988 年通过的《中华人民共和国标准化法》，才开始将原来的国家统一强制执行标准一分为二，具体包括强制性标准（GB）和推荐性标准（GB/T）两类，这与西方国家的技术标准性质完全不同。在欧美等国，标准均由以行业产业联盟为代表的非营利性组织牵头制定，属于市场导向，标准的实施也不具有强制性，而是基于产品或服务的提供商根据市场做出选择。因此，西方国家的标准化组织数量十分庞大，且各标准化组织之间存在无形的竞争关系，各企业通过加入其中寻求将自身的技术变为行业某项标准的机会，以抢占产业制高点，获得更大的经济效益。

FRAND 原则是在国外以市场为主导的标准化活动中形成的专利许可基本原则。而在我国，由于专利标准化活动起步较晚，且具有较为强烈的行政色彩，属于政府发挥主导作用。由上文可知，根据我国现行法律的划分，国家标准分为强制性标准和推荐性标准，二者均主要依赖政府的审批。实际上这与 WTO/TBT 协议中区分技术标准与技术法规的要求稍有差异。目前 WTO 已经基本认可我国强制性标准属于国际上通行的技术法规之范畴，但目前它又不能全部涵盖技术法规。对技术标准的划分不协调，在一定程度上增加了我国发展对外贸易的难度。①

（二）我国现有法律对标准必要专利的规制状况

实际上，关于与标准化有关的知识产权问题，我国尚停留在吸收西方

① 况平：《关于修改〈中华人民共和国标准化法〉的提案》，http://cppcc.people.com.cn/GB/34961/161082/9633154.html，2014 年 11 月 6 日第一次访问。

国家先进经验的初步发展阶段，目前制定的规章文件也仅限于对国家标准涉及的专利权问题进行规范，法律位阶较低，针对行业和地方标准尚缺乏有效的指导文件，相关司法案例也仅仅初现端倪。事实上，这与我国目前的产业专利发展阶段密切相关。

一是我国产业发展相对落后，技术核心竞争力尚未形成，正处于由“中国制造”向“中国创造”演化发展的阶段，核心专利技术受制于人。我国的标准化组织牵头制定的标准在世界范围内影响力较小，与西方制定的技术标准相比缺乏竞争力。

二是我国企业的知识产权布局和运用能力以及专利储备尚存不足，专利质量普遍不高。自 2008 年“国家知识产权战略”实施以来，我国专利事业蓬勃发展，专利数量急剧上升，大量高新技术企业不断涌现。但专利权的核心在于质量，数量上的庞大并不能够保障企业占据市场有利位置，核心专利往往“一招鲜”，通过扼住产业发展的“喉咙”，对整个产业链形成制约。目前我国企业专利质量普遍不高，围绕产业发展的专利布局不够深入，很难通过专利与标准的结合形成竞争优势。

1. 最高人民法院［2008］民三他字第 4 号函

标准化和知识产权均是西方舶来品，在我国积累的经验不够丰富，对于技术标准化过程中的知识产权问题，我国的研究和实践起步更晚。2008 年 7 月，最高法院第一次指出，“专利权人参与标准制定的，视为许可他人在实施标准的同时实施其专利，标准实施单位或者个人的有关实施行为不属于专利法所规定的侵权行为。”① “专利权人有权获得一定的经济补偿，但具体数额应明显低于正常的专利许可使用费；专利权人也可承诺放弃该许可费。”② 上述最高法院的批复代表了我国司法机构对于专利标准化的初步规制意见，既意识到了相关法律规则的缺失，也明确了应当对标准必要专

① 最高人民法院关于朝阳兴诺公司按照建设部颁发的行业标准《复合载体夯扩桩设计规程》设计、施工而实施标准中专利权的行为是否构成侵犯专利权问题的函，北大法律信息网，http：//vip. chinalawinfo. com/ newlaw2002/slc/slc. asp？ db = chl&gid = 110288，2014 年 10 月 7 日第一次访问。

② 张平：《技术标准中的专利权限制——兼评最高法院就实施标准中专利的行为是否构成侵权问题的函》，《电子知识产权》2009 年第 2 期。

利权人进行必要且合理的法律规制。由此可见，我国对这一问题的实践还处于初步探索阶段，尽管法院意识到了对于纳入技术标准的专利权应当进行适当的限制，但如何具体操作尚缺乏明确的方案。2009 年 6 月，最高法院在公布的《关于审理侵犯专利权纠纷案件应用法律若干问题的解释》（征求意见稿）[①] 中也再次确认了上述规则。但遗憾的是，该有关内容在后来正式的司法解释[②]中又被全部删掉了。

2.《国家标准涉及专利的处置规则》（送审稿）

2010 年 7 月，由中国标准化研究院牵头制定的《国家标准涉及专利的处置规则》（送审稿）（以下简称《规则》）首次对这一问题进行了明确规范。该《规则》对于标准化过程中专利权的处置提出了三方面具体措施：一是必要标准专利信息的披露，规定了在标准立项、制定过程中，标准提案主体、归口单位、技术委员会等进行涉及专利的信息披露义务；二是专利信息的公布，规定了要对涉及标准的专利信息进行公开公示；三是必要专利的许可声明，规定参照国际惯例，进行 FRAND 原则下的许可或免费许可。应该说，该《规则》全盘吸收了国际标准化组织的知识产权政策，对于弥补我国在该领域的空白具有一定的意义，但该《规则》最终未见发布实施。

3.《国家标准涉及专利的管理规定》（暂行）

2013 年 12 月 19 日，国家知识产权局和国家标准化管理委员会联合制定的《国家标准涉及专利的管理规定》（暂行）（以下简称《规定》）正式发布，自 2014 年 1 月 1 日起正式实施。该《规定》系统梳理了与标准化有关的知识产权问题，在吸收借鉴西方经验的同时也适当融入了中国特色元素，如国家标准化管理委员会的主导地位。根据该《规定》，未获得专利权人做出基于 FRAND 原则的许可承诺的，国家标准不得纳入该专利的条款。此外，强制性国家标准一般不涉及专利权。

---

① 最高人民法院：《关于审理侵犯专利权纠纷案件应用法律若干问题的解释》（征求意见稿）[EB/OL]. [2014 - 12 - 01]. http://www.chinacourt.org/html/article/200906/18/361606.shtml。

② 最高人民法院：《关于审理侵犯专利权纠纷案件应用法律若干问题的解释》[法释（2009）21 号]。

（三）FRAND 原则的中国化解读：华为诉 IDC 案

1. 案件的法律分析

该案中，被告 IDC 公司认为，FRAND 义务是指专利权人单方面对外声称其已做好准备公平、合理、无歧视地对标准必要专利授予不可撤销的许可，是邀请潜在合作对象进行协商的表现，并非一种强制缔约的要求，法院不能在双方当事人尚未达成协议之前创制合同，FRAND 义务也不能作为国际贸易中最惠国待遇看待。

同时法院认为，被告 IDC 公司对华为公司的 FRAND 许可义务来源于双方均是会员的欧洲电信标准化协会（简称“ETSI”）和美国电信工业协会（简称“TIA”）中的知识产权政策及做出的相关承诺。上述政策及相关承诺均明确了专利权人应当按照公平、合理、无歧视的原则许可其专利。尽管我国法律没有明确规定 FRAND 原则，但作为合同条款，当当事人对其理解存在不一致时，法院可以按照现行法律对该条款进行解释。我国《民法通则》规定，民事活动应遵循自愿、公平、等价有偿、诚实信用的原则。《合同法》也规定了公平、诚实信用的基本原则。[①] 这些法律规定可以用来解释本案中双方争议的 FRAND 原则。

法院认为，不论根据相关国际标准化组织的知识产权政策，还是中国法律法规的有关规定，或者从字面意义上理解，FRAND 原则的基本含义在于，标准必要专利权人不能直接拒绝愿意支付合理使用费的善意标准使用者。一方面要保证专利权人可以从技术创新的贡献中获得应得的回报，另一方面也要避免其借助强势地位附加不合理的交易条件，其核心在于许可费率的确定。同时，对于使用费或费率的确定问题，法院认为双方应根据 FRAND 原则进行协商谈判，协商不成时，可请求法院予以裁决。关于许可费数额的确定，深圳中级人民法院从四个方面进行了充分考量，得到了上诉法院的认可。同时，法院认为，关于不同的许可费（或费率）是否满足“无歧视”条款，往往需要通过“比较的方法”才能够确定，在双方交易条

① 《中华人民共和国合同法》第五条规定，“当事人应当遵循公平原则确定各方的权利和义务”，第六条规定，“当事人行使权利、履行义务应当遵循诚实信用原则”。

件基本相同的情况下，假如标准必要专利权人给予某一方较低的许可费，而给予另一方较高的许可费，通过比较，后者就有理由认为受到了专利权人歧视待遇，标准必要专利权人因此也就违反了 FRAND 中无歧视的义务。[①]

2. 案件的重要意义

该案作为中国标准必要专利第一案具有十分深远的影响，系中国法院首次在司法中直接认可和适用 FRAND 原则，两审法院在判决书中对 FRAND 原则的全面阐释无论对司法实践还是 FRAND 理论研究均具有重要意义。特别是法院将 FRAND 这一西方舶来的原则结合中国制定法进行推演，适用《民法通则》和《合同法》中诚实信用的一般原则进行解释，得出了公平、合理、无歧视原则应有之义，并综合各方面因素考量，依照 FRAND 原则判定了具体许可费（费率）。本案中被告提出的 FRAND 承诺仅系一种邀约表现，而双方并未签订任何有关协议的主张是否合理？是否能免于其在标准必要专利纳入技术标准时所做出的 FRAND 承诺？法院同样以民法上诚实信用原则为基础予以否定。关于国际标准化组织中参加会员所做出的声明与承诺是否可能构成合同义务，要看相关主体之间是否达成了一致的协议。该案并非典型的合同纠纷，这一点，从该案的案由确定也可以看出，此案并非合同之诉或专利侵权诉讼，法院创造性地确立了“标准必要专利使用费纠纷”这一全新的案由，针对 FRAND 原则给出了系统而全面的“中式解读”，无疑具有重要的开创意义。

四　促进 FRAND 原则与我国现有制度融合的建议

在当代中国，创新驱动发展已成为社会共识，市场正在发挥着越来越关键的作用。国家不断加大对科技创新的投入力度，企业的技术研发能力也在不断上升，一大批创新型企业正在不断走向国际竞争的舞台并占据有利位置。随着国家知识产权战略的深入实施，中国企业的知识产权意识和运用能力不断提高，华为、中兴、海信等国内优势企业先后加入国际专利大战中，并不断敢于和善于维护自身知识产权。中国的知识产权法治环境

① 见广东省高级人民法院（2013）粤高法民三终字第 305 号判决。

也在不断完善，2013 年，国家知识产权局已经着手《专利法》第四次修改预研工作，如何更好地规制专利侵权行为和防止专利权滥用成为本次修改最大的关注点。

随着华为诉 IDC 一案成为中国标准化专利第一案，开启了中国知识产权诉讼的新模式。FRAND 原则在该案中发挥了核心的作用，使法院有效地平衡了双方当事人的利益关系。通过对西方国家 FRAND 原则的考证可以得出这样的结论：FRAND 原则的灵魂不在于“公平、合理、无歧视”的理论解读，而是依靠个案的司法经验，由法官对标准化和知识产权融合所带来的冲突问题进行恰当的司法衡平。随着中国知识产权审判力量的不断加强以及行业产业的愈发活跃，相信 FRAND 原则会得到越来越多的应用，同时反向地也给这一国际化通行的原则带去越来越多的中国化元素。下面，笔者从促进 FRAND 原则与我国现有制度融合的角度，对推进 FRAND 原则中国化提出合理化建议。

（一）《专利法》第四次修改新增关于标准必要专利的规制条款

在《专利法》的框架下对标准必要专利许可机制进行合理规制是最为便捷合理的方式之一。将 FRAND 原则的基本精神内化于《专利法》的具体条款之中，既给予了这一原则应有的法律位阶，也较为容易贯通运用。

事实上，2015 年 4 月，国家知识产权局发布进行《中华人民共和国专利法修改草案（征求意见稿）》第四次修改工作，这次修订针对纳入技术标准的专利，第一次以法律的形式明确了具体适用的法律规则，指出了专利权人的专利披露义务，明确了纠纷的解决途径。[①]

上述条款对纳入技术标准的专利权以及专利权人进行了合理限制。根据上述条款，标准必要专利权人在将其专利纳入技术标准的前期，必须尽到诚实信用的义务，如实披露该专利信息，使相关标准中的知识产权分布

① 《中华人民共和国专利法修改草案（征求意见稿）》第 82 条：“参与国家标准制定的专利权人在标准制定过程中不披露其拥有的标准必要专利的，视为其许可该标准的实施者使用其专利技术。许可使用费由双方协商；双方不能达成协议的，由地方人民政府专利行政部门裁决。当事人对裁决不服的，可以自收到通知之日起三个月内向人民法院起诉。”［EB/OL］http：//www. shzgh. org/zscq/mtjj/u1ai12762. html，2015 年 3 月 20 日第一次访问。

情况一目了然，避免标准使用者不小心踏上雷区，造成侵权。如标准必要专利权人未如实披露其技术蕴含的专利情况，则应当视为其默示并许可可能的相对人（全体标准使用者）实施其专利技术，但该默示许可并非免费许可或者视为专利权人放弃其专利权，而应当参照市场的基本规则由双方进行公平协商，确定合理费率。双方达不成一致意见时，由地方政府专利行政部门负责裁决许可费率。草案中规定由地方专利行政部门行使标准必要专利许可使用费率的裁决权，实际上借鉴了我国《专利法》关于专利强制许可的有关规定。根据现行《专利法》第五十七条相关规定，专利权人与获得专利强制许可的单位或个人就专利许可费率不能达成一致意见时，应当首先提请国务院专利行政部门裁决。第五十八条规定，相关当事人对裁决内容不服的，可以自收到裁决通知之日起三个月内向法院进行起诉。草案中关于标准必要专利许可费纠纷的解决，恰巧充分借鉴了我国现行专利法对强制许可的许可费裁决及诉讼模式，应该说颇具特色。之所以赋予地方专利行政部门而不是国家知识产权局许可费率裁决权，是可能考虑到涉及标准必要专利许可费率的有关纠纷要远远多于强制许可的数量。

应该说《专利法》第四次修改草案对于防止专利权人滥用专利权具有突出的规制意义。例如草案新增的第十四条还规定，专利权人行使权利应遵循诚实信用的原则，不得损害公共利益，也不得不正当地排除或限制竞争，不得阻碍科技进步。妥善平衡好标准必要专利权人与标准使用者（以及背后的消费者）之间的利益，对于正确处理知识产权与技术标准之间的关系无疑具有重要意义，对加快先进技术的应用和推广，促进科技产业升级发展具有重要作用。草案也是第一次以国家立法的形式对标准必要专利进行规制，若草案得到顺利通过，则开创了我国以《专利法》调整标准与专利关系的全新立法模式，对于丰富专利制度法律内涵、促进科技与法律融合具有重要的标志意义。

（二）标准必要专利的法律规制：因地制宜、分级规制

如何结合我国专利标准化的特色，有效地吸收和“嫁接”FRAND 原则，因地制宜地制定我国标准必要专利的规制机制，值得我们认真思考和系统规划。下面就从国家强制性标准、国家推荐性标准以及企业事实标准

三类结合 FRAND 基本原则分述有关标准必要专利的规制机制思考。

1. 强制性标准：专利征用论

针对我国强制性标准，对相关标准必要专利进行“征用”，凸显公共利益优先的基本原则。强制性标准一般由国务院制定并发布，属于国家行政法规，相关产业领域的标准实施者不得违背，否则就要承担严重的法律后果。这种情况下，标准与专利捆绑在一起，标准必要专利成为法律上所有标准实施主体必须实施的技术方案。也就是说，当强制性标准中包含特定的专利权时，标准实施主体无法回避对该专利的商业实施。尽管我国规定了国家强制性标准中一般不得涉及专利权，但事实上，随着科技发展日新月异，技术精细化程度越来越高，这一问题始终无法彻底回避。由于强制性标准带有极强的公益性，且丝毫没有留给相关当事方选择的余地，该项标准所蕴含的专利实施许可费应当由政府“买单”。标准必要专利权人既没有义务白白贡献出专利权，也不能搭便车，从全体强制性标准实施主体那收取费用。此时，面对专利权人利益与社会公共利益的冲突，应当凸显公共利益优先的基本原则。况且，既然国家“剥夺”了该强制性标准实施主体选择的权利，理应对此予以适当的补偿，最优化的方案便是由政府承担专利许可费，具体费率也应当远远低于该专利普通许可条件的费率，而对全体国家强制性标准的实施主体，则进行“免费许可”。这一规制手段也是符合 FRAND 原则基本精神的。对于国家强制性标准，由政府出面“征用”该标准必要专利，采用相同的标准进行推广，并给予专利权人一定的经济补偿，也正是 FRAND 原则公平、合理、无歧视精神的体现。

2. 推荐性标准：默示许可论

针对我国推荐性标准，按专利权人“默示许可”，并默认以遵从 FRAND 原则为底线。在我国现行的以行政为主导的标准制定体制下，推荐性标准具有特殊的地位。尽管推荐性标准不具有法律强制性，属于当事方自愿采用的标准，但出于对推荐性标准的信任与接受，标准中所包含的相关知识产权也往往更加容易推广和扩散。一方面，标准必要专利权人应当在标准的制定初期尽到诚实信用义务，全面披露其专利信息，不得隐瞒以事后谋求不正当利益；另一方面，针对全体潜在的标准实施者，均应当视为其做出了“默示许可”的承诺，并以公平、合理、无歧视原则为基本底线。只有这样，才能有效地平衡专利权人和标准实施主体的权利义务关系，既保护专利权人的创新成果，又不至于使标准实施主体以及潜在的消费者权益受损。此时，应当以调动标准制定组织积极性并充分发挥其管理作用作为制度保障。

3. 事实标准：反垄断论

针对我国事实标准，重点做好反垄断审查。所谓事实上的标准，指的是在一定的产业领域中，单个或部分企业基于自身掌握的技术和占有的市场份额等优势单独或联合建立的一种潜在的技术标准。由于事实上的标准对潜在的竞争对手构成进入行业的“壁垒”，一旦脱离法律有效的规制，容易形成垄断而破坏市场竞争秩序。当事实标准的构建者为单独一个企业时，首先应当认可和保护企业合法的权益，但同时也应当防止和避免企业滥用这种优势地位；当事实标准的构建者为行业内数个优势企业的联盟时，则应当重点考察这种企业联合的合法性，做好反垄断审查。针对事实标准中所蕴含专利的许可问题，则应当结合《专利法》《反垄断法》中关于禁止滥用专利权破坏市场竞争秩序的条款予以规制。此时，FRAND 原则即是一个重要的专利许可参考标准与底线。

结　语

随着科技发展日新月异和各类市场主体知识产权意识的不断提高，专利对于产业发展的促进与遏制作用从来没有像今天这样突出。应当认为，专利标准化是一柄双刃剑，由于专利权的私权属性与技术标准的公共产品属性之间存在剧烈冲突，专利标准化行为在增加社会福祉的同时也容易因权利滥用而给市场秩序和广大消费者带来伤害。因此，必须对专利权人和标准必要专利进行合理的权利限制，才能真正实现专利标准化所带来的巨大益处，对标准必要专利进行规制的核心就是 FRAND 原则。

作为国际标准化组织在制定行业标准时逐渐探索形成的一项私法原则，一方面，我们不应当仅仅将其视为各类标准化组织、专利权人和标准实施主体自治的一项民间规则，而应更多地从法律的层面进行系统考量（本文通过剖析专利法、反垄断法、标准化法、合同法等具体法律，考察了

FRAND 原则的法律属性)，并不断澄清和赋予 FRAND 原则应有之义。这一点，通过分析国内外不断增多的司法案例可以看出，各国法院正在努力将其与各国国内法相融合，并积极赋予 FRAND 原则独立的法律体系坐标。另一方面，通过个案分析，也可以真正赋予“公平、合理、无歧视”原则活的灵魂，使其不至于因过于抽象而在现实中被屡屡架空，沦为“没有牙齿的老虎”。

回到我国的具体实践，一方面我国目前法律规则的缺失与日益出现的涉及标准必要专利的纠纷存在鲜明的对比，另一方面我国行政主导的技术标准制定体系对 FRAND 原则的移植与吸收也造成了一定的障碍。要不断以 FRAND 原则的基本精神为引导，梳理我国现有的相关法律规则，总结不断涌现的司法案件启示，深入借鉴国外相关经验，针对我国标准必要专利进行“因地制宜、分级规制”，并在《专利法》第四次修改中设置单独条款，将 FRAND 原则法律条文化，同时给予相应的立法位阶。相信未来通过我国立法和不断增多的司法实践，可以给 FRAND 原则这一国际化通行的专利许可原则带去越来越多的中国化元素。

《一般数据保护条例》对我国相关产业的影响

徐 实*

随着信息技术的不断发展，跨境经济活动信息化趋势愈发迅猛。比如，联合国贸易和发展会议确认2015年全球电子商务市场规模已经达到25万亿美元，其中包括90%的B2B（企业对企业）交易和10%的B2C（企业对消费者）交易；跨国公司广泛运用信息技术实现高质高效的跨境运营，促成跨境交易。而不论是电子商务、跨国公司运营还是其他形式的跨境经济活动，都离不开跨境数据传输。

个人数据是跨境数据传输的重要客体。一方面，跨境经济活动离不开个人数据跨境传输的支持。比如，持有双币信用卡的个人在境外进行消费，境内发卡行就需要将其个人信息传输至境外机构以完成交易；保险机构跨境承包，则需要投保人、被保险人、受益人个人信息的跨境传输；而跨境电子B2C交易（俗称“海淘”）的信用风险管理环节、跨境支付环节以及跨境商品承运环节，都离不开个人信息跨境传输的支持。另一方面，随着大数据技术的发展，个人数据本身的商业价值也被各经济主体重视。比如，企业可以利用所掌握的用户个人数据决定营销策略和目标，还可以为其后续产品开发提供有效建议。因此，市场上甚至产生了个人信息的收集、处理、分析乃至贩售的或明或暗的商业链条（比如征信机构）。

但是，因为数据本身极易被复制，个人信息在以数据形式被传输利用的过程中，面临着被泄露、被监控、被滥用等风险。因此，世界各国及国际组织都对个人信息数据跨境传输进行了立法保护。比如APEC的隐私框

* 徐实，北京航空航天大学法学院博士后。

架、OECD《关于隐私保护和个人跨境数据转移的指南》、俄罗斯的《个人数据保护法案》（*Federal Law FZ*-152）、我国刚刚实施的《网络安全法》和《个人信息和重要数据出境安全评估办法》（征求意见稿）等。尽管如此，各国的立法保护在各个方面存在差异，个人数据跨境保护立法对我国相关产业和相关立法的影响程度也各不相同。欧盟因其经济活动占据全球市场的份额较大，使其经常在与各国的数据跨境传输谈判中占据优势地位，比如 Schrems 案件之后，美国对欧盟做出让步，以更为严格的隐私盾协议取代了安全港框架协议。另外，欧盟数据保护方面的立法，有影响世界各国的相关立法和产业实践甚至直接改变其他国家的相关立法情况的先例，比如在 95 欧盟数据保护指令后，韩国、日本、阿根廷等七十多个国家参考该指令制定了有关数据保护的规定。①

一　我国企业需要重视《一般数据保护条例》的原因

《一般数据保护条例》（*General Data Protection Regulation*，以下简称“GDPR”）② 将于 2018 年 5 月 25 日正式代替 95 数据保护指令，开始在欧盟生效。与 95 数据保护指令要求欧盟各成员国自行制定符合指令要求的数据保护法不同，为了平衡数据在欧盟各国间跨境传输的保护等级，解决各国自行立法产生的冲突，GDPR 将作为欧盟法直接约束欧盟各成员国。为了让各成员国做好充分准备，GDPR 将在正式通过的两年以后实施。值得注意的是，尽管英国“脱欧”公投成功，正在准备“脱欧”相关事项过程中，但是英国仍然选择适用 GDPR。依据基本人权宪章的关于保护个人基本权利与自由的规定，GDPR 是在沿用 95 数据保护指令的许多条款的基础上，使数

① Christopher Kuner，“Regulation of Transborder Data Flows under Data Portection and Privacy Law：Past，Present，and Future”，*TILT Law & Technology Working Paper*，No. 016/2010，at 5.

② Commission Regulation 2016/679 of 27 April. 2016 on the Protection of Natural Persons with Regard to the Processing of Personal Data and on the Free Moverment of Such Data，and Repealing Directive 95/46/EC（*General Data Protection Regulation*），2016 O. J.（L 119）1（EU）. http：//eur-lex. europa. eu/legal-content/EN/TXT/PDF/？uri = CELEX：32016R0679&from = EN.

据主体享有一系列的新增的个人信息权,[①] 如被遗忘权、数据移植权等；同时，GDPR 还增加了进行个人信息处理的相关企业机构的义务，要求其履行保护数据主体个人信息权的责任，如不履行或履行失败则会受到十分严重的惩罚。

为应对两年后该条例的正式实施，我国企业在与欧盟进行经济活动时，应做好遵循欧盟的数据保护规定的准备。原因如下：首先，GDPR 在原有 95 数据保护指令的基础上全面扩大了数据保护的义务主体；其次，GDPR 制定了严厉的罚则来针对不履行或者违反数据保护的行为。

1. GDPR 的管辖范围

根据 GDPR 第 3 条第 1 款规定，GDPR 适用于在欧盟内设有常设机构进行个人数据处理，如企业机构等（不论是控制者还是处理者),[②] 且并不要求处理行为发生在欧盟内。也就是说，进行个人数据处理的企业机构只要是在欧盟任意一个成员国之内设立的“能通过稳定安排进行有效实际的行权活动”的常设机构（establishments),[③] 不管其对个人数据的处理活动是否在欧盟内部发生，也不论受处理的个人数据是否来自欧盟成员国内部，都需要受 GDPR 管辖。

第 3 条第 2 款规定则体现了“属人管辖”原则。即使进行个人数据处理的企业机构的常设机构并未设立在欧盟成员国境内，只要发生的个人数据处理行为符合该款规定的两种模式，企业就要受 GDPR 管辖。模式一是向欧盟成员国境内的数据主体提供商品或服务。GDPR 绪言 23 指出，只要这种商品或服务是以欧盟成员国当地的语言或货币提供的或通过欧盟当地的顶级域名提供，不论收费与否，都属于“提供”商品或服务。需要注意的是，仅仅提供网站访问功能并不属于前述绪言提到的“提供”商品或服务。模式二是监控欧盟内数据主体。绪言 24 规定，“监控”应当包括在网上追

① Art 4 (1). 数据主体是指已识别或可识别的自然人。

② Art 4 (7) - (8). 控制者是指能单独或联合决定个人数据的处理目的和方式的自然人、法人、公共机构、行政机关或其他非法人组织；处理者则是指为控制者处理个人数据的自然人、法人、公共机构、行政机关或其他非法人组织。

③ Article 29 Data Protection Working Party, Opinion 8/2010 on applicable law, adopted on 16 December 2010, at page 11.

踪欧盟公民（包括通过利用 Cookies 来追踪网民的网络位置等）或者通过信息处理技术对个人及其行为习惯和意见进行“画像”（比如预测个人行为或定位广告等）。属人管辖模式使得欧盟 GDPR 的管辖权范围超出了地理界限，基本可以认定为，只要企业处理欧盟居民的个人数据，就要受 GDPR 管辖。因此企业各种涉及欧盟成员国个人信息的经济活动都需要采取欧盟制定的个人数据保护标准，或者遵循企业所在国与欧盟制定的双边条约（如欧美隐私盾）。现阶段，由于中国与欧盟没有双边条约，希望加入欧盟市场的中国相关企业都要采用上述欧盟标准。①

2. 违反 GDPR 义务的罚则

根据 GDPR 第 83 条规定，各成员国内设立的数据保护机构（Data Protection Authorities，以下简称 DPAs）有权对不符合 GDPR 要求的安全合规性的企业处以行政罚金，② 其中一般违规行政罚款的上限是 1000 万欧元或该企业上一财年全球年度营业总额的 2% 的较高者。罚款一般适用于未能指派数据保护专员（Data Protection Officer）、未能保证处理记录、未能及时通告数据泄露等不合规行为。而严重违规行政罚款的上限则是 2000 万欧元或该企业上一财年全球年度营业总额的 4%（以较高者为准），适用于违反 GDPR 的核心条款，比如 6 项处理数据的基本原则的行为。进行上述两档处罚时，DPAs 将会考量违规的性质、严重程度和持续时间，违规是否是故意造成，被影响的个人数据种类，为了减轻损害而采取的行动、责任程度，与相关监管机构的合作程度等方面。同时，DPAs 还有权力进行调查和审计，或者强制禁止数据处理行为或暂停跨境数据传输行为等。值得注意的是，DPAs 的罚款并不具有排他性，也就是说一个成员国 DPA 的罚款行为并不会禁止其他成员国的 DPAs 继续对该企业机构进行处罚。通常情况下，进行数据跨境传输的企业会比较为达到保护个人数据的合规性投入和不合规的罚款，如果不合规被查处带来的罚款远远低于不合规带来的收益，企业很可能会选择缴纳罚款换取相应收益。但是，面对 GDPR 的高额罚款，“合规”似乎是我国企业的唯一出路。

① Art 3（2），recital 23 – 24.

② Art 83.

二　企业为符合 GDPR 的规定所应做的准备

对于数据超出欧盟成员国范围的传输，欧盟实际上实施了一般性禁止原则，除非第三国通过了欧盟的适当性保护评估，或能够为处理行为提供适当的保护措施，包括使用欧盟委员会授权的标准合同条款、企业集团制定符合 GDPR 要求的有约束力的企业规则（Binding Corporate Rules，以下简称 BCR）等。[①] 由此可知，对于中国企业来说，想要合法地进行个人数据处理活动，整体来讲只有两条出路：第一条是中国通过欧盟的适当性保护评估，加入“白名单”，第二条是企业能够为处理行为提供适当的保护措施。从企业自身的角度出发，自行主动达到“合规”要求并提供适当保护措施是最重要的手段。以下部分会着重分析企业为合规所应做出的准备。

为做到 GDPR 要求的“合规”，企业需要进行一系列自我审查和自我整改。必须要注意的是，相对于 95 数据保护指令，GDPR 一方面增加了数据主体的权利类别，另一方面为控制者和处理者施加了更多义务。为了合规，企业势必需要整体提高数据保护意识，促进相关先进技术的研发与应用（如促进匿名技术发展），建立符合 GDPR 标准的数据保护机制，并积极与欧盟的数据保护机构合作。具体而言分为以下四个方面。

1. 自我检查是否符合个人数据处理的相关原则

GDPR 第 5 条规定了企业机构处理个人数据的相关原则，如果一个企业机构不能够满足该条中规定的六个原则，并且不符合例外或减免情况的要求，那么该企业机构的处理行为就是违法的。[②] 第 5 条中规定的六个原则如下。第一，合法性、公平性和透明性。其中透明性是 GDPR 新增的，这就给了企业机构额外的合规负担，即企业机构需要在设计和实施数据处理活动中保证透明。[③] 第二，目的限制。要求个人数据的收集只能是为特定的、明确的、合法的目的。在实践中，很多企业机构都是先进行数据收集，再决

① Art 44.

② Art 5.

③ Recital 39.

定使用数据的目的。在 GDPR 原则要求下，这种数据收集方式显然已经违法。而且，以一种特定目的收集的数据不能为以一种新的矛盾的目的来使用，比如以订立保险合同为目的收集的数据不能被用来建立保险赔偿金额的数据库。[①] 第三，数据最小化。将数据体量限制在了达成目的之“必要”的范畴，确保了个人信息不会被过多收集。这项原则要求企业机构仔细检查数据处理操作中是否所有收集的数据都是“必要”的，一旦有额外非必要数据存在，则企业机构违法。[②] 第四，精确度。要求企业机构能够不断更新其收集的数据，确保数据准确，并且增加了时间限制，企业机构合理手段确保不准确的数据能够被“不拖延”地删除或改正。第五，存储限制。数据必须以可识别数据主体的形式存储，且存储时间不得长于处理数据的目的所需要的时间。这里需要留意的是 GDPR 并未对数据存储地进行限制，只是要求了存储的形式和时长。第六，确保数据安全。企业机构必须以确保数据安全的方式进行数据处理，这就要求企业不仅要加强技术保护以应对外界风险（比如黑客攻击），而且需要提高相关工作人员的数据保护意识和能力以应对内部风险（比如内部数据泄露）。GDPR 还设立了问责制，要求控制者负责，并能够证明其数据处理行为符合上文所述六项原则。[③] 因此，为了证明符合原则，企业机构可能需要进行大量的记录、对有风险的处理行为进行数据保护影响评估，并且适用设计（如利用匿名化技术）和默认（如数据最小化）的数据保护。

2. 检查处理数据是否具有合法依据

GDPR 第 6 条要求处理个人数据必须具有合法性，“合法”的依据可简单归为四类。[④] 第一，合同义务或合同履行条件。这要求数据主体是合同一方或者数据处理是数据主体在订立合同前的要求。前者如企业机构需要获得个人数据信用卡信息才能进行用户的支付行为，后者则如个人主动咨询货物细节情况，为了回答其问题，企业机构可以据此收集个人信息。需要注意的

① Recital 50.

② Recital 39.

③ Recital 85.

④ Art 6.

是，后者必须是由个人主动发起的要求，不能由企业机构先发起。[①]

第二，正当利益。这一种类又可详细分为三小类：为了保护数据主体或另一自然人生死攸关的利益；为了执行公共利益领域的任务；为了控制者或第三方的合法利益（此种利益不能践踏数据主体的利益、基本权利和自由）。还需要注意的是，数据主体可拒绝认可后两种妨害正当利益的情形存在，从而致使其无法处理个人信息。[②]

第三，遵守法律。这里提到的法定义务必须适用于企业机构且具有约束力，同时是由欧盟或者成员国国内法所规定的。这也就说明，仅仅是政府部门要求对企业机构所收集的个人数据进行访问，而没有法律依据，一般情况下企业机构不需理会。举例来说，美国执法机构要求苹果公司和微软交付用户数据的命令，在 GDPR 规定中就不属于这两家公司必须遵守的法律义务。

第四，数据主体“同意”。此种依据应用广泛，[③] 但征得数据主体“同意”并不容易。具体而言，首先，企业机构需要能够证明数据主体的“同意”。这种证明的要求势必会给企业机构增加花费和管理负担，因为企业机构需要通过保持更新相关记录等手段来进行“证明”。其次，数据主体的同意必须是自由做出的、特定的、知悉的并且是非模糊指出的。在考量“同意”是否是自由做出的时候，企业机构必须能够证明数据主体的同意是其真实的、自由的选择，并且企业机构应当尽量避免使数据主体的“同意”作为合同履行的条件。而且如果企业机构和数据主体之间存在明显的不平衡，则该“同意”就会被视作并非自由做出。[④] 企业机构还必须使数据主体知悉数据处理行为的范围、目的、后果及数据主体的相关权利等。“同意”必须是基于特定的处理，如果一次处理出现众多目的，则这种打包捆绑式“同意”不能被视作合法依据。再次，“同意”需要可以被撤回。如果企业机构不允许“同意”的撤回，那么这种“同意”也不能作为合法依据。[⑤] 最后，“同意”需要以清楚的、肯定的行为方式被给出，通过书面声明（包

---

① Recital 44.

② Recital 45 – 48.

③ Art 6 (1) (a), Art 7.

④ Recital 32, 43.

⑤ Recital 42, 65, art 7 (3).

含电子方式）或者口头声明都可以视作清楚肯定的行为方式。比如在访问网站时“勾选”（ticking a box），或者在 app 中选择技术设置（technical settings）等都属于清楚肯定的行为方式。而默许、预勾选、无法选择退出等行为不能视作“同意”。[①] 需要注意的是，对敏感信息的处理，则需要数据主体明确的（explicit）“同意”。

因此，公司企业需要检查所有的数据处理行为，确保每一项行为都有一个合法依据。如果是以正当利益为依据，企业机构则需要明确记录下来其对正当利益的评估，以确保这种正当利益不会给数据主体的自由权利造成不利影响。如果是以“同意”为依据，则企业机构需要检查更多的细节。因此，在检查正在实施的获取同意的机制的同时，企业机构最好直接根据 GDPR 要求重新构建新的获取“同意”的模式。

3. 检查并更新隐私权政策

GDPR 第 13 条和第 14 条规定了控制者需要在收集个人信息时向数据主体进行相应的信息告知。[②] 一般来说，这种告知在实践中以隐私权政策的形式出现，包括控制者的身份和联系方式、个人信息处理的目的等。这里用语必须要简洁、透明，方便人们理解。[③] 隐私权政策还应帮助数据主体知悉其所拥有的权利，比如访问权、撤销权、更正权、被遗忘权、限制处理权、数据移植权和拒绝权等。加强对数据主体的权利保护是 GDPR 的最重要的立法目标之一，可想而知，在实践中欧盟一定会严格执行。因此，检查并更新隐私权政策是企业机构必须完成的准备工作之一。

同时，企业机构也需要加强学习，理解数据主体的权利，有针对性地更新其隐私权政策，避免在实践中发生侵权行为，导致被处以罚款。首先，GDPR 中新增了被遗忘权，也就是数据主体有权要求控制者无拖延地删除其个人数据。[④] 以下四种情况中，数据主体有权利行使被遗忘权：就原始目的而言该数据已经属于不必要的存在；数据主体撤回同意；数据主体行使拒绝权；数据被非法处理或删除是为了遵守欧盟或其成员国法律。值得注意

① Recital 32.

② Art 13 - 14.

③ Art 12.

④ Art 17, recital 65 - 66, 68.

的是，如果控制者在数据主体提出被遗忘的请求之前，已经使其个人数据公开，则控制者需要采取合理手段，删除这些被公开的数据及其复制件。针对这一要求，企业机构还需要进行系统升级，以保证其有技术能力履行该删除职责。其次，新增的数据移植权则规定数据主体有权在数据控制者之间传输其个人数据（比如将个人账户信息从一个网络平台移植到另一个）。[①] 通常情况下，用户在使用网络服务时都需要进行个人账户注册，经过一段时间的熟悉和使用之后，用户就习惯了该种网络服务的功能与操作，在不断使用过程中，越来越多的个人信息也就被源源不断地提供给网络服务提供商。如果用户想要更换服务，选择新的网络平台，那么他还需要向新平台重新提供其个人信息，因此用户很难放弃已习惯的网络平台，而去选择相似功能的新网络平台。而数据移植权的加入则要求控制者要么提供一份以通常使用的机器可读形式存储的个人数据复件给数据主体，要么在数据主体的要求下直接将其个人数据传输给其他控制者。据此可知，企业机构又因此需要进行新系统技术和处理技术的研发升级，从而满足数据移植的要求。再次，GDPR 对数据主体的拒绝权也有新的规定，那就是必须至少在第一次与数据主体沟通时就知会数据主体其具有的拒绝权，并且拒绝权必须清晰地呈现出来，要与其他告知信息分开。[②] 这一点势必成为隐私权政策中的新增条款。最后，在访问权中，数据主体有权从企业机构处确认其个人数据是否正在被处理，并有权在该种情况下访问其个人数据和其他信息，比如处理的目的、信息将会被存储多久等。但是数据主体不可以通过实施其访问权给企业机构的知识产权保护带来负面影响，比如数据主体借机获取企业机构的商业秘密等。企业机构可以在出现以下三种情况时向数据主体收取合理的费用：访问要求重复；该要求是明显没有合理理由的；进一步要求复制件，其余数据主体的访问要求则需要免费回复。合理收费的规定避免了因为数据主体滥用访问权而造成企业机构不必要的损失。[③]

---

① Art 20，recital 68.

② Art 13 (2) (b)，14 (2) (c)，15 (1) (e)，21 (4).

③ Paul De Hert，Vagelis Papakonstantinous，The New General Data Protection Regulation：Still a Sound System for the Protection of Individuals? http://www.sciencedirect.com/science/article/pii/S0267364916300346.

4. 检查并更新现行数据处理行为机制

为了更好地保障数据主体的权利与自由，GDPR 同时也加强了数据控制者的负担和义务，这种负担与义务更重点体现在数据控制者的数据处理行为机制中。这也就要求企业机构在明晰 GDPR 中规定的义务的基础上，对现行数据处理行为机制进行检查，接下来再通过一系列改革措施保证新的数据处理行为机制有能力使企业履行 GDPR 施加的义务。

（1）记录处理行为、数据保护影响评估（data protection impact assessment）和事先咨询

GDPR 取消了在 95 数据保护指令第 18 条中要求的每个数据控制者都需要在处理任何个人数据之前通知 DPAs 的义务。代替这种旧式“处理—通知”模式的是 GDPR 中的记录处理行为、数据保护影响评估和事先咨询的要求，并辅以综合的设计和默认的数据保护要求。[①] 设计和默认的数据保护要求是新数据处理行为机制的根基，[②] 这个要求也是 GDPR 义务设置层面对 GDPR 数据保护原则的呼应。设计和默认的数据保护要求控制者必须确保不论是在准备还是实施新的数据处理产品或服务的阶段，都要确保其符合数据保护原则并且提供适当的保护措施。这也就是上文所述的，要求企业机构从始至终（从设计到实施阶段）都要加强技术和组织措施进步（如匿名措施应用、确保数据最小化等）。

以遵守这一原则为前提，企业机构还需要付出大量的人力、物力和财力进行一系列的整改。第一，记录处理行为，如果企业机构拥有 250 位以上的雇员，则需要保持内部的全部处理行为的记录，如果少于 250 位雇员则只需要保持对于有高风险的处理行为记录，比如处理特殊种类数据等。第 30 条对于记录的内容进行了详细的规定，企业机构还必须记录全部的数据泄露情况，不论泄露是否严重，都要记录泄露的影响和补救措施等。[③] 其实对于负有大量证明责任（证明“同意”，证明有合法依据等）的企业机构来说，越是详细、准确的记录就越有利。这也就暗示要求了企业机构需要审

---

① Art 30，recital 82，89.

② Art 26，recital 78.

③ Art 33（5）.

查内部处理行为，并且对记录不断保持更新。记录要求升级也需要企业机构源源不断地提供资源加以维持，这对企业机构的行政、组织、执行和内部审查能力都是一次考验。

第二，GDPR 还设置了数据保护影响评估和事先咨询的要求。企业机构需要对计划中的数据处理行为进行影响评估，尤其需要对极有可能对个人的权利和自由造成风险的利用新技术处理数据的行为进行影响评估。[①] 并且，如果影响评估显示当企业机构未采取有效措施减少风险且该处理行为将会面对高风险时，企业机构还需向 DPAs 进行事先咨询。[②] 尽管 GDPR 不再要求向 DPAs “处理—通知”，但是影响评估和咨询要求的加入事实上使企业机构背负更多责任。企业机构需要组织合适的资源（如法律和风险评估专家等）从新型数据处理方式的研发阶段就开始进行影响评估，用以减少潜在的、因不符合评估需要重复开发数据处理方式的损失。同时，企业机构的影响评估还需要尽量精准，因为企业机构需要自行决定是否向 DPAs 进行咨询。反之，如果评估结果出错，企业机构又未进行咨询，则其极可能面对来自 DPAs 的罚款处罚。

第三，如果企业机构有定期和系统的大规模数据主体监控行为，或者进行和刑事指控和犯罪有关的特殊种类数据处理，则必须引入数据保护职员（data protection officer）。[③] 数据保护职员可以是企业机构内部原本的职员，也可以是通过订立合同聘请外部的服务商人员。根据前文所述，企业机构承担着沉重的证明合规性的责任，因此，数据保护人员必须具有很强的职业经验，熟知数据保护法相关内容。为了减轻企业机构负担，GDPR 提出，一位数据保护人员可以同时为多家企业机构服务，需要注意的是，数据保护人员需独立开展工作。企业机构不能对数据保护人员下达指令，并且不得因数据保护人员执行任务对其解雇或进行刑事处罚。企业机构设立数据保护人员，其实是对企业内部的数据处理行为进行自我监管。数据保护人员还能够向企业机构提出实用建议，并帮助企业机构与 DPAs 联络合

① Art 35

② Art 36.

③ Art 37 – 39.

作。尽管可能需要进行专人专项培训或是为相关培训支付代价，但如果数据保护人员能够正确执行其应有职责，充分发挥其作用，其将会是确保企业机构合规、避免处罚的最重要一环。

（2）数据泄露通知规则

GDPR 首次实施了泛欧洲的数据泄露通知规则，在 95 数据保护指令的要求下，英国、丹麦、爱尔兰等国都只要求泄露通知在自愿基础上进行，即可以完全不通知 DPAs。在 GDPR 规定下，由于 DPAs 只有在知悉了数据泄露的情况之后，才能够采取适当的强制措施，企业机构要在其知道数据泄露的 72 小时之内不拖延地向 DPAs 通知数据泄露，除非数据泄露看起来并不会对数据主体的基本权利和自由造成不利影响。[①] 如果通知时间超过了 72 小时，则还需要向 DPAs 解释延迟原因。不仅如此，当数据泄露可能会给数据主体的基本权利和自由来很大的风险时，企业机构还必须不拖延地通知数据主体。根据第 33 条第 3 款要求，通知内容要包括数据泄露的描述（包括可能被影响的数据主体数量、被泄露的数据种类）；数据泄露可能造成的后果；控制者采取的补救措施和减缓泄露的措施等，都需要在 72 小时之内通知给 DPAs。企业需要在短短时间内对泄露进行初步的调查识别，进行影响评估并开始采取补救措施。企业机构在应对数据泄露通知的要求时将会承担十分沉重的压力。因此，首先，企业机构最好对其现有的数据泄露通知程序进行检查或重新制定。加强企业机构内部的相关措施制定，培训专人利用科技手段对数据泄露进行监控，并不断加强防范措施。其次，企业机构要制定数据泄露应对的基本措施，定期测试数据保护措施的有效性，提高员工的数据保护意识。最后，企业机构最好提前准备数据泄露通知的模板，一旦出现泄露需要通知时，利用模板不但可以确保通知内容完整全面，还能够提高速度。

（3）对企业机构的反应时间要求

GDPR 对企业机构遇到数据主体的请求或数据泄露等情况的反应时间做出了要求。根据第 12 条第 3、4 款要求，在接收到数据主体根据其权利所提出的要求时（比如要求数据移植、数据访问或者拒绝数据处理行为等），控

---

① Art 33.

制者应当在1个月之内提供与数据主体要求的权利相关的信息。考虑到要求的复杂性和数量，在必要的时候，可以将期限再延长两个月。[①] 这也要求企业机构需要制定应对措施来积极回应数据主体的要求，否则数据主体有权向 DPAs 进行投诉，企业将会面临罚款。

三 其他方案

1. GDPR 提供的应对方案

正如前文所述，中国的企业机构想要合法地与欧盟进行个人数据跨境传输活动必须要以其自身主动合规作为最重要的手段。而欧盟实际上也分别针对国家或地区整体提供了适当性保护评估——白名单；[②] 同时欧盟还提供了可以被视作为企业机构准备的适当的几项保护措施方案，包括使用欧盟委员会授权的标准合同条款、企业集团制定符合 GDPR 要求的 BCR 或者 GDPR 批准通过的认证机制等。[③]

就第三国通过欧盟委员会的适当性保护评估（加入白名单）而言，根据目前95数据保护指令，全世界范围内只有11个国家或地区成功获得欧盟委员会认证，被列入欧盟数据传输白名单。[④] 值得注意的是 GDPR 对评估一国或地区是否具有保护“适当性”提出了更为广泛和细致的要求，包括审查该国对于人权和基本自由的法治和法律保护、公共机构对于被传输的数据的访问情况、是否具有与 DPAs 作用类似的机构存在并有效运行、关于保护个人数据的国际承诺和其他义务等。[⑤] 新的审查要求也就意味着原来白名单上的11个国家也需要在2018年 GDPR 开始实施时重新接受评估。同时 GDPR 还增加了对适当性的定期复核的要求（至少四年一次）。对于不再能确保适当性保护的第三国，欧盟委员会可以采取撤回、修改或者暂停等手段对其进行制裁。[⑥]

---

① Art 12 (3) (4).

② Art 45.

③ Art 46 – 47.

④ Commission decision on the adequacy of the protection of personal data in third countries, [EB/OL]. http://ec. europa. eu/justice/data-protection/international-transfers/adequacy/index_ en. htm

⑤ Art 45, recital 104.

⑥ Art 45 (3) – (5), recital 106 – 107.

与以前不同，即便加入白名单，也并非一劳永逸。企业机构在这方面能做的并不多，但是却是企业机构寻求欧盟框架下数据保护合规的不可或缺的途径之一——依靠国家政府力量，依靠法治力量。一旦我国对个人数据保护受到欧盟认可，则我国的相关企业机构都可据此获利，从而节省大量资源。

在欧盟提供的几种合规方案中，首先，也是最受关注的要属适用于跨国公司企业内部数据传输的 BCR。根据第 4 条第 20 款的定义，BCR 是指在欧盟成员国设立机构的企业或事业集团进行联合经济活动时，个人数据被传输至第三方国家时必须遵守的个人数据保护政策。这个定义对 BCR 的适用提出了两个要求，一是企业事业集团必须在成员国内设有机构；二是企业事业集团必须是跨国的，数据需要在企业内部流通。根据绪言 108 的要求，BCR 是否合规还需要经过 DPAs 的批准，一旦 BCR 通过，根据其要求进行的跨国公司企业内部数据传输则需再进一步审核（比如由 DPA 进一步批准）。由此可以看出 BCR 旨在避免更多的行政步骤，减少行政花销和压力。但是在过去的实践中，使 BCR 获得授权这一步骤则变成了耗时久、花费多的行为。举例来说，根据英国 ICO（Information Commissioner's Office）提供的资料，英国的 DPA 对一份 BCR 进行审查并批准需要的平均时长大概是 12 个月。[①] 同样地，咨询相关专家并制定合规的 BCR 还需要一定费用，这样看起来 BCR 设立的目的似乎并未达成。但是，GDPR 直接规定，只要一个成员国的 DPA 通过了 BCR，那么该 BCR 就获得了欧盟全境的批准，因此，其将仍旧是在各欧盟成员国内设立机构的跨国公司进行内部数据传输的首选。[②] 其次，企业机构还可以通过适用经委员会批准的标准合同条款来进行数据跨境传输，这类传输不再需要经过 DPAs 的进一步批准。[③] 同时 GDPR 为成员国提供了新的国家替代选择——DPA 标准合同条款，也就是说经过 DPA 正式通过的、符合 GDPR 要求的标准合同条款也可以作为企业进行跨境数据传输的基础。[④]

---

① https://ico.org.uk/for-organisations/guide-to-data-protection/binding-corporate-rules/.

② Bianka Makso, Exporting the Policy-International Data Transfer and the Role of Binding Corporate Rules for Ensuring Adequate Safeguards, Pecs j. Int'l Eur. L. 79 (2016).

③ Art 46 (2) (c), Art 57 (1) (j), recital 108 - 109.

④ Art 46 (2) (d), Art 64 (1) (d), recital 108 - 109.

2. 欧美隐私盾

另一种保障企业机构与欧盟进行数据传输的合法手段是通过与欧盟签订协议，比如欧美之前的安全港框架协议和现在的隐私盾协议。欧盟法院在 Schrems 案件中裁定欧美的安全港框架协议无效，并指责美国缺乏对于欧盟居民的司法救济，且政府对个人数据实施了大量的监控行为。欧美之间的数据传输需求巨大，美国因此只能继续对欧盟采取让步措施，迅速出台了欧美隐私盾协议用以代替安全港框架协议。[①] 首先，欧美隐私盾限制了美国政府以国家安全为目的对传输至美国的欧盟个人数据的获取，隐私盾将"国家安全"这种宽泛的目的限制为六个具体目的：针对间谍威胁的探测和反恐措施、恐怖主义、大规模杀伤性武器、对武装部队的威胁或跨国犯罪的威胁。[②] 其次，美国收集数据要依据必要原则，符合数据最小化原则，还要在数据没有保留的必要时将数据删除。再次，欧美需要每年对隐私盾协议的运行进行联合审核，审核内容包括美国因国家安全目的进行的数据获取行为。隐私盾还对欧盟法院指责的司法救济进行了规定。比如国务卿承诺在国务院内部成立独立于美国国家安全部门的隐私监察使（Ombudsperson），监察使有权利独立处理欧洲公民对美国政府是否基于合理的国家安全目的对其个人数据进行获取的申诉。最后，美国企业要免费向欧洲公民提供替代性纠纷解决方案，并且欧盟公民可以通过其本国的 DPA 将申诉移交给商务部或联邦贸易委员会。隐私盾还对企业设置了更沉重、更严格的义务，要求其必须遵守隐私盾协议规定，提供给欧盟公民救济，并且根据"责任转移原则"，当名单内企业将个人数据传输给第三方时需要签订合同，确保这些个人数据会受到至少同等水平的保护措施的保护，并且将被以有限且特定的用途使用。[③]

尽管欧美的隐私盾变得愈发严格，看似为保护欧盟公民个人信息进行

---

① European Commission Press Release IP/16/216，EU Commission and United States Agree on a New Framework for Transatlantic Data Flows：EU-US Privacy Shield 1（Feb. 2，2016）.

② DEPT. HOMELAND SEC.，IA－1002，Safeguard Personal Information Collected From Signals Intelligence Activities 3（2014）.

③ Allison Callahan-Slaughter，Lipstick on a Pig：The Future of Transnational Data Flow Between the EU and the United States，25 Tul. J. Int'l & Comp. L. 239（2016－2017）.

了极其严苛的规定，但是仍然为美国获取数据留有很大发挥余地和空间。比如欧盟公民可以通过美国的隐私法案在其个人数据在基于刑事或恐怖主义的调查中被错误处理时获取救济，[①] 但是根据修正案要求，隐私法案只能惠及那些被司法部长认定的允许商业数据传输至美国并且没有实质上妨碍国家安全利益的国家。[②] 毫无疑问的是，美国企业仍可以在隐私盾协议下进行大量的数据传输，获取大量利益。这种双边条约也是我国可以选择并应当竭力争取的出路之一。

四　企业面临的困境及解决

根据前文即可看出，为了符合 GDPR 的各种要求，第一，企业机构需要对与数据处理相关的行为进行彻底的检查。这种合规性检查应涵盖企业机构进行数据处理的任意阶段，这就要求企业机构需要整体提高数据保护意识，加强员工培训。第二，由于 GDPR 所赋予数据主体的个人信息权利逐渐增多，保护力度也逐渐加强，为了应对数据主体的请求，企业机构还需要制定适当的“反应”机制，确保在规定时间内完成数据主体的请求。第三，企业机构还需要不断促进科技进步，加强匿名化等技术的发展，预防并减少数据泄露等危及数据主体权利和自由的情况的发生。第四，企业机构需要建立适当的、合规的数据保护机制，还需要对其进行定期审查，设立数据保护影响评估机制。第五，企业需要积极与欧盟的 DPAs 进行合作沟通。这一系列要求都意味着企业需要投入大量的人力、物力、财力，根据美国的数据表明，一份综合完整的 GDPR 框架下数据安全评估和审查可能需要花费 48000 美金，对于中小规模的中国企业来说，如此高昂的花费使得安全评估并无操作性。缺少相关技术、缺少数据保护方面人才、缺乏数据保护意识，这都将导致中国企业在欧盟主导的涉及个人数据跨境传输业务的市场因为“不合规”而失利。

为了应对 GDPR 带来的挑战，首先我国政府必须走在企业前面。从 GD-

① Judicial Redress Act of 2015 § 2, 5 U. S. C. § 522a note (2016).

② Kate Bo Williams, Last-Minute Change to Privacy Bill Adds tension to US-EU Talks, Hill, http://thehill. com/policy/cybersecurity/267401-last-minute-change-to-privacy-bill-adds-tension-to-us-eu-negotiations.

PR 可知，隶属数据跨境传输白名单的国家将会在与欧盟进行跨境数据传输的行动中占据巨大优势。根据白名单提出的适当性保护要求可知，个人数据保护法律体系和法律实施是 GDPR 考量的重点。我国刚刚实施的《网络安全法》中已经明确了网络产品、服务的提供者或网络运营者收集个人信息应当向用户明示并获得同意，[①] 还要求网络运营者建立和健全用户信息保护制度，并不得泄露、篡改、毁损其收集的个人信息。[②]《个人信息和重要数据出境安全评估办法》（征求意见稿）也确认了个人信息出境需要向信息主体说明出境目的、范围、内容、接收方等信息并要获得其同意，[③] 并且规定了由政府组织指导行业主管或监管部门进行数据出境安全的评估。这说明我国在保护个人信息安全方面正通过直接立法对国内相关企业收集处理个人信息的行为进行管控。尽管政府参与评估等行为可能会被欧盟视为与美国一样的政府侵犯个人数据保护权利的行为，但是不能否认的是，在整个世界都处于恐怖主义等威胁下的当今时代，政府进行适当监控是保护国家安全的重要手段。欧盟自身的 GDPR 是无法阻止这一整体趋势的，甚至连法国宪法委员会都于 2015 年通过了《爱国者法案》，即允许情报机构可以不经司法允许进行窃听电话和邮件。[④] 因此，我国也需要在保护国家安全的基础上继续加强对个人信息的相关立法保护，同时加强政府层面与欧盟就个人数据保护方式和程度的理解和沟通，争取实现双方个人数据保护立法的互相认可，从而争取进入欧盟个人数据传输的白名单或者与欧盟签订与欧美隐私盾类似的协议。

其次则是行业内部的协调合作。在相关企业都将面对来自欧盟的个人信息保护的冲击时，单打独斗行为都是不理智的，庞大的支出对中小型企业来说是无法独自承受的负担。而整合行业内部力量，集合各个企业的力量，进行集体培训，提高整个行业的个人信息保护意识，整体建立有效地适应欧盟乃至世界范围内新法规发展的行业准则可缓解这一情况。

---

① 《网络安全法》第 22 条、第 41 条。

② 《网络安全法》第 40 条、第 42 条。

③ 《个人信息和重要数据出境安全评估办法》（征求意见稿）第 4 条。

④ Kristen Fiedler, French Constitutional Council Approves Sweeping Surveillance, https://edri.org/french-constitutional-council-approves-sweeping-surveillance-powers/.

美国科技创新的法律保障机制

周学峰*

美国在科技创新领域所取得的成就是举世瞩目的，这些成就的取得与美国政府多年来所一贯推行的法律保障机制是分不开的。科技创新离不开三大要素，即新技术的转化应用、风险资本的投入、创新人才的培养与流动，本文将大致从这三个方面分别阐述其法律保障机制。

一　科技创新的基本制度

"创新"（innovation）不同于"创造"（creation）或"发明"（invention）。2004年，美国国家竞争力委员会在向政府提交的《创新美国》计划中将"创新"定义为：将一项新思想或新技术转化为能够创造新的价值、驱动经济增长和提高生活标准的新的产品、新的过程与方法和新的服务。因此，与制造业相关的创新可划分为三个阶段：基础科学研究、商业应用以及连接两者之间的技术转化。

因基础科学研究具有较强的知识外溢效应和公共产品的属性，所以一直受到美国联邦政府的资助。一项基础科研成果往往具有较广的应用前景，多种行业都会从中受益，从而具有强大的社会价值，与此同时，也意味着，任何一个从事基础科学研究的企业或机构都无法获取其科研成果的全部收益，尽管其有可能承担了该项科研的全部成本。另外，基础研究往往需要投入较高的成本、较长的时间周期，同时面临较大的不确定性和失败的风险，因此，私营机构往往不愿意独自承担成本或风险去从事一项基础研究，

---

* 周学峰，北京航空航天大学法学院教授，法学博士。

所以需要政府对基础研究进行资助。长期以来，美国联邦政府和联邦政府的各部门一直通过设立联邦实验室、政府采购等多种形式对基础研究进行资助，其中，以国防部的资助最为突出。例如，我们目前所使用的计算机和互联网都是由美国国防部资助的科研计划成果转化而来的。[①]

对于技术转化，人们越来越认识到其同样存在不确定性和风险，并且在技术转让和转化环节，有可能存在高昂的交易成本。因此，近年来，美国联邦政府促进科技创新的一个重要方面就是重视科技成果的转化，其通过知识产权归属安排、公私合作模式、政府资助等多种措施促进“政产学研”相结合，给予科研机构和企业进行科技成果商业转化以激励，并努力降低技术转化中的交易成本。

对于商业竞争领域的研发，其性质属于市场行为，应当由企业来完成，政府不宜直接介入，但是，联邦政府可以通过界定和保护知识产权、减免税收、提供融资担保等手段予以鼓励和支持。[②]

（一）美国联邦科技创新政策的变迁

美国联邦政府在二战后的科技创新政策大致形成于 1945 年至 1950 年，随着美国进入与苏联的冷战时期，美国联邦政府加大了对科研的投入，其最主要的投入对象是基础研究（特别是生物医学）和国防科技，其中，后者明显占据较大比例。在 20 世纪 50 年代后期，与国防相关的科研投入占据美国联邦政府支出的科研投入的 80%。[③] 而对于商业用途的科技研发，联邦政府则很少关注，由此导致的后果是科技成果的商业转化率很低，美国制造业应用新技术的速度很缓慢。

20 世纪 80 年代，美国联邦政府的科技创新政策经历了重大转变，这一转变趋势在冷战结束后表现得更为明显。首先，联邦政府的科研开发经费支出下降，特别是与国防有关的科研经费出现明显下降；其次，联邦政府

---

① 参见史考特·麦康森《分裂的网络》，王宝翔译，台湾新乐园出版社，2016。

② 对于税收激励等措施，本文将在“产业政策”一节予以论述。

③ David C. Mowery, *The U. S. National Innovation System*: *Recent Developments in Structure and Knowledge Flows*, (Prepared for the OECD meeting on “National Innovation Systems,” October 3, 1996).

的重点科研资助对象从原来的军用技术转向军民两用技术；最后，联邦政府通过一系列法律和政策，促进科技成果的商业化应用，科技政策的重点逐渐从重研发转向重转化。

（二）美国的知识产权制度

1. 美国的知识产权保护传统

美国在科学技术领域的进步是与其长期以来一贯坚持的知识产权保护制度密切相关的。美国自国家成立之初就非常重视对知识产权的保护，1787年的联邦《宪法》第1条第8款第8项明确规定，国会“为了促进科学和实用技术的发展，保障作者和发明者在有限的期间内就他们各自的作品和发现享有专有权利。”[①] 美国将知识产权的保护提升到宪法层面，这在世界各国法律中都是少见的，足以反映美国政府对知识产权的重视程度。

美国国会基于《宪法》的授权，于1790年就制定了《版权法》和《专利法》，后来又制定了《商标法》以及其他法规。美国各州在普通法的基础之上逐步建立起了反不正当竞争法的规则和保护商业秘密的法律制度。

美国联邦政府不仅在立法上重视知识产权保护，而且在司法上亦非常重视。1982年美国国会通过《联邦法院改革法案》，建立了“联邦巡回上诉法院”，专门受理专利上诉案件，从而统一了专利案件的审理标准，这对于维护专利权而言，具有重要意义。由于知识成果是一种无形财产，其权利人无法像物权人那样通过物理占有的方式来保护自己的知识财产，因此，知识产权是一种靠法律手段来维系的财产权，其中最重要的维护手段就是司法诉讼。这样一来，法院就成为美国知识产权人维权的最重要的场所。在美国的司法体制下，侵犯知识产权的损害赔偿数额可以由陪审团来裁定，因此，其数额存在一定的不确定性，有时这一数额会惊人的高。

2. 20世纪70年代以来美国政府对知识产权保护的强化

尽管存在许多争议，但从整体上看，自20世纪70年代以来，美国对知识产权的保护一直在强化。美国国会于1976年通过法案对版权法进行修订，对

---

① 英文原文：“To promote the progress of science and useful arts, by securing for limited times to authors and inventors the exclusive right to their respective writings and discoveries”。

于版权的保护期予以延长。1998 年，美国通过了《版权期限延长法案》，对于版权保护期限再次予以延长，例如，自然人作者的版权保护期从原来的作者有生之年加 50 年改为作者有生之年加 70 年；隐名作品、匿名作品及职务作品的版权保护期限为作品完成之日起 120 年或首次发表之日起 95 年，以先到期者为准；在 1978 年以前已发表或已登记的作品，只要在 28 年版权保护期限届满后进行有效续展的，最长可以获得 95 年的保护。根据上述法案的规定，大量即将版权到期的作品得以继续受到版权法案的保护。① 同年颁布的《数字千禧年版权法案》（*Digital Millennium Copyright Act*），还首次将侵犯版权纳入刑事法律的保护范畴，并确立了入罪标准。

另外，依照美国的《专利法》，专利权人的权利在很长时期内仅限于对其发明专利的制造、使用和销售三项专有权利，但是，美国国会于 1984 年对《专利法》进行了修订，增加了对方法专利进口权的保护；1994 年 10 月又修订法律，增加了产品专利的进口权，以及有关许诺销售的规定，通过上述立法修订，专利权人的权利范围在不断扩张。② 从司法的角度来看，法院所判处的知识产权侵权案件中的损害赔偿数额在不断攀升和刷新纪录。

美国立法机构和政府不断加强对知识产权的保护是有其深刻原因的。自 20 世纪 70 年代后期以来，美国的制造业开始向海外转移，本土的制造产业呈现不断衰退的迹象，在此背景下，美国政府认为科技上领先是美国保持国际竞争优势的核心，因此，美国不仅通过国内法加强对知识产权的保护，在国际上亦是推行知识产权保护战略，将保护知识产权作为国际贸易谈判和双边谈判的重点内容。其中，最为突出的成果就是，在美国的极力主张之下，通过世界贸易组织的乌拉圭回合的谈判，促成了《与贸易有关的知识产权协议》（TRIPS 协议）的通过，将知识产权保护纳入世界贸易组织协议框架内，并且其中有许多规则都是在美国主导下确定的。近二十年来，美国在与中国的双边贸易谈判中，几乎每次都会提及加强知识产权保护的议题。又如，在美国主导拟定的跨太平洋伙伴关系协定（TPP 协定）

① 例如，依照 1998 年之前的美国版权法，美国迪斯尼公司的“米老鼠”版权将于 2003 年失去版权保护而进入公共领域，但是，在 1998 年的修订法案通过后，其版权得以延长 20 年。

② 李明德：《美国知识产权法》，法律出版社，2014，第 87 页。

中，知识产权保护亦是其中的一项重要内容。

3. 美国法上的“337 条款调查”

从美国国内法的角度来看，“337 条款调查”是美国针对侵犯美国企业知识产权的外国进口货物进行管制的重要手段，也是美国政府所采取的一种贸易保护工具。“337 条款”又称为“不公平贸易行为条款”，是美国 1930 年《关税法》第 337 条的简称，主要规范的是美国国际贸易委员会（ITC）对进口贸易中的不公平行为进行调查的行为。该条款始于 1922 年《关税法》第 316 条，成名于 1930 年《关税法》的 337 节，历经 1974 年《贸易法》、1979 年《贸易协定法》、1988 年《综合贸易与竞争法》和 1994 年《贸易法》的不断修改与完善，从实体到程序，其内容越来越丰富，主旨也越来越明确，其不仅构成知识产权侵权救济的一个有力平台，更变相成为美国产业在国际经济竞争中的一种保护策略。

4. 美国国内关于知识产权保护的争论与发展动向

知识产权本质上是一种专有权或垄断权，其在发挥激励创新作用的同时，在某些方面亦会与自由竞争的观念相冲突。因此，知识产权立法需要体现一种平衡的艺术，并应随技术的进步和时代的变迁，不断对相关法律规则进行调整。对此，美国联邦最高法院在 1984 年的“索尼”案中进行了阐释：

> 国会可以授予的垄断特权既不是无限的，也不是用来提供某种特殊的个人利益。相反，有限的授权只是一种手段，通过它可以达到重要的公共目的。这就是用来提供某种特殊回报的方式，鼓励作者和发明者从事创造性活动，并且在有限的专用期限届满后，允许公众利用他们的智力成果……
>
> ……这项任务涉及了复杂的平衡，即一方面是作者和发明者的利益，让他们控制和利用作品和发明，另一方面是社会竞争的利益，让思想观念、信息和商业自由流动，我们的专利法和版权法才不断被修订。①

---

① Sony Corp. of Am. v. Universal City Studios, Inc. 464 U. S. 417 (1984).

上述“索尼”案是20世纪80年代家庭录像机发明后，美国的传统媒体产业对这一新技术和新产品的出现而提起的侵权诉讼，美国联邦最高法院在这个案例中确立了“实质性非侵权用途”规则，即后来所谓的“技术中立原则”，其限制了版权人的知识产权，从而保障了新录像技术的应用。

随着互联网时代的到来，新技术、新业态的兴起，传统的知识产权保护制度面临着诸多挑战，许多学者和新兴产业人士呼吁对知识产权制度进行改革，以适应新时代创新的需要。例如，当美国国会于1998年通过《版权期限延长法案》后，曾有人对此提起违宪诉讼，请求法院宣告其违反宪法，该案件一直诉至联邦最高法院，但最终被最高法院驳回。

知识产权制度最初是一项鼓励创新的法律制度，然而，自20世纪末以来，随着该制度不断被强化实施，其具有的抑制市场创新的一面日益明显地呈现出来。企业间知识产权诉讼日趋激烈、索赔金额翻倍增长，知识产权日渐成为大企业抑制竞争的壁垒，许多美国企业不再靠技术创新赢得市场竞争，而是依赖雇用律师提起知识产权诉讼来压制竞争对手。为了避免诉讼威胁，一些科技企业开始大规模地主动收购、囤积专利技术，并将其作为一项防御或攻击他人的策略。2011年，苹果公司和谷歌公司花费在专利诉讼和专利收购方面的费用已超过其在新产品方面的研发费用。据谷歌公司自己披露，其花费125亿美元收购摩托罗拉，在很大程度上是为了获得其专利并使自身免受专利诉讼的骚扰。①

尤其值得警惕的是，在美国出现了一批专门从事申请和收购专利的公司，其本身既不从事科技研发，也不从事生产制造，更没有开发利用专利技术的意图，其收购专利的唯一目的就是寻找侵权对象，然后对其提起侵犯知识产权的损害赔偿诉讼或以提起诉讼相威胁，通过获取法院判决的损害赔偿金或与被告达成的和解赔偿金作为牟利手段。② 此种职业专利索赔机

① “The President’s National Economic Council, Council of Economic Advisers and Office of Science and Technology Policy,” *Patent Assertion and U. S. Innovation*, June 4, 2013.

② 此类公司在民间亦被称为“专利诱饵”（patent trolls）、“专利蟑螂”或“专利流氓”，参见孙远钊《专利诉讼“蟑螂”为患：美国应对专利蟑螂的研究分析与动向》，《法治研究》2014年第1期。

构（Patent Assertion Entities）的恶劣行径已引起美国多家科技企业的集体反对。2013 年 6 月，美国总统的经济事务顾问、国家经济委员会、科学与技术政策办公室共同向美国总统提交了《专利索赔与美国创新》的报告，对职业专利索赔行径提出批评，并指出职业专利索赔机构滥用知识产权保护的法律制度将会威胁到美国各行业及相关企业的创新。[①]

知识产权滥用的另一表现领域是专利权与标准的结合。当一项专利技术成为某项标准的必要组成部分、专利权人滥用专利许可权时，就会导致垄断和不公平交易行为的发生。因知识产权滥用而遭受损害最大的是那些新成立的创新企业。据一些研究表明，新成立的创新企业在成长过程中，面临的一项重要风险就是知识产权诉讼，许多企业因为难以承受诉讼之累而被迫关闭。

对于上述现象，美国政府已有所察觉。美国国会在制定《美国发明法》（2011）时，对专利侵权诉讼制度进行了改革，增加了提起专利侵权诉讼的难度。近年来，美国司法机构在处理专利侵权诉讼时，亦提高了原告申请禁令的难度，另外，从美国联邦最高法院新近公布的韩国三星公司与美国苹果公司之间的外观设计专利侵权诉讼来看，法院对于侵权损害赔偿额的计算亦采取了适当克制的态度。[②] 为了防止标准必要技术的专利权人滥用其专利权，美国的监管机构和法院在实践中发展出了“FRAND”原则，即当某项专利技术被考虑用于制定某项标准时，只有当专利权人同意以“公平、合理、非歧视”的条件许可他人使用其专利时，才可将该项专利技术纳入标准中。当然，在实践中，围绕着标准必要专利的许可条件是否符合“公平、合理、非歧视”的要求，存在大量的争议。[③] 另外，针对其他公司的并购专利行为，还有可能引发美国的反垄断审查，联邦贸易委员会和司法部对于那些有可能构成垄断、限制竞争的并购行为会展开调查。

---

① The President's National Economic Council, Council of Economic Advisers and Office of Science and Technology Policy, *Patent Assertion and U. S. Innovation* (June 4, 2013).

② Samsung Electronics CO., LTD., ET AL. v. Apple INC, United States Supreme Court, Decided: December 6, 2016.

③ 例如，在手机领域，围绕着标准必要专利许可使用费问题以及专利收购问题，美国的苹果、谷歌和摩托罗拉公司之间发生了激烈的争议。

（三）美国关于促进科技成果转化的法律制度

1. 美国自20世纪80年代以来关于科技创新的主要法案

许多科技发明、发现都是在联邦实验室、大学和其他科研机构完成的，而对这些科技成果的应用则主要是由一些私营企业来完成的，因此，科技成果的转让或转化需要联邦政府、科研机构、企业和相关个人之间的通力合作。然而，在20世纪80年代之前，联邦政府的科技政策和法律制度对科技研发和成果转让的规定是断裂的。20世纪80年代美国的科技政策与法律制度发生了重大转变，从而对科技创新和科技成果转化产生了积极的、促进的影响，直至今日仍在发挥作用。这种政策转变的标志是1980年《史蒂文森－怀德勒技术创新法案》（*Stevenson-Wydler Technology Innovation Act*）和《拜都法案》（*Bayh-Dole Act*）的颁布。[①] 随后，美国国会又在这两部法案的基础之上颁布了一系列促进科技成果转化的法案。自20世纪80年代以来，美国关于促进科技成果转化的主要法案如下。

1980年《史蒂文森－怀德勒技术创新法案》（*Stevenson-Wydler Technology Innovation Act*）

1980年《拜都法案》（*Bayh-Dole Act*）

1982年《小企业创新发展法案》（*The Small Business Innovation Development Act*）

1984年《合作研究法案》（*National Cooperative Research Act*）

1986年《联邦技术转让法案》（*Federal Technology Transfer Act*）

1988年《综合贸易和竞争法案》（*Omnibus Trade and Competitiveness Act*）[②]

1988年《国家科技信息法》（*National Technical Information Act*）

1989年《国家竞争性技术转让法》（*National Competitiveness Technology

---

① *Stevenson-Wydler Technology Innovation Act*（15 *U. S. C.* 3701 － 3714）；*Bayh-Dole Act*（35 *U. S. C.* 200 －211，301 －307）.

② 该法案将“国家标准局”（National Bureau of Standards）升格和改名为“国家标准与技术研究院”（National Institute of Standards and Technoloby），并赋予其提高美国工业竞争力的使命，并创建了“先进技术项目”（Advance Technology Program），以帮助企业创造和应用先进技术，实现技术成果的转化。

Transfer Act）

1990 年《国防授权法案》（*National Defense Authorization Act for Fiscal Year*）

1991 年《国防授权法案》（*National Defense Authorization Act for Fiscal Year*）

1992 年《国防授权法案》（*National Defense Authorization Act for Fiscal Year*）

1991 年《美国技术卓越法案》（*American Technology Preeminence Act*）

1992 年《小企业技术转让法案》（*The Small Business Technology Transfer Act*）

1992 年《小企业研发增强法》（*The Small Business Research and Development Enhancement Act*）

1992 年《国防工业改造、再投资和转向援助法案》（*Defense Conversion, Reinvestment, and Transition Assistance Act*）

1995 年《国家技术转让和进步法案》（*National Technology Transfer and Advancement Act*）

1997 年《联邦技术转让商业化法案》（*Federal Technology Transfer Commercialization Act*）

2000 年《技术转让商业化法案》（*Technology Transfer Commercialization Act*）

2000 年《小企业创新研究项目再授权法案》（*The Small Business Innovation Research Program Reauthorization Act*）

2007 年《美国竞争力法案》（*The America Creating Opportunities to Meaningfully Promote Excellence in Technology, Education, and Science Act*，简称 America COMPETES Act）

2010 年《美国竞争力再授权法案》（*America COMPETES Reauthorization Act*）

2014 年《振兴美国制造业与创新法案》（*Revitalize American Manufacturing and Innovation Act*）

2015 年《美国竞争力再授权法案》（*America COMPETES Reauthorization Act*）

2. 技术转让与转化制度的典范：《史蒂文森－怀德勒技术创新法案》

在《史蒂文森－怀德勒技术创新法案》颁布之前，对于联邦实验室等科研机构而言，其主要任务就是从事科学研究，而研究成果的转让或转化只是随带从事的事项，而《史蒂文森－怀德勒技术创新法案》第 11 条则明确规定：联邦政府有责任确保联邦政府资助的科研成果能够得到充分利用，为此，联邦政府应当采取适当的方式努力将联邦政府所拥有的或创造的技术转让给州政府、地方政府和私营企业；每一个联邦实验室和相关人员都有责任将技术转让作为其任务的一部分；每一个联邦实验室的主任都应采取措施以将技术转让任务作为岗位职责描述、职员提升和科技人员考核的重要参考指标之一；每一个联邦实验室都应该设立专门负责技术转让的“研究与技术应用办公室”，凡研究员在 200 名以上的实验室都应至少配备一名以上的专门人员，负责技术转让事项；负责管理或指导联邦实验室的联邦政府部门在分配研究资金时，应当为技术转让事项预留和拨付专门的经费。①

1986 年美国国会又颁布了《联邦技术转让法》，对 1980 年《史蒂文森－怀德勒技术创新法案》进行了修订，创建了“联邦实验室技术转让联盟”，并创设了合作研发机制。② 联邦实验室技术转让联盟的主要作用在于：收集和传播有关联邦技术转让的信息；便利各个联邦实验室的研究与技术应用，办公室之间就技术转让信息进行交流；为联邦实验室与潜在的技术受让企业牵线搭桥；为实验室、联邦政府机构就技术转让事项提供咨询、培训服务。该法案授权联邦政府管理的实验室可以与其他联邦政府部门、州和地方政府部门、工业组织、公共的和私人基金、其他非营利团体等组织签订合作研发协议和知识产权许可协议，依据这些协议，联邦实验室可以授权许可合作企业使用其专利技术，亦可以在协议中事先约定，联邦实验室或其工作人员放弃对科研成果申请专利的权利或将申请专利的权利转让给合作企业，但可要求以获得免费许可为放弃或转让的条件。③

《史蒂文森－怀德勒技术创新法案》还规定了对技术专家的激励方案，

---

① 15 U. S. C. 3710.

② *Federal Technology Transfer Act.*

③ 15 U. S. C. 3710a.

依照当前的规定，联邦政府因对外转让或许可他人使用联邦专利技术而获得转让费或许可使用费，应按以下方式进行分配：应向该技术的发明者支付 2000 美元，然后每年向其支付技术转让费或专利许可费 15% 以上的报酬；对于那些并非发明者但对技术发明也做出了实质性贡献的人也可以给予适当的奖励；剩余部分则应发放给做出技术发明的实验室，用于对科研人员的奖励、培训和实验室的建设。①

3. 以产权归属促进科技成果转化的制度典范：《拜都法案》

(1)《拜都法案》的制度背景

在 20 世纪 80 年代《拜都法案》颁布之前，美国联邦政府对于政府资助的科研成果的知识产权归属问题并没有统一的政策或规定，一些领域有单行法规对此做出了规定，而其他领域则是由不同的联邦政府部门自主制定不同的政策。从整体上看，大致有两种不同的模式：一种是“产权模式”，即接受联邦政府的资助而从事科研所获得的科研成果的知识产权应当归联邦政府所有，或者受资助的研究机构应主动放弃知识产权以使得该科研成果归于公有；另一种则是“许可使用模式”，即接受联邦政府的资助而从事科研所获得的科研成果的知识产权归该科研机构所有，而联邦政府可获得免费的许可使用。采取产权模式的政府部门有原子能委员会及能源部，农业部，健康、教育和福利部，内务部，国家航空航天局；采取许可使用模式的政府部门有国防部和国家科学基金。②

有些联邦法规强制要求受联邦政府资助而完成的科技成果的知识产权应归国有或进入公有领域，其出发点在于便于美国民众获取和利用。但是，这一科技政策所导致的结果是，虽然科研机构发明或发现了大量的科技成果，但这些科技成果中的大多数都被埋没在档案中而无人问津，真正被商业化利用并转化为现实生产力的比例非常低。美国国会制定法案的目的就在于促进技术转化，从而激励科研机构和企业将科技创新转化为现实生产力。

① 15 U. S. C. 3710c.

② 参见 Rebecca S. Eisenberg，“Public Research and Private Development：Patents and Technology Transfer in Government-Sponsored Research”，*82 Va. L. Rev. 1663*，1996。

（2）《拜都法案》的主要内容

该法案的首条清晰地阐明了其政策目标：通过专利制度来促进联邦政府资助研发的发明的利用；鼓励小企业最大限度地参与联邦政府资助的研发活动；促进商业机构和非营利性组织（包括大学）之间的合作；确保非营利性机构和小企业的发明被用于促进自由竞争和企业发展；促进在美国进行发明的商业化，并保障公众可以获取该项发明，美国的产业和工人可以利用该项发明；确保政府对联邦资助的发明取得充分的权利，以满足政府的需要和保护公众免受对发明不使用或不合理使用带来的损害；把本领域政策管理的成本降到最低。

该法案的核心内容是承担联邦政府资助的科研项目的非营利性科研机构或者小企业在依法做出信息披露后，可以通过选择获得该科研项目发明的所有权。[①] 法案做出此种制度安排的目的在于，激励私营企业和科研机构将科研成果进行商业化开发。因为商业化开发本身亦存在许多风险，需要投入大量的成本，如果没有独占性权益保护，企业往往不愿意投入资本进行科研成果的转化。为了保障立法目的的实现，法案规定，对于项目承担者获得知识产权的发明，联邦政府有权要求项目承担者或其技术被许可人定期报告科技成果转化或努力实施科技成果转化的情况，联邦政府将对此种信息进行保密。另外，法案还规定，如果项目承担者或者受让人在合理期限内没有采取或者没有希望采取有效措施将该项目发明在其应用领域进行实际应用，那么，联邦政府有权要求项目承担者或其独占被许可人将该项发明许可第三人使用。

为了鼓励项目承担者申请发明专利，法案还规定，如果科研项目承担者没有向联邦机构报告该发明，或者没有在报告后合理期限内声明保留该项目发明的所有权，那么，联邦政府可以收回该发明的所有权；如果项目

① 参见 35 U. S. 202。该项原则也存在例外，具有下列情况之一的，联邦政府可以在资助协议中就发明产权的归属做出其他安排：“（1）资助协议是为了政府拥有的研究设施或者生产设备的运营；（2）在特殊情况下，联邦机构认为限制或者取消保留项目发明所有权的权利能更好地实现本章规定的政策与目标；（3）法规或者行政命令授权进行外国情报或反情报活动的政府机关，决定限制或者取消保留项目发明所有权的权利，对于保护该活动的安全是必要的。”

承担者没有在合理期限内申请专利，联邦政府同样可以收回项目发明的所有权。

为了保障联邦政府的利益，法案规定，对于项目承担者获得知识产权的发明，联邦机构有权获得免费的、非独占的、不可转让的许可使用权。

为了扶持美国本土制造业的发展，法案还规定了“美国优先”的原则，即获得联邦政府资助科研项目的发明所有权的小企业或非营利机构，在对外转让该项发明，或授予他人一项独占性许可使用权时，其受让或受许可对象必须保证在美国国内实施该项发明或制造使用该发明技术的产品，除非其能够证明其已尽力在美国国内实施制造但最终未获得成功，或者能证明在美国国内实施该项发明不具有商业上的可行性。

如前所述，《拜都法案》在制定之初的主要目的在于扶持小企业，而将大企业排除在外，其主要是担心法案会受到政治影响而难以通过。因为在普通公众看来，若联邦政府资助的科研活动所取得的发明创造的产权被给予了大企业，则会被人指责政府有意帮助大企业获得竞争优势，甚至会形成垄断，从而会抑制市场竞争和创新。但是，在 1983 年，时任美国总统的里根通过签署《政府专利政策备忘录》，赋予了大企业与小企业同等的待遇，即允许联邦政府部门依照《拜都法案》的规定，通过科研资助协议或合作协议的形式，将科研成果的专利权授予承担科研项目的大企业。① 对于政府的此种做法，美国国会一直默许而未予以反对。

（3）《拜都法案》的实施效果

《拜都法案》自颁布以来，每隔五到十年，就有研究机构发布该法案实施情况的报告。从这些报告中我们可以看出，该法案的实施效果非常突出，对于美国的科技创新做出了巨大的贡献。

第一，该法案刺激了美国的大学等科研机构申请专利的热情，如图 1 所示，以 1980 年为转折点，1980 年之后美国高校获得专利的数量有明显上升。

第二，《拜都法案》的实施促进了创新企业的设立，从而创造了大量工作岗位，扩大了研究型大学所在地就业以及社会整体就业，并且增加了政

① “Memorandum to the Heads of Executive Departments and Agencies：Government Patent Policy”，Pub. Papers 248（Feb. 18，1983）.

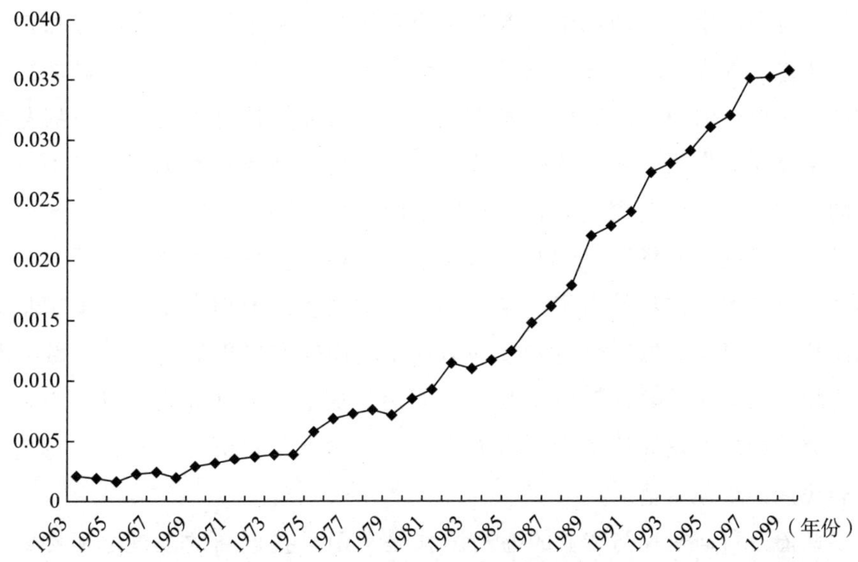

图 1　美国大学获得专利的数量变化

资料来源：Robert Rhines，Consequences of the *Bayh-Dole Act*（2005）。

府税收，促进了 GPA 增长。①

第三，该法案的实施催生了一大批创新产品的出现。众所周知的产品如 Web 浏览器、可以附加文件的电子邮件程序、V 芯片、空心光纤、尼古丁贴剂、PSA、谷歌、蜜脆苹果、人工耳蜗植入、雷电探测技术、HIB 疫苗、改良护轨系统和手机科技等，这些产品的出现都基于高校的研究。

第四，高校科技成果的转化还创造了许多新产业，生物工程就是其中之一。在美国，76% 的生物科技公司都有高校的专利许可，至少有 50% 的生物科技公司的创办是大学专利许可的产物。②

4. 美国政府对科技成果转化的扶持

一项新的技术往往非常昂贵，并且非常不稳定，如果将其直接应用于

① 一项研究发现，从 1996 年到 2007 年，高校授予许可的产品创造了 279000 个工作岗位，并且高校科技转化在这期间为美国 GPA 贡献了 1870 亿美元。D. Roessner，J. Bond，S. Okubo，M. Planting，*The Economic Impact of Licensed Commercialized Inventions Resulting from University Research*，1996 - 2007 Final Report Presented to the Biotechnology Industry Organization，September 9，2009.

② Vicki Loise，CAE，and Ashley J. Stevens，CLP，The *Bayh-Dole Act* Turns 30.

市场，将会产生巨大的风险，既包括市场风险，亦包括产品责任等法律风险，所以，很少有企业愿意直接尝试此种新技术风险。从美国的高新技术发展的历史长河中，我们可以发现，美国政府的扶持对于技术的发展起到了非常重要的作用。美国政府被誉为“唯一愿意做新技术试验而又不讲价钱的买方”“一个慷慨大方、不求回报的风险投资家（甚至不要求产权），又是一廉价的试验场”。例如，美国 60 年代在通信技术领域所取得的数字信号处理技术的进步是为了满足美国军方的情报需要而产生的；美国集成电路技术得以发展的一个重要推动力就是美国航空航天局的阿波罗载人登月计划，阿波罗导航计算机是第一台使用集成电路的计算机。以至于在一些研究美国硅谷发展历史的学者看来，硅谷的高科技历史可看作是军用技术转民用的最佳示范。[①]

政府、科研机构与产业的通力合作是美国科技创新的关键之所在，而这种合作是通过一套完整的、成熟的法律机制来实施的，相关各方主体依据前述联邦政府的各项法规以及当事各方所签署的合作研究协议，得以清晰地分配各方的权利义务、知识产权的归属和利用规则等。

（四）小企业科技创新的法律保障机制

实践中，小企业在科技创新领域中是最具活力的。美国国会在 1980 年颁布《拜都法案》的一个重要目的就是便于小企业获得联邦资助的科研成果的知识产权，以鼓励其对科研成果进行商业化开发。在《拜都法案》颁布后，美国联邦政府又先后发起了两个鼓励小企业创新的项目，即“小企业创新研究项目”（Small Business Innovation Research，简称 SBIR 项目）和“小企业技术转让项目”（Small Business Technology Transfer Program，简称 STTR 项目）。

1. 小企业创新研究项目

小企业创新研究项目是由美国小企业管理局（Small Business Administration）负责管理的一个项目。关于该项目，美国国会先后制定了《小企业创

① 〔美〕阿伦·拉奥、皮埃罗·斯加鲁菲：《硅谷百年史》（第二版），闫景立、侯爱华译，人民邮电出版社，2014，第 5、109～110 页。

新发展法案》（1982）、《小企业研发增强法》（1992）、《小企业创新研究项目再授权法案》（2000）等法案。[①]

美国政府设立小企业创新研究项目的目的在于帮助小型企业从事技术创新研发活动，其目标是那些处于研发早期但具有潜在商业开发价值的技术创新活动，由于此类活动极具风险性，许多私人风险投资家不愿意资助，因此需要政府扶持。

小企业创新研究项目的资助方为联邦政府的十几个部门，其中最为重要也是投入资助资金最多的部门是美国国防部。美国联邦政府每年投入的资金大约为25亿美元，其中，国防部的投入大约为10亿美元。

小企业创新研究项目的受资助方必须为“小型企业”，即雇员人数低于500人的营利性企业，其股东为拥有美国国籍或美国永久居住权的自然人。据披露，在获得国防部资助的小企业中，有超过一半的企业为雇员人数低于25人的企业。[②]

2. 小企业技术转让项目

美国国会于1992年颁布了《小企业技术转让法》,[③] 该法案到期前，美国国会又通过新的法案予以延期。目前，该法案的到期日为2017年10月31日。基于该法案，美国政府制定了“小企业技术转让项目”，其目的在于帮助小企业与联邦科研机构建立合作，使其能够在技术合作与转让中获益。

依照《小企业技术转让法》的要求，美国的小企业管理局（SBA）发布了《小企业技术转让项目政策指南》。[④] 依照法案和指南的要求，凡额外的研发预算经费超过10亿美元的联邦政府部门，都必须预留不少于额外研发预算经费的0.3%的经费，用于资助小企业的研发中心。[⑤]

联邦政府在对小企业进行资助时，按照以下三阶段进行。

第一阶段：用于确定那些具有商业应用潜能的、设想在科学和技术方

---

① *The Small Business Innovation Development Act* of 1982, *The Small Business Research and Development Enhancement Act* of 1992, *The Small Business Innovation Research Program Reauthorization Act* of 2000.

② https://en.wikipedia.org/wiki/Small_Business_Innovation_Research.

③ *Small Business Technology Transfer Act* of 1992, Pub. L. 102 - 564, 15 U. S. C. 638.

④ Small Business Technology Transfer（STTR）Program Policy Directive.

⑤ 资助中小企业研发的预算费用的最低比例逐年增加，在2004年到2011年财政年度为0.3%，2012年到2013年度为0.35%，2014年到2015年度为0.4%，2016年度为0.45%。

面具有价值与可行性的项目。

第二阶段：对于通过第一阶段的评估、确定具有商业应用潜能的项目进行持续的资助，以帮助其发展。

第三阶段：主要由非联邦来源的资本对中小企业的技术研发的商业应用进行投资，或者对于那些旨在为联邦政府提供产品、服务或研究的项目，继续由其他追随资金进行投资。[①]

二　风险投资的法律保障机制

科技创新是一项需要大量资本投入，同时又蕴含巨大风险的事业。因此，一个国家如果鼓励科技创新，那么就必须营造一种鼓励风险资本投入、保障资本权益的商业法律环境。美国是联邦制国家，美国商业法律制度的主体是州法，但是对于州际商业贸易则适用联邦法。

（一）风险投资企业的组织形式

在美国的商业实践中，风险投资一般采用有限合伙的组织形式，其组建依照有限合伙协议，因此其管理模式非常自由和灵活。有限合伙由两类合伙人组成，一类是负责合伙事务管理并且对合伙债务承担无限连带责任的普通合伙人；另一类则是不参与合伙事务管理且仅以出资为限对合伙债务承担有限责任的有限合伙人。对于有限合伙，美国各州都制定有专门的法案，另外，美国统一州法委员会制定有《统一有限合伙法》，为各州立法提供了示范文本。依照有限合伙法的理论，有限合伙人不得参与对合伙企业的经营控制，否则，将丧失有限责任的保护，而对于哪些行为构成对合伙企业的经营控制，在实践中往往很难分得清。美国《统一有限合伙法》的贡献就在于，它为有限合伙人规定了“安全港”规则，即立法以列举的方式明确宣布一些类型的行为不属于对合伙企业的经营控制，从而使得有限合伙人的风险得以控制。

另外，与中国的《合伙企业法》不同，美国的有限合伙人的人数并没

---

① §9 of the *Small Business Act*, 15 U. S. C. §638. 参见 Small Business Administration, Small Business Technology Transfer (STTR) Program Policy Directive。

有法定上限，并且，有限合伙人的权益份额可以像股份一样公开发行并上市交易，例如，美国著名的投资基金“黑石”（Blackstone）就是采取的有限合伙的组织形式。[①] 这意味着美国的风险投资基金不仅可以采取“私募”的方式，也可以采取公开募集的方式，因此，比较容易募集大量的资本，并可交由专业且承担无限责任的合伙人来管理。

（二）高新技术企业的组织形式

美国的商事组织类型非常多，高新技术企业可以从中自由选择，其既可以选择普通合伙、有限合伙的组织形式，也可以选择商事公司的组织形式。前者不具有法人资格，普通合伙人须对企业债务承担无限连带责任，但是，其适用单层税制，即只需合伙人缴纳个人所得税，而合伙企业本身无须缴纳所得税；后者具有法人资格，股东享受有限责任的保护，但是，原则上公司和股东都需要分别缴纳所得税。为了满足创业者既可以享受有限责任保护，又能避免双重征税的问题，美国怀俄明州的议会于 20 世纪 70 年代颁布了《有限责任公司法》（简称 LLC），该法创设了 LLC 这一新型企业组织形式。[②] LLC 并不具有法人资格，其成员可以像管理合伙企业一样自由地管理企业，并可像普通合伙企业那样享受税收优惠，与此同时，其成员亦可享受有限责任的保护。该种商业组织形式出现以后，随即被其他州的立法机关所效仿，于是，在不到二十年的时间里，已普及全美国，成为受美国中小企业欢迎的组织形式。

在传统的商事组织形式中，公司制最为重要。在美国，公司法属于州法，美国各州均制定有自己的公司法。实践中，美国各州为了促使更多企业落户于本州而在公司法制层面展开竞争，其中，《特拉华州普通公司法》最为突出。特拉华州本是一个面积非常小的州，但是美国的上市公司中有 70% 的公司都是依照《特拉华州普通公司法》组建的。各州之间在商事制度方面的竞争是美国商事法律保持活力的重要原因。

---

① 中国的“中投公司”曾购买“黑石”所发行有限合伙份额作为其投资。

② 需要说明的是，美国的 LLC 虽然名为“有限责任公司”（Limited Liability Company），但是，其与我国或大陆法系国家的传统的有限责任公司制度存在明显的不同。

（三）发达的证券市场与风险资本的退出机制

风险资本作为投资资本，通常最终需要从所投资的企业中退出，以寻求下一个投资对象。风险资本的退出方式，除了以协议的方式实施外，更多的是在投资对象公开发行上市后，通过股份的变现而退出。在风险资本退出以后，企业仍然不断地融资，而美国拥有世界上最发达的证券市场，从而可以满足创新企业和风险资本的需求。

曾经有学者研究发现，一个国家的证券市场发达程度是与该国的公司证券法律制度对投资者利益保护的程度密切相关的。只有一个国家的法律能够充分保护小股东的利益，普通公众才愿意购买上市公司的股票，公司才能实现股权的分散化，发达的证券市场才得以建立；如果一个国家的法律制度在保护小股东利益方面做得不够好，那么，投资者会倾向于投资多数股权从而保护自身的利益，由此以来，公司很难实现股权的分散，容易形成“一股独大”的局面。[①] 美国之所以能够建设成为世界上最发达的证券市场，与其背后严厉而成熟的证券法律制度是分不开的。美国在历经 20 世纪 20 年代末的经济大危机之后，国会分别于 1933 年和 1934 年颁布了《证券法》和《证券交易法》，创建了以美国证券交易委员会（SEC）为主导的证券监管制度。

美国联邦证券法的特点在于：第一，证券监管机构的行政执法非常严格，美国证券交易委员会每年发起的行政处罚案件数量和罚款金额在世界上都是处于首位的。第二，美国的证券集团诉讼非常发达，上市公司或投资银行、会计师事务所等机构若有虚假陈述、内幕交易、操纵证券市场等行为，都会受到律师发动的投资者参与的集团诉讼的索赔，索赔金额甚至会高达数十亿美元，从而给上市公司等证券市场主体以极大的威慑力。第三，在严厉的同时，美国证券法律制度也具有较强的自由度和灵活性。美国的联邦证券法以信息披露制度为核心，构建注册制，因而，其发行机制更具市场化。另外，美国的联邦证券具有较强的适应性和自由度，尊重市场当事人的自主安排，从而可以保持美国证券市场的活力，例如，其既有

---

① Rafael La Porta, Florencio Lopez-de-Silanes, Andrei Shleifer & Robert W. Vishny, *Law and Finance*, 106 J. POL. ECON. 1113 (1998).

上市公司收购制度，亦允许目标公司采取多种反收购措施。又如，中国的“阿里巴巴集团”公司所设计的“合伙人制”管理模式被美国证券监管机构所认可，从而使其得以在美国证券市场上公开发行上市。①

（四）政府对风险投资的扶持政策

在美国，风险投资是一种商业行为，但这并不意味着政府是无所作为的，事实上，美国的风险投资事业的发展与美国政府的扶持政策是分不开的。

20 世纪 50 年代是美国风险投资事业的初创时期，1958 年美国政府通过了《小企业投资法案》，政府允诺：金融机构给初创公司每投资 1 美元，政府就投资 3 美元（总额不超过上限），从而促进美国风险投资事业的发展。

20 世纪 80 年代，美国风险投资金额大幅激增，这也与美国的两项资本政策分不开。第一项是税收方面的鼓励政策，美国国会于 1978 年通过《国内税收法案》，将资本收益税从原先的 49.5% 降至 28%，这对投资者而言意味着投资收益的增加，从而极大地刺激了其投资欲望；第二项是 1979 年美国劳工部放宽了《雇员退休收入保障法案》规定的企业养老金的投资范围的限制，从而使得企业养老金向风险投资之类高风险的投资品种进行投资成为可能。20 世纪 70 年代至 80 年代末，来自养老金的投资数额由最初的每年 1 亿至 2 亿美元增加到每年 40 多亿美元。②

三　人才培育与流动机制

（一）合作教育机制

人才是创新之本，美国一向重视教育。1862 年美国联邦政府就颁布了《莫雷尔法案》，该法案规定，按各州在国会参议院和众议院中人数的多少分配给各州不同数量的国有土地，各州应当将这类土地的出售或投资所得收

---

① “阿里巴巴集团”公司所设计的“合伙人制”的合法性曾被香港证券交易所否决。依照中国大陆行现的公司法和证券法，该“合伙人制”亦难以被确认为合法。

② 〔美〕阿伦·拉奥、皮埃罗·斯加鲁菲：《硅谷百年史》（第二版），闫景立、侯爱华译，人民邮电出版社，2014，第 5、293 页。

入，在五年内至少建立一所“讲授与农业和机械工业有关的知识”的学院。

美国教育的特色在于“合作教育”的开展。“合作教育”这一概念最初是在美国兴起的，其主旨在于将课堂教学与生产实践结合在一起，将学生的在校学习与未来的职业规划结合在一起，将学校的教育与企业的需要结合在一起。一般认为，最早的合作教育产生于1906年美国的辛辛那提大学，最初限于工程专业，后来扩展至其他大学和其他专业。1921年，位于俄亥俄州的安提亚克学院开创了第一个完全是文科的合作教育计划，为将合作教育理念扩展至所有的学科领域奠定了基础。二战以后，随着二战老兵进入大学接受教育，合作教育得到了进一步发展。

1962年，美国全国合作教育委员会成立，1963年，美国合作教育协会正式成立。在两个协会的组织下，美国合作教育进入快速发展时期。与此同时，美国国会通过立法进一步推动了合作教育的发展，1963年颁布了《职业教育法》、1965年颁布了《高等教育法》，法律明确规定发展中学校可以获得经费资助用于发展合作教育。1968年，国会重新修订了《高等教育法》，取消了只有发展中学校才可以获得经费资助的规定，从而鼓励所有的高校都可发展合作教育并申请资助。

1973年，国会将合作教育支持单独列为条款，并且明确规定每年1000万元的资助总额。这些资助以及随后的拨款使合作教育的培训、研究及评估计划得以实现，并大大提高了合作教育在高等教育中的地位。

进入80年代以后，美国的合作教育模式日渐成熟，走向全面发展的阶段。1983年，世界合作教育协会在美国宣告成立，标志着美国的合作教育模式得到普遍认可。

进入90年代以后，美国的合作教育进入新的发展阶段。1991年6月劳工部成立了获取必要技能部长委员会（The Secretary's Commission on Achieving Necessary Skills，简称SCANS）。该委员会强调学校必须通过教育让学生“学会生存”，为此发表了“职场要求学校做什么”的报告，要求学校、家长和企业帮助学生获取在目前和将来的职场上所必需的三种基础技能和五种基本能力。1994年美国前总统克林顿签署了《从学校到职场机会法案》（*School-to-Work Opportunities Act*），该法案加大对学校课程设置的改革，要求改变以学科为中心的教学方式，增加企业亟需的专业，加强学校同企业的紧密结合，建立从学校至职场一贯的教育体系。该体系分为三部分：以企业为基地的学习活动（注重实际工作经历、现场辅导、掌握技能、工作培训等）、以学校为基地的学习活动（注重学术性和实践性的教学大纲及内容的融合）和连接性活动（把学生和雇主联系起来的各种活动以及帮助学生获得附加训练的活动）。

1994 年美国国会又通过《2000 年美国教育目标法》（*Goals 2000：Educate America Act*），该法案要求美国工商界承担起帮助美国人在工作岗位上提高职业技能的责任，鼓励那些未接受高等教育的学生留在学校，学习规定的课程，并在合作企业接受两年的实际训练。此后，联邦政府成立国家职业技能标准委员会，全面负责美国职业技能标准体系的开发与确定工作，把美国国家职业技能标准贯穿于劳动力的教育、培训、考核、就业全过程，强化了教育与就业、学校与企业之间的联系。[①]

美国在职业教育领域的法律与政策展现了一致性和不断推进的特性，《卡尔·珀金斯职业教育法》（*Perkins Vocational Education Act*）的演进充分说明了这一点。1984 年美国颁布了《卡尔·珀金斯职业教育法》，法案规定，联邦政府可以拨款推动政府与企业在职业教育领域开展合作；鼓励工商企业和教育机构建立合作关系，开展合作教育，共同拟定培训项目和课程。1990 年《珀金斯职业与应用技术法案》（*Carl D. Perkins Career and Applied Technology Act*）鼓励工商企业和教育机构间建立密切合作关系，共同拟定培训项目和课程，提出把学术课程和职业技术课程整合化，规定政府资助各州创建高中和社区学院连接在一起的地方技术预科联合体。技术预科的一个特点是设置应用学术课程，利用实际例子、动手演示和活动、企业和社会中的问题来讲授英语、数学、科学、社会研究等学科中的概念；另一个特点是大多数教学计划中包含工作现场学习。1998 年《珀金斯职业和技术教育法案》（*Carl D. Perkins Vocational and Technical Education Act*）进一步强调产教一体化，要求提高参加职业和技术教育课程的中学和中学后学生的学术能力及职业和技术技能。2006 年《卡尔·珀金斯生涯和技术教育法》（*Carl D. Perkins Career and Technical Education Act*）最显著的特点，

---

① 林木：《美国高校合作教育支持系统研究》，西北师范大学硕士学位论文。

就是用“生涯和技术教育”取代了“职业和技术教育”，从而将原先局限于学校教育阶段的职业和技术教育延伸到工作阶段，加强学校与企业和行业之间的协调。支持在中学、中学后教育机构、学士学位授予机构、区域的生涯技术教育学校、地方劳动力投资委员会、工商界和中介机构之间结成伙伴关系。[①]

（二）科技教育项目

近年来，美国政府担心美国的中小学生在与科技有关的课程方面的成绩下降会影响美国未来的创新能力，因此，美国国会2007年制定有《美国竞争力法案》（*The America Creating Opportunities to Meaningfully Promote Excellence in Technology, Education, and Science Act*，简称 *America COMPETES Act*），该法案到期后，美国国会先后于2010年和2015年颁布了《美国竞争力再授权法案》，对法案进行延期。依据该法案，美国政府建立了“STEM培训资助项目”[②]，旨在培养美国的中小学生对于科学、技术、工程和数学课程的兴趣并努力提高此类课程的学习成绩，以培养未来的创新人才。

（三）劳动力培训机制

美国在制造业发展过程中，一直都非常重视对劳动力的职业培训。长期以来，美国国会不断通过立法更新来推进劳动力培训的开展。

美国在职业服务领域最早的一部法案是美国国会在1933年颁布的《瓦格纳－佩泽法案》（*Wagner Peyser Act*），美国通过该法案首次确立了全国就业服务体制。后来，这一体制随着新的法案的制定与修订而不断发生变化。

20世纪60年代肯尼迪政府时期，为了帮助失业人群的就业问题，美国国会1962年颁布了《人力发展培训法案》（*Manpower Development Training Act*），规定由联邦政府提供资金，通过对失业人群进行职业培训，提高其职业技能，以帮助其就业。

---

① 林木：《美国高校合作教育支持系统研究》，西北师范大学硕士学位论文。

② 所谓的STEM，即Science，Technology，Engineering，or Mathematics的首字母的缩写，是指科学、技术、工程和数学这四个学科。

20 世纪 70 年代，美国国会 1973 年通过了《康复法案》（*Rehabilitation Act*），建立了职业康复计划和相关的培训计划。同年，国会又通过了《综合职业与培训法案》（*Comprehensive Employment and Training Act*），该法案将既有的各种联邦职业培训项目合并在一起，主要是针对低收入个人、长期失业个人、失学人群的技能培训，并强调发挥州政府和地方政府的参与。

20 世纪 80 年代，美国国会 1982 年颁布了《联邦就业培训和伙伴法案》（*Job Training and Partnership Act*），设立了专门针对青年和不具备劳动技能的成年人的就业培训的联邦项目。

1998 年，美国国会通过了《劳动力投资法案》（*Workforce Investment Act*），该法案取代了 1982 年《联邦就业培训和伙伴法案》，建立劳动力投资体制，州政府和地方政府都设有劳动力投资委员会，并吸引企业参与其中，共同开展对劳工的职业教育与培训。

2014 年美国国会颁布了《劳动力创新和机会法案》（*Workforce Innovation and Opportunity Act*），该法案旨在将原来的《劳动力投资法案》所规定的各种联邦职业培训项目合并为一个联邦项目，并对原先的《瓦格纳 - 佩泽法案》和 1973 年《康复法案》中的相关内容进行了修订。

美国现行的联邦劳动力培训制度的特点是，联邦政府主要提供资金支持，通过州政府和地方政府的劳工机构建立起流水线式的劳动培训体系。企业可以参与到这一体系中，通过明确企业的用工需求，为劳工提供就业机会，指导培训机构对劳工开展有针对性的职业培训。

（四）人才流动机制

美国加利福尼亚州的硅谷地区是世界上最成功的“创新中心”，其在科技创新领域的成就与该地区所实行的宽松的移民政策和自由的人才流动制度密切相关。

1965 年美国移民法案大幅提高了移民配额，允许具备稀缺技能（如软件或硬件工程）的人才移民，这一法案极大地促进了中国、印度以及欧洲科技人才移入美国，对于硅谷在七八十年代的腾飞起到了重要的影响。①

① 例如，1965 年来自中国台湾的科学家移民只有 47 名，而在 1967 年上升至 1321 人。

根据美国《加州商业与职业法典》第 16600 条的规定：“除本章另有规定外，任何限制一个人从事一项合法的专业、职业或行业的合同约定，都是无效的。”① 这一条款的实际意义在于，在除加州以外的美国大多数州都有企业离职人员的竞业禁止的法律制度，即企业通常与员工签订有竞业禁止协议，约定企业职工在离职后的一定年限内不得从事与原雇主企业有竞争性的业务，亦不得为与原雇主企业有竞争关系的其他企业服务，并且，此类协议通常具有法律约束效力。但是，依照前述加州的法律规定，此类竞业禁止协议在加州是无效的，这意味着，加州企业的雇员可以不受竞业限制，在离职后可以自行创业或跳槽至其他企业，即使其离职后从事的事务与原雇主企业有竞争关系，亦被法律所允许。

正是由于加州上述独特的法律规定，从而形成一种独特的商业现象，即许多科技人员先是在一个大企业工作一段时间，然后辞职创业或跳槽至其他企业。有时会出现从一家大企业分离出若干家小企业的现象，例如，从仙童半导体公司离职的人员创办的公司多达十几家，其中有许多后来都发展成为知名企业。

初创公司及其具有血缘关系的衍生公司共同组成一个制造业创新群体，他们彼此之间既有竞争，亦有合作，既守护商业秘密，又通过人才流动快速传播创新信息，从而形成美国硅谷地区独特的商业与法律文化，最终促成了创新区域的形成。

总结与启示

创新是推动制造业持续发展的重要动力。创新能够产生巨大的社会效益，但未必会使创新者个人获得充分收益，并且，进行创新所需要支付的巨额费用以及由于种种不确定性而产生的风险却是由从事创新者所承担的，因此，创新不会自动产生，而是需要法律制度的保障与激励。

第一，应当赋予创新者以产权保护，特别是知识产权保护。创新的过程需要支付巨大的成本，而成本的回收需要一定的周期，甚至很长的时间，

① Cal Bus & Prof Code § 16600.

因此，只有加强产权保护，才能够使企业对未来有一个长远的、稳定的预期，才愿意投资从事技术创新。自20世纪70年代后期以来，美国的制造业开始向海外转移，本土的制造产业呈现不断衰退的迹象，在此背景下，美国政府认为科技上领先是美国保持国际竞争优势的核心，因此，美国不仅通过国内法加强对知识产权的保护，而且还将保护知识产权作为国际贸易谈判和双边谈判的重点内容，在世界范围内强化对美国制造业的知识产权的保护。

同时，我们也应当注意到，自20世纪末以来，随着新技术和新产业的发展，美国国内对知识产权的保护趋势亦有所争论，主要是因为人们担心对知识产权的过度保护或滥用亦会产生抑制创新、压制市场竞争的后果。

第二，技术创新不同于技术发明或创造，它是以技术的商业化应用为目的的，科技成果转化率和转化水平是科技创新水平的重要标志。美国自20世纪80年代以来所出台的重大科技政策或立法都是围绕科技成果转化而展开的，并引起了世界上许多国家的效仿。例如，中国的《科学技术进步法》第20条就是借鉴美国20世纪80年代的《拜都法案》而制定的，被称为"中国版的拜都法案"。《拜都法案》的核心内容是将政府财政资助的科研项目成果的知识产权授予私人项目承担者，以此来促进科技成果的转化，该法案在美国取得了巨大的成功，极大地促进了科技成果的转化。然而，"中国版的拜都法案"的成效尚不明显，此现象值得反思。

第三，在促进科技创新方面，政府的干预或激励是必要的，但不是万能的或全包的，政府应当主要针对市场失灵领域，而不是商业竞争领域。因此，政府应当加大对基础研究的资助，采取税收、知识产权、直接资助、构建平台等方式促进技术成果的商业化应用，并止于商业竞争入口。

第四，在美国的科技创新领域，小企业被誉为创新的先锋，小企业的创新活动被誉为创新市场的生命力之所在。与此同时，小企业在发展过程中会受到许多限制，因此，美国政府先后颁布了多项法案支持小企业从事创新活动。

第五，科技创新需要资本的投入，但是，政府不宜直接扮演风险投资家的角色，而是应当采取一定的财税激励措施，构建成熟的企业法律制度和自由的资本市场制度，鼓励商业风险投资资本进入科技创新领域。

第六，创新离不开创新人才的培养，一个国家的长远的创新能力取决于今天的教育水平，因此，教育政策和法规的完善对于促进创新非常重要。另外，高端制造业的发展和制造业的创新都离不开高素质的劳动力。美国自 20 世纪 70 年代以来，重要的制造业发展战略都包含对劳动者的培训。职业教育界与产业界的密切合作是美国职业教育成功的重要原因。

第七，法律保障下的人才的自由流动会产生知识外溢和知识快速传播的效应，这对于创新区域的形成至关重要。世界上最成功的科技创新区域——美国“硅谷”的经验充分说明了这一点。

二　学术观点

数据新型财产权构建及其体系*

龙卫球**

摘　要：随着大数据的出现以及数据经济的兴起，数据日益成为举足轻重的新型资产，与此伴随的是有关个人信息和数据资产的利益关系变得越来越复杂。本文认为，传统法律架构在调整个人信息和数据利益关系方面，可资援用的有立足用户个人信息保护的人格权保护模式，有基于个人信息授权利用合同（用户协议）的债的关系模式，还有简单的行政管理模式。但是，这些方式无论是单独还是结合起来，即使做出一定的变通，也不能真正适应当前数据经济利益关系合理调整的需求。当前，在数据经济的环境下，个人信息和数据利益关系的法律建构，应与数据经济的结构本质，特别是其双向动态特点紧密结合，进而采取一种更加复杂的权利配置方式。数据经济及其数据资产化趋势推动了数据财产化的发展，一种新型财产权形态呼之欲出，但相关理论存在进一步完善的必要。从体系上说，应该在区分个人信息和数据资产的基础上，进行两个阶段的权利建构：首先，对于用户，应在个人信息或者说初始数据的层面同时配置人格权益和财产权益；其次，对于数据经营者（企业），在数据资产化背景下，基于数据经营和利益驱动的机制需求，应分别配置数据经营权和数据资产权。

关键词：数据经济和资产化　新型数据财产权　个人信息保护　数据经营权　数据资产权

---

* 本文系国家社科基金重大项目"信息法基础"（16ZDA075）阶段性研究成果。原文载《政法论坛》2017年第4期。本文在初稿写作过程和材料收集整理上，得到中国电信研究院丁道勤副研究员（现任京东公司法律政策研究中心主任）、德国法兰克福大学法学院林洹民博士、中国互联网协会李美燕博士等的协助，在此一并致谢。具体参见2008年9月4日《自然》推出的名为"大数据"的专刊。

** 龙卫球，法学博士，北京航空航天大学法学院院长、教授、博士生导师，北京科技创新中心研究基地主任。

Abstract: With the emergence of big data and data economy, data is increasingly becoming a new type of property with great value. Meanwhile the relationship between personal information and data economy is becoming more complex. In terms of adjusting the relationship between personal information and data, traditional regulations could adopt three types of protection methods, i. e. , the protection of personality right, the personal information authorization use contract, or the administration model. However, these methods cannot actually meet the requirement of reasonably adjusting such relationship, no matter by combined or by single application. The current legal construction regarding the relationship between personal information and data, under circumstances of data economy, should consider the structural essence of data economy, especially its dual-direction dynamic character. Thereby a more complicated rights allocation should be applied. The trend of data economy and data capitalization has facilitated the development of data propertilization, which lead to the establishment of a new property type. However, the relevant theory still needs to be further developed. From the prospect of legal framework, it is necessary to set up a two-stage right based on the distinction between personal information and data assets. Firstly, at the level of personal information or original data, individuals should be entitled with personality right and property right. Secondly, under circumstances of data capitalization, data operators should be entitled to exercise their operating right and property (asset) right, based on the requirement of data operation and profit-driven mechanism.

Key words: Data Economy and Data Capitalization; New Data Property Right; Personal Information Protection; Data Operating Right; Data Property Right

一　问题的提出：大数据时代数据资产化背景下的法律变革问题

“大数据”（Big Data）概念，最先出现在经历信息爆炸的天文学和基因学领域,[①] 大约2009年开始成为互联网信息技术行业的流行词语，人们用它来描述和定义信息爆炸时代产生的海量数据，并命名与之相关的技术发展与创新。[②] 2012年是标志大数据时代到来的重要年份。[③] 互联网公司及其技术高度发达，移动互联网、云计算技术等突如其来，巨量级的网络社区、电子购物、物流网等得到前所未有的开发，数据收集系统不断普及，产品服务智能化不断升级，网络信息开始出现海量集聚，真正的大数据时代由此而生。至此，大数据开始成为“人们获得新的认知、创造新的价值的源泉”“大数据还是改变市场、组织机构，以及政府与公民关系的方法”。[④]

同时，大数据也促进数据经济迅猛发展。21世纪之后，随着工业数据分析决策系统的应用、广告投放等商业应用形式的开发，数据经济进一步显性化。[⑤] 2012年大数据时代真正出现之后，从业者通过新的数据技术，可以收集大量有价值的数据，从而产生利用这些数据的强烈的利益驱动力。大数据被演化为可以创造巨大价值的新型资源和方法，数据本身不断发展

① 转引自〔英〕维克托·迈尔-舍恩伯格、肯尼思·库克耶《大数据时代：生活、工作与思维的大变革》，盛杨燕、周涛译，浙江人民出版社，2013，第8页。最初，这个概念是指需要处理的信息量过大，已经超出了一般电脑在处理数据时所能使用的内存量，这种情况导致了谷歌 MapReduce 和开源 Hadoop 等新的处理技术的诞生。此后，计算机和信息技术不断发展并且全面融入生活，信息大规模化直至出现爆炸，到了一个开始引发变革的程度。

② 参见《带你了解大数据》，载“中国大数据网”，http://www.thebigdata.cn/YeJieDongTai/8470.html，最后访问日期：2015年8月18日。

③《纽约时报》2012年2月12日一篇专栏称：“大数据”时代已经降临，在商业、经济及其他领域中，决策将日益基于数据和分析而做出，而并非基于经验和直觉。2012年，数据量已经从TB（1024GB=1TB）级别跃升到PB（1024TB=1PB）、EB（1024PB=1EB）乃至ZB（1024EB=1ZB）级别。国际数据公司（IDC）的研究结果表明，2008年全球产生的数据量为0.49ZB，2009年的数据量为0.8ZB，2010年增长为1.2ZB，2011年更是高达1.82ZB，相当于全球每人产生200GB以上的数据；而到2012年为止，人类生产的所有印刷材料的数据量是200PB，全人类历史上说过的所有话的数据量大约是5EB。See Steve Lohr, “The Age of Big Data”, http://www.nytimes.com/2012/02/12/sunday-review/big-datas-impact-in-the-world.html?_r=1&pagewanted=all，最后访问日期：2015年8月18日。

④〔英〕维克托·迈尔-舍恩伯格、肯尼思·库克耶：《大数据时代：生活、工作与思维的大变革》，盛杨燕、周涛译，浙江人民出版社，2013，第9页。

⑤ 数据经济有一个从发轫到日益显性化的发展过程。早在20世纪70年代，数据经济已经萌芽，虽然网络信息的主要功能体现为公共性交流，但是已经存在一些商业应用；90年代，网络信息收集和利用的商业应用逐渐扩展，数据的工业应用逐渐增加，数据的商业流动需求不断加速。

为新型资产，同时也越来越被市场赋予巨大的商业价值，在这种情况下，数据的应用效应激增，数据的商业价值得到激发，大数据概念和数据经济活动进入兴盛时期。BM 的研究称，整个人类文明所获得的全部数据中，有 90% 是过去两年内产生的，而到了 2020 年，全世界所产生的数据规模将达到 2015 年的 44 倍。① 企业、政府机构等很快就意识到，大数据可以成为重要资产，特别是在辅助商业和管理决策上作用巨大。2012 年 3 月 22 日，奥巴马政府宣布投资 2 亿美元拉动大数据相关产业发展，将“大数据战略”上升为国家战略，并将数据定义为“未来的新石油”，称国家拥有数据的规模、活性及解释运用的能力将成为衡量综合国力的重要组成部分。未来，对数据的占有和控制甚至将成为陆权、海权、空权之外的另一种国家核心资产。联合国在 2012 年也发布了大数据政务白皮书，指出大数据对于联合国和各国政府来说是一个历史性的机遇。如今，人们可以使用极为丰富的数据资源，对社会经济进行前所未有的实时分析，帮助政府更好地响应社会和经济运行。大数据信息成为新经济的智能引擎，各行各业包括零售、医疗卫生、保险、交通、金融服务等，都在完成所谓的数据经济化，它们通过各类数据平台开发智能，使得生产、经营和管理越来越高度智能化，为新经济的发展极大地提升了效率、降低了成本。② 硅谷战略领袖杰弗里·莫尔甚至认为，今天资产信息比资产本身更值钱，他认为，“在这个世界中，信息为王。你拥有的信息越多，你的分析能力越好，速度越快，你的投资回报将会更高。”③ 即使如此，数据经济的威力也只是刚刚发挥，可谓十不及一，其巨大潜力尚不可限量。④

---

① 《大数据：抓住机遇　保存价值》，载“中国大数据网”，http://www.thebigdata.cn/YeJieDongTai/11104.html，最后访问日期：2015 年 8 月 18 日。

② 参见〔法〕伯纳德·利奥托德、〔美〕马克·哈蒙德《大数据与商业模式变革：从信息到知识，再到利润》，郑晓舟、胡睿、胡云超译，电子工业出版社，2015，第 7 页。

③ 〔法〕伯纳德·利奥托德、〔美〕马克·哈蒙德：《大数据与商业模式变革：从信息到知识，再到利润》，郑晓舟、胡睿、胡云超译，电子工业出版社，2015，第 5 页。

④ IBM 研究人员认为，目前只有 7% 的数据被企业在做战略决策之时主动采用，企业掌握的大量数据还没有被利用和发掘。参见〔法〕伯纳德·利奥托德、〔美〕马克·哈蒙德《大数据与商业模式变革：从信息到知识，再到利润》，郑晓舟、胡睿、胡云超译，电子工业出版社，2015，第 6 页。

大数据带来的数据经济发展和数据资产化加速的趋势，促生了一个如何顺应这种时代变革而及时进行法律制度变革的崭新课题。其中一个颇为复杂的问题是，数据经济本身呈现了一种复杂的利益冲突关系，一方面是用户对其个人信息的保护需要，另一方面则是经营者对个人信息数据化利用的需要，即需要通过收集和加工个人信息以形成某种数据资产。所以，如何从法律上设计或处理好用户和经营者之间的这种利益关系，就成为当前数据经济及数据资产化能否得到有效而合理开展的一个基本前提。遗憾的是，我国立法迄今为止并没有对此提供一种清晰而合理的解决方案。

我国在《民法总则》之前，全国人大常委会于2012年通过的《关于加强网络信息保护的决定》是该领域的一项重要立法文件（以下简称《决定》）。该《决定》实际将个人信息视为用户的一种绝对利益，并以此简单立场来处理用户和网络经营者之间关于个人信息保护及其利用所产生的利益关系。《决定》第1条规定："Ⅰ，国家保护能够识别公民个人身份和涉及公民个人隐私的电子信息。Ⅱ，任何组织和个人不得窃取或者以其他非法方式获取公民个人电子信息，不得出售或者非法向他人提供公民个人电子信息。"从中可以看出，其赋予了用户个人信息一种类似具体人格权的地位，其中最重要的是具有排除他人非法获取、非法提供的权能。

但是，这一简单的规定并不能适应复杂的现实调整的需要，特别是在大数据现象以及数据经济前所未有的爆发或发展之后，其局限性越发明显。例如，这一规定没有明确用户是否可以对个人信息享有积极自决权能，即允许他人利用。网络经营者在实践中为了使网络服务成为可能，并取得对用户个人信息的收集、加工和商业化利用，往往通过设置用户协议的方式，引导用户建立一种有关个人信息的授权关系，这种方式很快在实践中得到广泛认同。同时，有关政策规章也陆续出台，在贯彻保护用户个人信息的基本立场上，允许其利用自决，并对商业化利用之下保护的强度进行一定程度的软化和变通。例如，国家质量监督检验检疫总局、国家标准化管理委员会在2012年11月5日批准发布的《信息安全技术 公共及商用服务信息系统个人信息保护指南》（GB/Z 28828－2012）第5.2.3条规定，"处理个人信息前要征得个人信息主体的同意，包括默许同意或明示同意"。我国现行有关部门的指导性意见中，较有代表性的还有2013年工业和信息化部出台的《电信和互联网用户个人信息保护规定》。

司法实践不断尝试进行突破。第一次的重要突破，体现在 2012 年《关于审理利用信息网络侵害人身权益民事纠纷案件适用法律若干问题的规定》（以下简称《规定》）的司法解释。其第十二条规定，利用信息网络侵害个人隐私和个人信息，是否构成侵权，应当看是否符合“利用网络公开个人隐私和个人信息的行为”和“造成损害”的特殊要求。如果“欠缺公开性”，即构成侵权的排除规定。[①] 这一司法解释，在相当意义上重塑了对用户个人信息保护的定义，破除了个人信息人格权保护的绝对格局，赋予数据经济中的数据从业者一定的收集、加工和利用空间。第二次的重大突破，则是在 2015 年 6 月“北京百度网讯科技公司与朱烨隐私权纠纷案”（简称“百度隐私侵权案”）的终审判决，[②] 南京市中级人民法院认为，网络服务商或数据从业者对用户浏览信息的自动抓取收集行为以及个性化推荐行为不构成隐私侵权，因此更加明确赋予了数据从业者在收集和利用用户个人信息方面具有相当的自由空间，这一判决引起了社会广泛的关注。[③] 该案终审判决，援引最高人民法院前述司法解释第十二条等规定，以上诉人行为欠缺公开性，[④] 以及被告通过《使用百度前必读》已经明确告知网络用户可以使用包括禁用 Cookie、

① 美国法学家波斯纳有一种相似论说，他认为机器程序不会诽谤，不会“八卦”，不会关心用户个人的私生活，因此，也很难说用户的浏览记录被他人所知晓——“这些只是根据指令运作的逻辑机器而已”。See Richard Posner, *Our Domestic Intelligence Crisis*, Washington Post, December 21, at A31 (2005).

② 参见“江苏省南京市中级人民法院 2014 宁民终字第 5028 号民事判决书”。

③ 该案事实为，上诉人（一审被告）北京百度网讯科技公司利用 Cookie 程序收集原告朱桦的浏览记录，将网民的浏览信息保存在自己的电脑上，且通过特定程序自动抓取若干关键词，从而在其使用网络时对其投放广告或链接。被上诉人（一审原告）朱桦认为，被告利用网络技术，未经原告知情和选择，记录和跟踪了其所搜索的关键词，将其兴趣爱好、生活学习工作特点等显露在相关网站上，并利用记录的关键词，对其浏览的网页进行广告投放，侵害了原告的隐私权，故诉至法院，请求判令被告侵害了其隐私权。一审做出了有利于原告的判决，但是终审判决最终撤销了一审判决，认定网络服务商的行为不构成隐私侵权。

④ 该终审判决认为，“百度网讯公司利用网络技术通过百度联盟合作网站提供个性化推荐服务，其检索关键词海量数据库以及大数据算法均在计算机系统内部操作，并未直接将百度网讯公司因提供搜索引擎服务而产生的海量数据库和 Cookie 信息向第三方或公众展示，没有任何的公开行为，不符合《规定》第十二条规定的“利用网络公开个人信息侵害个人隐私的行为”特征。同时，朱烨也没有提供证据证明百度网讯公司的个性化推荐服务对其造成了事实上的实质性损害”。参见“江苏省南京市中级人民法院 2014 宁民终字第 5028 号民事判决书”。

清除 Cookie 或者提供禁用按钮等方式阻止个性化推荐内容的展现等理由，认为网络服务商尊重了网络用户的选择权，因此不构成侵权。更重要的是，判决还就依据问题做出扩张，引入了一个部门指导性文件的特殊规定，即《信息安全技术　公共及商用服务信息系统个人信息保护指南》允许将用户同意扩展为包括默示的规定，以此作为根据来支持判决。

上述企业实践、有关规章文件的变通规定以及司法的突破性实践，以某种不尽完美的方式提出了一些疑问：在当前数据经济背景下，我国用户和网络经营者或数据从业者之间的法律关系是否应该重塑？是否应该结合数据经济蓬勃发展的合理需求来放宽对于数据从业者的行为限制？[①] 甚至是否可以走得更远，突破单纯立足于用户个人信息人格权保护包括借助用户协议的立场的局限性，[②] 赋予数据从业者关于数据加工或者数据产品本身某种特殊的法律地位，进而重新平衡数据经济开展中的利益关系呢？[③]

2016 年 12 月出台的《网络安全法》限于立法特殊定位，其第四章对用户个人信息从安全保障的特殊角度做出了一些基本规定，但对个人信息的法律地位及相关利益关系的展开却未涉及。2017 年 3 月出台的《民法总则》则对这个问题进行了一定的立法思考，但是最终鉴于该问题的复杂性和各方对其的分歧较大，没有形成立法定论。一方面，立法一开始就意识到个人信息和数据资产的区分性；但是另一方面，却就如何确定二者的法律利益关系存在严重分歧。二审稿曾经有过将数据资产和网络虚拟财产纳入作为一种新型知识产权客体的思路，但随即受到激烈反对而未果。最后，《民法总则》以第 111 条和第 127 条两条规定，在区分规范个人信息与数据和网

① 有关评论报道，请参见《财经》报道：《Cookie 隐私第一案终审：法院判百度不侵权》，载"新浪网" http://tech.sina.com.cn/i/2015-06-12/doc-ifxczyze9463119.shtml，最后访问日期：2015 年 7 月 9 日。

② 我国有关部门近期开始注意对网络服务商进行一些特殊地位的确认，例如 2013 年工信部出台的《电信和互联网用户个人信息保护规定》，便在保护用户个人信息的同时，也注意赋予网络服务商一定的积极行为空间。但是，这种规范性文件级别很低，权威性和系统性远远不足以满足现实数据经济对于制度创制的高位需求。

③ 终审判决在表述中也提到要处理好严格遵循侵权构成要件和正确把握互联网技术，妥善处理民事权益保护和信息自由利用之间的关系。"本案中，判断百度网讯公司是否侵犯隐私权，应严格遵循网络侵权责任的构成要件，正确把握互联网技术的特征，妥善处理好民事权益保护与信息自由利用之间的关系，既规范互联网秩序又保障互联网发展。"

络虚拟财产的基础上，简单地做出了开窗式的立法授权规定，① 从而预留下继续研究的巨大空间。②

二 传统法律架构调整个人信息和数据利益关系的基本思路

在传统法律架构下，关于个人信息和数据资产利益关系的处理，可资援用的有立足用户角度的个人信息人格权保护模式，有基于个人信息授权利用合同（用户协议）的债的关系模式，还有简单的行政管理模式等。但是，无论是单独使用这些方式还是结合起来，甚至做出一定的变通，都不能够真正适应当前数据利益关系合理调整的需求。

（一）美国模式：变通隐私权保护的宽松模式

美国作为公认的互联网起源国，其对于个人信息问题，很早就定位在立足于用户的角度，通过援引和变通隐私权保护来加以处理的模式。具体的做法是，原则上援引现有判例法关于隐私侵权的规定，来处理互联网上面用户个人信息的规范定位和法律地位问题，以此保护用户个人信息和规范网络信息控制者、处理者的行为界限，但是同时根据网络信息实践开展的实际需要，进行一定的变通，以更加务实地调整用户和网络经营者之间基于个人信息的利益关系，并由此认定网络经营者接触、收集或者处理个人信息的行为是否构成侵权。随着数据经济的日益发展，数据活动越来越规模化，数据经济关系越来越经济化、复杂化，美国司法实践越来越注意立足网络从业者对于网络整体事业促进的重要性，兼顾网络运营商的合理需求，对隐私权保护模式尽可能进行软化或变通处理，留有余地；必要时

---

① 《民法总则》第 111 条规定，“自然人的个人信息受法律保护”；第 127 条则规定，“法律对数据和网络虚拟财产的保护有规定的，依照其规定”。但是，就如何予以具体的法律保护，均未予明确，而留待单行法解决。

② 需要说明的是，限于篇幅和简化必要，本文研究主要限于数据经济即数据商业化应用领域，并不涉及公共权力部门的数据运用和管理的规范问题，也不探讨一些特殊领域例如广电事业领域的数据规范问题，同时也有意略过敏感信息和非敏感信息的区分规范问题。

还引入宪法来支持网络运营商的“法不禁止即自由”的行为空间，平衡网络从业者和用户的利益关系。

美国司法实践支持了将用户个人信息纳入隐私保护的做法。侵权法一直在美国隐私权保护当中扮演着极为重要的角色。[①] 美国《第二次侵权法重述》规定了四种隐私权侵权类型：①侵入公民的隐居所；②向公众揭露私人事实；③在公众面前传播错误信息；④未经允许对他人姓名或喜好的揭露。[②] 这四种类型区分了美国法对隐私的保护。美国有关法院对于这种隐私保护施加了一些必要限制。如美国法院认为，在认定被告的行为是否侵犯隐私时，其行为必须符合“高度侵犯性”的要求；[③] 就揭露私人事实而言，还要求被揭露的事实被广为传播（widespread disclosure）；[④] 对于“未经允许对他人姓名和喜好的揭露”这一最有可能体现为保护个人信息的类型——法律对其限制更是严格：该规范仅仅适用于那些希望利用自己隐私的人，[⑤] 亦即该类型只能适用于那些不寻求隐私保护，但是意在吸引公众注意的人，因为名人的状态具备某种财产性的利益。[⑥] 比如某著名球星的一组照片本欲张贴在 A 网站上，但是却被未经允许地传播在了 B 网站上，这可能使得 A 网站的访问量因此降低，由此球星便可主张其隐私权受到侵害。

但是，随着网络的发展，美国司法实践认为，网络个人信息保护问题具有特殊性。如果要使网络经营得以持续、用户便利得以扩大，必须对网络个人信息保护在援引隐私权规则方面进行适度软化，且不能简单套用上面这种类型化规制，因此产生了很多特殊议题。首先，对用户就其个人信息的权利应赋予一种可自决利用的功能。传统隐私权通常属于自我享受的一种消极权利，被认为不具有积极的自决利用功能，但是美国司法认为，网络环境下的个人信息却不同，从实践来说，个人信息以其作为网络必要

---

① See Paul M. Schwartz & Daniel J. Solove, *Information Privacy Law*, Aspen Publishers, 9 (2006).

② See Restatement (Second) of Torts, §652A-D (1977): (1) intrusion upon one's seclusion; (2) public disclosure of private facts; (3) publicity that places one in a false light before the public; and (4) appropriation of one's name or likeness without permission.

③ See Restatement (Second) of Torts, §652A-D

④ See Restatement (Second) of Torts, § 652D.

⑤ See Restatement (Second) of Torts, § 652E.

⑥ See Dan Dobbs, *The Law of Torts*, West Group, 1198 (2000).

载体，如果严格按照不能自决处理，必定使得数据从业者无法获得授权去触及、收集和利用数据，所以应允许用户对此项可自决利用。实践中，美国网络环境下的信息从业者，早就采取各种办法特别是取得用户协议同意的办法，不断突破一般隐私权的消极性，以便对用户个人信息展开积极的收集和利用。行业协会甚至明确以做出必要的合理限制为限，承认这种积极利用，这就是所谓的“知情同意原则”（Notice and Consent）。根据该原则，网站在明确告知用户信息或数据的收集和使用状况，且获得用户的明确同意的情况下，可以收集和使用用户信息。美国司法实践最终在原则上确认了“知情同意原则”，赞成有必要赋予用户对其个人信息有积极的自决处置功能，进而能够授权他人去收集和利用。[①] 其次，关于隐私侵害的“隐蔽性”且“极为重要性”的要求，加以适当软化。在传统隐私权保护中，就是否构成对公民的滋扰而言，以侵入“隐蔽所”（Seclusion）为认定。虽然法律没有要求该隐蔽所一定要有物理形态，但是美国法院一般认为，公共场所不在隐蔽所的范围之内。[②] 但是，网络社会具有天然的开放性，似乎可视为公共场所，这使得利用隐私权保护网络个人信息具有困难。此外，美国法院往往倾向于对“极为重要”的隐私信息有所保护，而网络上个人信息的私密重要程度却有所不同。[③] 例如，美国一些法院认为，未编入成册的电话号码[④]、对直邮公司的订单表[⑤]、个人过去的保险记录[⑥]等都不符合“极为重要”的标准，因此挪用这些信息并不构成侵犯隐私。那么，应当如何特殊对待网络个人信息保护中关于隐蔽性和极为重要性的要求呢？美国法院对此呈现一种放宽的趋势，以此认定哪些网络个人信息属于“公开”（Publicity）的，以及哪些属于极为重要的隐私。[⑦] 最后，有关隐私保护中“高度侵犯性”的要求，也在用户个人信息保护中得到放宽。绝大部分数据

---

① See Anupam Chander, *How Law Made Silicon Valley*, 63 Emory Law Journal, 639 - 694 (2014).

② See Muratore v. M/S Scotia Prince, 656 F. Supp. 471, 482 - 83 (D. Me. 1987).

③ See Remsburg v. Docusearch, Inc., 816 A. 2d 1001 (N. H. 2003).

④ See Seaphus v. Lilly, 691 F. Supp. 127, 132 (N. D. Ⅲ. 1988).

⑤ See Shibley v. Time, Inc., 341 N. E. 2d 337, 339 (Ohio Ct. App. 1975).

⑥ See Tureen v. Equifax, Inc., 571 F. 2d 411, 416 (8th Cir. 1978).

⑦ See Purtova Nadezhda, *Property Rights in Personal Data: Learning from the American Discourse*, 25 Computer Law and Security Review, 6 - 9 (2009).

信息的搜集和使用都是在用户完全不知晓的情况下进行的，而在这种情况下对个人上网信息的搜集和使用，似乎难以认定为“高度侵犯”，况且数据搜集的目的也并非绝然对用户不利，此时更难说用户正在被“高度侵犯”。

当然，隐私权在美国被认为是一种反抗非法搜查和逮捕的权利，因此美国法官和学者一方面经常将宪法和隐私保护结合起来，坚持隐私权同时也具备特殊的宪法价值，其中一些人希冀借助宪法隐私保护的力量，加强对网络个人信息的保护。但是另一方面，他们也注意到，这种宪法上的隐私保护具有限定，主要涉及的是对政府权力的限制问题，而没有处理网络中企业和用户之间的关系，所谓“法不禁止即自由”对网络经营者反而具有特殊积极意义。美国宪法与隐私权有关的条文包括宪法第十四修正案、第五修正案和第四修正案。第十四修正案主要强调的是“正当程序原则”（Substantive Due Process Clause），亦即禁止非经正当程序对生命、自由和财产造成侵害。在 1977 年的 Whalen v. Roe 案中，美国最高法院将这种保护延伸到了网络个人信息方面，认为是否公开个人信息也是公民的一种自由，因此未经正当程序不能强制要求其公开个人信息。然而，如同在该案中强调的那样，最高法院认为这里面的个人信息仅限于“从未公布的信息”，如果已经为第三人知晓，则不在第十四修正案的保护范围之内。个人信息的采集往往是在公共场合，所以没有该修正案之适用余地。第五修正案涉及“不可强迫自证其罪原则”（Against Compelled Self-incrimination）。该修正案关注的是刑事案件，因此不能阻止政府要求公民公布和犯罪无涉的信息，更遑论限制公司对于个人信息的搜集和使用的问题。① 第四修正案涉及的是反对非法搜查和逮捕的问题，且不论该修正案主要是针对政府与公民之间的问题，对该修正案的理解在美国也饱受争议。有学者认为，该修正案涉及的是对当事人造成极大困扰的（burdensome）搜查，如果并未对当事人造成困扰，那么就无其之适用余地。亦即如果采用蠕虫（Worms）模式，公民甚至感受不到自身在被搜查，此时无所谓“困扰”，因此政府对公民的信息监控并不违背宪法第四修正案。可见，美国宪法对网络个人信息保护是有特定语境局限的，其重在限制政府权力以保障公民自由，因此对网络经营

① See 112 Couch v. United States, 409 U. S. 322. (1973).

者来说，这种限制不可任意套用，相反在崇尚自由的美国，“法不禁止即自由”的观点，“为信息的自由流动提供了基础的思想支持”（A basic regulatory philosophy that favors the free flow of information）。[①] 所以，只要法律未对其进行限制，那么商业对个人信息的收集、处理和使用就应该不言自明地具有合法性。

美国联邦政府从 1973 年就开始考虑通过联邦立法来规范网络个人信息的保护问题，但是由于立法权和立法机制的局限性，这方面难度一直很大，收效甚微。美国健康、教育和福利委员会在 1973 年曾经提出了一份名为《记录、计算机和公民权利》的报告（*Records*，*Computers*，*and the Rights of Citizens*；HEW Report）。在该报告中该部门提出了制定《公平信息操作法》（*Code of Fair Information Practices*）的主张，并提供了相应草案。[②] 该草案规定了个人信息使用的五项基本原则：①不能秘密存储个人信息；②公民必须能够了解自己信息的保存和利用情况；③公民必须能够了解自己的信息是否在不经自己同意的基础上被使用；④公民必须能够修改或补充关于自己的个人信息；⑤建立、维持、使用或传播个人信息的机构必须对信息的使用负责，并且防止信息的滥用。[③] 这个草案的根基，显然是普通法对于隐私或个人信息绝对保护的思维，所以体现为不能秘密储存以及必须保障用户知情、同意、修删（遗忘）以及安全的利益。

尽管美国一些学者倾向该草案所设定的原则，但是该草案最终未能生效。究其原因，就该草案本身而言，公权力部门认为其将限制自己职能的发挥，企业则主张其对于商业运行是一种不合比例的负担。[④] 当然其中联邦立法权的局限以及网络服务商的集体抵制是最主要的。首先，统一立法在

---

① See Schwartz & Reidenberg，*Conceptualizing Privacy*，90 Cal. L. Rev. 1087（2002）.

② See U. S. Department of Health，Education and Welfare，*Secretary's Advisory Committee on Automated Personal Data Systems*，*Records*，*Computers*，*and the Rights of Citizens viii*，29 – 30，41 – 42（1973），available at http：//www. webcitation. org/5J6lfi8l6，最后访问日期：2015 年 5 月 3 日。

③ See U. S. Department of Health，Education and Welfare，*Secretary's Advisory Committee on Automated Personal Data Systems*，*Records*，*Computers*，*and the Rights of Citizens viii*，available at http：//www. webcitation. org/5J6lfi8l6，最后访问日期：2015 年 5 月 3 日。

④ P. Regan，*Legislating Privacy*：*Technology*，*Social Values and Public Policy*，1995，p. 78.

美国不易，美国联邦制的政体使得联邦与州在立法权上有着明确的划分。美国宪法第十修正案以立法的形式确定了这一原则：联邦政府行使宪法“列举的权力”，以及根据联邦最高法院解释从“列举的权力”中可以引申出来的权力，如调控州际及对外贸易、宣战、制定条约、发行货币等；而州则享有“保留的权力”。可见，联邦的统一立法权是受到严格限制的。联邦并不享有就个人信息保护的统一立法权——即使联邦出台了该法律，州也有权拒绝适用。这种特殊国情，使得美国无法像欧盟那样，通过指令的方式，实现在全美范围内对个人信息的统一保护。其次，这种涉及新型关系的立法必定受到新型事业利益集团的质疑，网络服务者特别是数据信息产业利益集团普遍对自己行为的强力控制和约束表示担忧，自然要全力抵制关于提供用户个人信息强大保护的立法企图。所以，美国联邦始终没能出台统一的个人信息保护立法，也未能设立统一的相关独立的监督机构。

最终，美国决定对涉及个人信息的私主体关系和公权力关系做出区别的立法对待。针对私主体之间的数据使用和交易，美国联邦考虑到无法达成整体立法，所以强调行业自律规范，鼓励通过依赖和改进行业自治（self-regulation）自我约束业者行为的办法来达到有效保护个人信息的目标。针对公权力关系领域，美国联邦鉴于公共性规范的可行性，最终制定了相关单行法，即在 1974 年出台了《隐私权法》，专门规范公权力使用个人数据的问题。此外，美国将个人信息区分为敏感信息和一般信息，并对前者采取更为严格的保护制度。针对敏感信息特别保护的需要，美国联邦在特殊领域出台了一些特别法，包括 1988 年的《影视隐私保护法》、1998 年为了保护儿童隐私的《儿童在线隐私保护法案》（COPPA）等，确立对特殊主体敏感信息的公共保护原则。2013 年 7 月 1 日，美国联邦贸易委员会（FTC）修订了《儿童在线隐私保护法案》的相关规则，旨在确保父母能够全方位参与到儿童的在线活动过程，并且能够对任何人收集儿童信息的行为有所知晓，同时也注重保护网络创新，以便互联网能够提供更多的在线内容供儿童使用。有关规则要求：专门针对儿童的应用软件和网址，在儿童父母未知、未获得其同意的情况下，不允许第三方通过加入插件（plug-ins）获得儿童信息。2013 年 9 月 23 日，美国加州通过本州的《商业和专业条例》，明确规定，18 岁以下未成年人有权要求网络服务提供商删除个人信息。[①]

（二）欧盟国家模式：专门确立个人信息人格权的严格保护模式

欧盟以及相关国家立法体制较为特殊，相比美国对个人信息保护的相关法律制定方面，前者显得更加积极而有为。[②] 在法律理念方面，欧盟以及相关国家一直以来采取比美国更加严格的个人信息人格权化保护模式：在相当于隐私权的意义上，确立用户对其个人信息具有人格权地位，予以较为严格的保护，并以此对互联网从业者进行严格的行为规范。[③]

欧盟在成立不久之后，考虑到各个国家个人数据流动的实际，较早便决定在一体化进程下统一个人数据保护立法。[④] 1981 年，欧洲议会通过了《保护自动化处理个人数据公约》，但此公约过于原则。欧洲议会和欧盟理事会为了制定更加有效、具体的统一规范，经过多年努力，在 1995 年 10 月 24 日通过《关于在个人数据处理过程中保护当事人及此类数据自由流通的 95/46/EC 指令》（简称《隐私权指令》或者《个人数据保护指令》）。该指令的宗旨即为促进人权保护、统一欧洲数据保护，要求采取统一立法模式，建立独立的数据保护机构，对个人信息数据进行充分保护。此后，欧洲议

---

① 2012 年 7 月 25 日，英国司法部发布了《2012 数据保护（敏感个人数据）法令》，明确了按照 1998 数据保护法处理敏感个人数据的情况。澳大利亚也在 2012 年修订其《隐私权法》，明确了对于敏感信息的收集和处理必须获得数据主体的明确同意，并对个人健康医疗信息以及基因信息的收集和使用制定了更为具体的规范。

② 参见刘敏敏《欧盟〈个人数据保护指令〉的改革及启示》，西南政法大学硕士学位论文，2011。另参见齐爱民《论个人信息保护基本策略的政府选择》，《苏州大学学报》（哲学社会科学版）2007 年第 4 期；洪海林《个人信息的民法保护研究》，法律出版社，2010；周汉华《个人信息保护前沿问题研究》，法律出版社，2010。

③ 欧盟内部，德国属于较早保护互联网个人信息的国家。德国黑森州在 1970 年初期就最早制定了有关信息保护的法令，此后德国另外 16 个州也纷纷制定相关法令，在此推动下，德国联邦于 1977 年制定《联邦数据保护法》。这些法律或法令，都是重点对公共机构处理个人数据加以规范，显示出当时关于数据保护的关注主要来自网络公共性理念。之后，法国、荷兰、瑞典、比利时等欧盟国家也先后制定了个人数据保护法。不久，由于信息流通的发展，国际之间以及欧盟内部都产生了统一化的要求。1980 年，世界经济合作组织制定了《隐私保护与个人数据跨国流通指南》。

④ See Graham Pearce & Nicholas Platten, "Achieving Personal Data Protection in the European Union," *Journal of Common Market Studies*, Vol. 36, No. 4, 532 (1998).

会及欧盟理事会在1997年12月15日又通过《有关电信行业中的个人数据处理和隐私权保护的97/66/EC指令》（简称《电信业隐私权指令》），适用特定的电信行业。两项指令的内容包含了在网络环境下有关消费者个人信息数据采集及处理的各个方面，并且为其保护规定了具体措施。2002年7月12日，欧盟理事会和欧洲议会共同颁布了新的《关于在电子通信领域个人数据处理及保护隐私权的2002/58/EC指令》（简称《电子隐私权指令》），于2004年4月起在欧盟成员国生效实行，取代此前的《电信业隐私权指令》。①

上述立法或指令都是站在严格保护个人信息人格权的立场上来解决问题的。欧盟认为，面对网络时代个人数据保护的压力，应该从二战以后人权保护观念的角度来寻求解决之道，于是决定赋予个人信息以人格权地位，引入隐私保护并将其提升到基本权利的高度，同时适用消费者特殊权益保护，以此规范和引导网络社会的发展。在这种情况下，企业对个人信息的利益问题便相对较为漠视。首先，按照隐私权的模式，确认个人数据权并加以绝对化保护；② 同时予以强化，要求各成员国将之提升到保护自然人基本人权和自由以及消费者特殊权利的高度。③ 其次，具有很强的行为规范属性，确立了对个人数据收集和控制活动的原则，明确信息收集或控制者的

---

① See Bainbridge, D., Pearce, G., "EC Data Protection Law," *Computer Law and Security Report*, Vol. 12, No. 3, 160 - 168 (1996); European Commission, *Growth, Competitiveness and Employment—the Challenges and Ways forward into the 21st Century*, December 1993; *High—level Group Chaired by European Commissioner Martin Bangemann*, Europe and the Global Information Society, 26 May 1994; 刘敏敏：《欧盟〈个人数据保护指令〉的改革及启示》，西南政法大学硕士论文，2011。

② 用户作为数据主体，被重点赋予了以下特殊权利：①查阅权。数据主体有权在合理时间间隔下，不受迟延地、无须过度费用开支，就可以向数据控制着获知本人数据的处理情况。②拒绝权。数据主体有权以合法充分的理由拒绝第7条（e）、（f）的个人数据处理，有权拒绝以直接营销为目的的个人数据处理。③数据主体可以否定对自己的工作表现、信用、可靠性、行为特征等具有重大影响的自动化数据处理的重大法律决策。④获得救济权。数据主体有权向数据控制者请求赔偿因非法数据处理造成的损害，各成员国应确保这种司法救济。

③ See Graham Pearce & Nicholas Platten, "Orchestrating Transatlantic Approaches to Personal Data Protection: A European Perspective," *Fordham International Law Journal*, Vol. 22. Issue 5, 2222以下（1998）。

行为模式。[①] 指令适用于行为，既包括自动化数据处理行为，也包括非自动化数据处理行为，但与公共安全、国家安全有关的数据处理活动，以及与刑事司法有关的数据处理活动不在其列，自然人纯粹个人或家庭的数据处理活动也应排除。最后，强化保护机制，建立专门保护监督机构。通过专门机构方式，重点监督数据收集和控制者的行为。但是，加强数据保护机构之间的合作机制，鼓励信息跨境流通。一方面，禁止各成员国以保护个人权利为借口限制或禁止数据在成员国之间合法流通，要求各国简化手续，统一法制，提供数据跨境流通的便利；另一方面，对于成员国以外第三国的跨境流通，以充分保护为前提条件。

可见，欧盟采取了比美国更加严格的人格权保护路径。欧盟尤其强调个人信息作为基本权利和自由的崇高地位，使得互联网企业活动空间十分有限。在美国被认可的行为在欧洲可能构成违法，特别是美国试图隔离网络中间商，使其免于对用户的不当行为担责，而欧洲却为网络服务商创立了特别责任，平台在欧洲遭遇诉讼的风险极高，简单一条禁令就可以要求企业对现有体系进行重构，并导致其无法有效运行，涉身其中的程序员则甚至可能因此入狱。[②]

当然，鉴于互联网的实际，面对企业和网络服务者经营或利用个人信息日益增长的需要，欧盟也逐渐采取了一些变通姿态，最主要的做法包括：突破人格权不可让渡的原则，即将个人信息权由消极人格权向积极自决人格权方向加以改造；允许用户通过合同方式，约定或授权网络服务商收集、控制、使用甚至处理数据。[③] 通过这种人格权积极化变通加用户协议授权的变通做

---

① 参见〔德〕库勒《欧洲数据保护法》，旷野等译，法律出版社，2008，第 30～31 页。包括①合法原则。对个人数据的处理需预设目的，并限于此而作为。②终极原则。对个人数据的收集应具有指定的、合法的、明示的目的，不得与之背离，除非在成员国提供适当保护的前提下为了历史、统计和学术目的而需要做进一步处理。③透明原则。应当告知数据主体其个人数据的处理情况。④适当原则。对个人数据的收集、处理不得过度，应与指定目的相适应和具有相关性。⑤保密和安全原则。应当采取措施保证个人数据的保密性和安全性。⑥监控原则。应由数据保护监管机构监控数据处理。此外还有数据保护监管机构、跨国流通的保护性限制等规定。

② See Anupam Chander, "How Law Made Silicon Valley," *63 Emory Law Journal*, 639－694 (2004).

③ Cuijpers, Privacyrecht of privaatrecht? Eenprivaatrechtelijkalternatiefvoor de implementatie van de Europeseprivacyrichtlijn, The Hague, Sdu 2004.

法，使得数据从业者在一定程度上更方便开展工作，特别是可以通过合同方式收集、处理个人信息。此外，从指令来看，几乎没有禁止数据流通的强制性规定，在用户欠缺专业知识而数据使用者拥有了强势经济、技术的背景下，1995 年以来的指令竟然不再以此类强制性条款规范数据交易和使用市场。此前，1991 年的欧洲《计算机系统指令》第 9 条第 1 款规定，任何合同条款违背第 6 条或者第 5 条第 2 款和第 3 款的即为无效；① 而《欧盟数据库指令》第 15 条也规定，任何合同条款违反该法第 6 条第 1 款和第 8 条的将被认定无效。②

欧盟国家的这种严格立场，对网络时代个人信息保护固然起到作用，但是却与信息市场的发展趋势不太匹配，漠视数据活动对于个人信息开放的需要，抑制了数据的经济意义，导致网络服务商越来越担忧和不满。这种忧虑在 1995 年欧盟《个人数据保护指令》的酝酿阶段就已经出现。网络运营商担心强大的个人数据权的保护模式会给其经营增加巨大成本，因此提出了自己的担忧，其中信息市场化程度较高的英国、荷兰等国家甚至直接站在这种立场提出了相应报告。③ 但是指令起草者最终未能够脱离传统法

① See Council Directive 91/250/EEC of 14 May 1991 on the legal protection of computer programs, OJ 1991 L122/42. Art. 9 (1): "Any contractual provisions contrary to Article 6 or to the exceptions provided for in Article 5 (2) and (3) shall be null and void."

② See Directive 96/9/EC of the European Parliament and of the Council of 11 March 1996 on the legal protection of databases, OJ 1996 L 077/20. Art. 15: "Any contractual provision contrary to Articles 6 (1) and 8 shall be null and void."

③ 1993 年，欧共体委员会发布《增长、竞争力与就业——进入 21 世纪的挑战与机遇》，强调信息时代来临不可阻挡，应与统一的商品、服务、人力资源市场一样，建立统一的信息市场。此后，欧洲理事会组建了欧洲信息基础设施高层工作小组，在 1994 年起草了《欧洲与全球信息社会》（*Europe and the Global Information Society*）报告，提出建立欧盟数据法律保护制度的必要性，但立足点是消费者的信息时代的安全感。该报告对于后来的研究产生重要影响。之后，科孚岛政府首脑会议接受该报告，对欧洲理事会提出制定统一的个人数据保护的要求。但是，在制定中遇到英国、荷兰等质疑，它们提供报告称强化个人数据保护会增加商业组织成本。1994 年，欧盟委员会设立独立机构在英国和爱尔兰进行收益成本分析的研究，认为中小组织不会大幅增加成本，大型商业组织会明显增加成本，但比英国等研究报告宣称的要低得多。研究报告还认为，加强个人数据保护，可以促进商业组织改进数据处理程序，提高数据处理效率，带来加大数据处理设施的投资机会等好处，同时也可以增进个人对数据处理服务的信心。1995 年的指令就是在这份报告支持下形成的。现在看来，当时的争论不是没有意义的，但是数据经济在当时还没有进入“大数据”时代，数据流通的意义还没有充分显示出来，市场主体的呼吁并没有受到足够重视。

律思维的框架，而是坚持了将个人数据权单纯作为人格权以强化保护的立场，并且设立数据保护监督机构以加强对数据收集和控制行为的监督，在此框架下尽可能就成员国之间数据流通的市场需要加以兼顾。当然，其结果是许多国家只好自行其是，在实施过程中产生了许多法律分歧，阻碍了政府机构之间的合作。

欧盟委员会在 2010 年启动了对于《个人数据保护指令》的修订计划，希望在数据的一般规范领域，总体上做出一些有利于数据经济关系在现实中的规范调整，以能够更好地适应新信息技术条件下个人数据保护及流通的要求。[①] 2012 年 1 月 25 日，欧委会发布了《有关“涉及个人数据的处理及自由流动的个人数据保护指令”的立法建议》（简称“数据保护指令修正案”），提出了个人数据保护立法一揽子改革计划。但该修正案最终没有打算进行剧烈一些的改革，即没有接受关于数据财产化的主张，而是在继续坚持用户个人信息人格权保护的一般立场，一边完善用户数据及其权利范围、保护的规定，一边尽力就增进数据流通和减少商业组织收集处理信息成本等做出一些妥协规定，以便能够一定程度上促进数据经济开展。[②]

但是，欧盟 2012 年做出的此项“数据保护指令修正案”由于框架基础保守，对于数据财产化趋势重视严重不足，在此后的进程中遇到很大的阻力。2013 年 6 月，“棱镜”事件曝光，富有争议的欧盟个人数据保护立

---

① 欧盟在具体方面的一些修订，保持了过去的惯性，如电信网络信息风险领域，就在原有框架下有针对性地强化对个人信息隐私的保护。欧盟在 2011 年修订通过了《电子通信行业隐私保护指令》，引入了数据泄露通知制度（该制度为美国隐私保护立法首创，在用户个人数据丢失、被盗以及以其他方式泄露后，数据控制者应当及时通知主管机构及当事用户）。2013 年 6 月，欧委会还制定了数据泄露通知制度的具体实施规则，将其上升为条例层级，使得该制度可以直接在欧盟 28 个成员国适用。该实施规则明确了电信运营商以及互联网服务提供商在用户个人数据丢失、被盗以及因其他方式而被泄露后，应当采取哪些措施才算充分履行了数据泄露通知义务。欧盟的数据泄露通知制度与美国相比更为严格，它要求在发现泄露事件的 24 小时内，应当通知主管机构。如果在 24 小时之内不可能完成此项工作，则应当在 24 小时内提供一份初始的信息，其后在三天内补充其他信息。

② 相关修改内容，参见 European Commission, *Safeguarding Privacy in a Connected World a European Data Protection Framework for the 21st Century*, Com (2012) 9 final, Jan 2012.；刘敏敏《欧盟〈个人数据保护指令〉的改革及启示》，西南政法大学硕士学位论文，2011；何治乐、黄道丽《欧盟〈一般数据保护条例〉的出台背景及影响》，《信息安全与通信保密》2014 年第 10 期。

法改革进程出现契机，包括德国总理默克尔在内多位成员国首脑表示支持侧重用户个人信息人格权保护的这种立法改革。2013 年 10 月 21 日，欧洲议会公民自由、司法与内政事务委员会（LIBE）在经过 18 个月的讨论之后，以 40 票赞成、3 票反对、1 票弃权的表决结果阶段性通过该修正案。但这只是第一步，该法案还需在欧洲议会全体会议上表决，并获得欧盟 28 个成员国的支持方能最终通过并得以实施。欧洲议会公民自由委员会以绝大多数票通过之后，在欧洲经营的数据服务商深感焦虑，美国互联网巨头包括谷歌、亚马逊、Facebook 等公司尤其不安，派出游说人员在布鲁塞尔进行游说。欧洲议会收到 4400 多份修正案相关意见，为历次欧盟立法修正案中最多，其中大部分出自美国互联网企业的游说建议，这在欧盟立法史上也属罕见。[①] 欧洲数据组织（Digital Europe），其成员包括苹果、惠普以及 SAP 等规模较大的企业，明确批评修改内容中存在许多不合理的地方，给行业企业在控制和处理隐私数据时造成一些没有必要的负担。其中，特别是要求大企业必须进行风险影响评估更是“作茧自缚”，而其他方面的规定也使得数据外包处理的工作面临过多限制。[②] 数据商的游说不仅拖延了立法改革通过进程，而且推动了一些缓和性再调整方案的出现。[③] 2015 年 3 月，欧洲议会原则上通过个人数据保护指令修正案，但形成法律条文还需要进一步的磋商，在具体实施方面各国政府还存在一定分歧；同年 6 月 15 日，欧盟成员国司法及内政事务部长在卢森堡举行会议，一致通过欧盟委员会针对数据保护指令修正案的提案，并明确就欧盟以外的企业必须要遵守欧盟数据保护法以及企业向欧盟以外国家转移数据的相

---

① 参见吴琼《欧洲议会司法内政委员会通过新版数据保护法　欧盟数据保护立法取得重大进展》，《法制日报》2013 年 10 月 29 日；王融《欧委会推动欧盟个人数据保护立法重大改革》，《中国征信》2015 年第 3 期。

② 欧洲数据组织负责人约翰 - 希金斯（John Higgins）在发表的一份声明中表示：“欧盟方面所实施的针对一些敏感数据的保护措施本身确有其必要性和务实性，但与此同时这些措施也阻碍了那些低风险数据的流动和利用，这对于本行业企业来说无疑是增加了不必要的发展负担。”参见《隐私数据监管有所放松受到 IT 企业欢迎》，赛迪网，http：//www. ccidnet. com/2014/1012/5631091. shtml，最后访问日期：2015 年 8 月 21 日。

③ 《隐私数据监管有所放松受到 IT 企业欢迎》，赛迪网，http：//www. ccidnet. com/2014/1012/5631091. shtml，最后访问日期：2015 年 8 月 21 日。

关规定达成一致。[①] 2015 年 12 月 15 日，欧委会发消息称，欧委会与欧洲议会、欧盟理事会三方机构在立法进程的最后阶段就欧盟数据保护改革达成一致。[②]

最终，2016 年 4 月 14 日，欧洲议会投票通过了商讨四年的《一般数据保护条例》（*General Data Protection Regulation*），该条例将在欧盟官方杂志公布正式文本的两年后（2018 年）生效。

欧盟并非没有认识到大数据的市场化价值。但是，总体上，欧盟相关个人信息立法与其大数据战略存在相当的脱节，究其原因是立法中法律传统力量保持了强大的惯性，此外欧盟本身在数据经济竞争上存在与美国难以势均力敌的忧虑，或多或少具有隔离自保的外在考量。[③] 欧盟早在 2010 年便提出“2020 战略”，其主要行动计划之一就是“数字化欧洲战略”。[④] 随着 Web2.0、云计算、移动互联网等为标志的新信息技术的出现以及有关商业模式的发展，2013 年开始，欧盟开始明确将大数据和云计算作为欧盟经济的重要驱动力，为加速创新、提升产能、增强数据产业的竞争，欧盟制定了大数据战略。[⑤] 该战略要求开展以下四方面的活动：①研究数据价值链战略因素；②通过组建大数据合同制公私伙伴关系，[⑥] 资助“大数据”和“开放数据”领域的研究和创新活动；③实施开放数据政策；④促进公共资

---

① 参见《欧盟拟改革数据保护法规引争议》，新华网，http://news.xinhuanet.com/2015-06/16/c_1115635631.html，最后访问日期：2015 年 8 月 21 日；新浪科技讯《欧盟：谷歌等境外企业必须遵守欧盟数据保护法》，载新浪网，http://tech.sina.com.cn/i/2014-06-06/21439422103.shtml，最后访问日期：2015 年 8 月 21 日。

② 参见数博会《欧盟数据保护新规会带来哪些变革?》，http://www.skxox.com/20160313/1220010119.html，最后访问日期：2016 年 3 月 23 日。

③ 2015 年 10 月 6 日，欧盟法院（Court of Justice of the European Union）宣布已运行 15 年的欧美数据共享协议立即失效，这就是一个欧盟在数据上试图隔离自保的典型例子。所谓的欧美数据共享协议，即“安全港协议”（Safe Harbor），是美国商务部和欧盟于 2000 年 12 月签署的一份协议，用于调整美国企业出口以及处理欧洲公民的个人数据，如姓名和住址等，主要是为了方便企业在欧盟和美国之间转移数据。欧盟法院的裁决使得亚马逊、苹果、谷歌、Facebook 等美国跨国科技公司在欧盟收集其用户数据变得更加困难。

④ See European Commission, *A Digital Agenda for Europe*, COM (2010) 245 final, August 26, 2010.

⑤ https://ec.europa.eu/digital-agenda/en/elements-data-value-chain-strategy#Article，最后访问日期：2016 年 3 月 23 日。

⑥ http://www.chinamission.be/chn/zogx/kjhz/jh/t1202154.htm，最后访问日期：2016 年 3 月 23 日 . http://www.bdva.eu/? q=node/92，最后访问日期：2016 年 3 月 23 日。

助科研实验成果和数据的使用及再利用。[①] 为顺利保障以上活动，欧盟要求清除政策上和法律上的制度障碍，[②] 提升高质量数据的可获得性（包括公共数据的免费性），促进大数据在欧盟范围内的自由流动，寻求个人数据和隐私保护与数据开发应用之间的平衡点，保障公民获得自身数据的权利和自由。[③] 另外，欧盟委员会准备采取风险管理和减缓等措施保障大数据的安全，并减少对数据和数据库的非法使用。欧盟将重点研究影响数据流通的各种障碍，并组建专家就数据权属和提供数据的相关法律责任展开探讨。[④]

三　传统法律体制的弊端和数据财产化的理论确立

（一）传统法律体制关于个人信息保护的弊端

美国和欧盟立足援引隐私权保护或确立个人信息人格权保护的方式，来简单处理个人信息保护问题。有关立法和实践的落脚点都是以个人信息为基础，将用户视为唯一绝对的主体。这种有关个人信息保护的传统调整模式的形成，除了路径依赖之外，很大程度上也是早期互联网活动视野下可以理解的一种法律表达。早期互联网的个人信息问题，并不是以我们今天这样显而易见卷入复杂的经济利益关系的问题来呈现的。一开始，人们对网络个人信息问题的关注点不是其具有的经济价值，而是其作为网络活动内容所具有的社会公共意义或者某种个体关切的意义。初期的网络信息活动主要着眼于构建信息社会、促进信息交流、改进政府管理、充当社会舆情等方面，其想象是作为自由社会工具价值的意义。

渐渐地，私法的问题也产生了，但首先映入人们眼帘的是个人信息保

① http://www.mofcom.gov.cn/article/i/jyjl/m/201412/20141200826137.shtml，最后访问日期：2016年3月23日。

② https://ec.europa.eu/digital-agenda/en/elements-data-value-chain-strategy#Article，最后访问日期：2016年3月23日。

③ http://www.mofcom.gov.cn/article/i/jyjl/m/201412/20141200826137.shtml，最后访问日期：2016年3月23日。

④ file://Users/kongdejian/Downloads/Communicationdata-driveneconomy%20（2）.pdf，最后访问日期：2016年3月23日。

护的单边问题，如人们依赖和利用网络，在网上购物、浏览网页、购买飞机票等，输入个人信息甚至是隐私信息，处处留下各种触网“痕迹”，这些都被无所不在的网络及电子设备所记录，所以用户不免担心，在享受网络方便的同时，这些个人信息和痕迹怎么办？类似这样的网络个人信息问题，公法主要立足信息社会构建和网络信息安全防控两个方面，私法则主要站在用户焦虑的角度，基于个人信息的人格权保护思维，对信息活动进行相关约束或规范，综合表现为一套严格的信息活动的行为规范，涉及对个人信息的制造、收集、控制和传播等活动的严格规制。

但是，随着网络的发展，特别是在大数据出现和数据经济关系兴起之后，这种简单的单边处置方式很明显具有不合时宜性。首先，不断升级的网络经营对于信息处理的需求日益增强，不仅存在分析、收集、利用用户信息的必要，有时甚至负有义务和职责，这种情况下如果一味强调个人信息人格权单边保护，就会很不利于网络服务、网络平台的提供和经营，结果恐怕是网络服务难以为继，用户自身最终也会失去网络便利。其次，随着数据经济的蓬勃发展，数据资产化的经济利益越来越巨大，在这种情况下，个人信息人格权保护的简单模式与数据经济的实际运行要求也直接发生抵牾，在互联网数据经济发达的背景下，显然不能有效调和用户和网络经营者基于个人信息和数据的利益冲突关系。从数据经济关系来说，网络运营者在这种体制下，不仅要承受对用户隐私权或个人信息权的绝对保护的压力，而且由于本身顶多只能凭借用户协议授权（欧盟甚至要求明示同意机制）取得债的意义上的对个人信息的数据处理权，在这种情况下，网络经营者数据经营的保障和动力都很脆弱，不利于其发挥创造性。

（二）雷席格（Lessig）教授的数据财产化理论的提出

传统法律架构对用户个人信息赋予人格权保护的简单立场，不能适应互联网日益发展的需要，给逐渐复杂化的数据活动带来了巨大障碍。于是，一种需要法律发展的意识产生了，但是很长一段时间，这种发展意识受制于惯性，只会在既有框架内进行变通，这些变通包括：限制个人信息人格权保护，有些方面不认为构成侵权；允许个人信息人格权进行所谓的“自决利用”或“商品化利用”；允许从业者在用户授权基础上，通过用户协议取得数据收集、控制和流通的权利；必要时承认特定公共网络平台，可以基于特定公共利益的法律授权，取得对用户个人信息收集、控制和利用之权；等等。

但是这种有限的变通思维在进入大数据时代之后，越来越显得乏力甚至无益，不仅不能扫除障碍，反而给数据经济的开展带来特殊限制，不为网络服务商所欢迎，也严重影响了用户自身的利益和便利。这就引发进一步改革创制的呼声，要求理论上尽快提出与数据活动尤其是数据经济发展需要相符的新方案，以便在保护用户隐私或者个人信息的同时，能够合理促进数据活动的开展。数据活动，从本质上即要求数据的大规模收集、处理、报告甚至交易，不宜简单根据传统的隐私保护规则，单纯站在用户立场通过对隐私、个人信息绝对保护的方式，对这些数据活动进行过于严格的限制。[①] 数据财产化（data propertization）理论于是应运而生，并很快在数据经济界得到呼应。这种新的进路，重点在于将个人信息视为一种财产而不是单纯的人格。其实早在20世纪70年代初就有美国学者提出，应当将数据视为一种财产。[②]

然而，公认为系统提出数据财产化理论的，当属美国的劳伦斯·雷席格（Lawrence Lessig）教授。[③] 其在1999年出版的《代码：塑造网络空间的法律》（*Code*：*And Other Laws of Cyberspace*），被评为当时“最具影响力的关于网络和法律的著作”（the most influential book published about law and cyberspace）。[④] 该书首次系统地提出了数据财产化的理论思路。其基本主张是，应认识到数据的财产属性，通过赋予数据以财产权的方式，来强化数据本身经济驱动功能，以打破传统法律思维之下依据单纯隐私或信息绝对

① See Daniel D. Barnhizer, *Propertization Metaphors for Bargaining Power and Control of the Self in the Information Age*, 54 Clev. St. L. Rev. 113. (2006). Data is the breath of the Internet and the blood of the information economy, and it is in the nature of the beast to collect, collate process, and report this data.

② See Alan Westin, *Privacy and Freedom*, The Bodley Head Ltd., 1970.

③ See Paul M. Schwartz, *Beyond Lessing's Code for Internet Privacy*: *Cyberspace Filter*, *Privacy-Control*, *and Fair Information Practices*, Wisconsin Law Review, 746 (2000).

④ See Henry H. Perritt Jr., Lawrence Lessig, *Code*: *And Other Laws of Cyberspace*, 32 CONN. L. Rev, 1061 (2000).

化过度保护用户而限制、阻碍数据收集、流通等活动的僵化格局。所以，应该按照数据活动的要求，通过一种赋予个人信息以财产权品格的新的设计，使得数据活动更加方便和顺畅。[①]“法律将会是隐私方面的一种财产权。个人必须具有可以针对隐私权和隐私权所享有的权利进行协商的能力，这就是财产权的目的：财产权所界定的是，凡是想要取得某些东西的人，就必须在取得之前先进行协商。”[②]

但是，应当赋予谁以数据财产权呢？是用户还是数据经营者呢？雷席格和其追随者认为，应当授予用户（事实的数据主体）以数据所有权，因为通过法律经济学分析，数据财产权应该赋予用户，这样才更有效率。[③] 这里可以比较一下，如果将数据财产权授予数据收集者即经营者，那么事实上的数据主体（data subjects）即用户，就要花费大量的成本才能发现信息是否被搜集以及正在被如何使用，而数据收集者将不需要支付任何成本，因为其已经占据并使用着数据。此外，与数据收集者不同，用户（事实上的数据主体）面临着集体行为的困境（collective action problem），这一点在对企业的监控成本过高时显得特别明显。一旦通过法律认可了用户对自身数据的财产权利，数据收集者要获得用户的个人数据就只能通过合同或侵权两种路径。前者（即合同路径）是一种合法的行为，数据收集者必须与用户签订合同，征得数据主体对其收集、使用、处理或出售数据的明确同意。依据美国合同法理论，一个有约束力的合同原则上是应当有对价（consideration）的，即数据使用者必须给予用户一定的补偿。后者（即侵权路径）则是一种非法行为，当数据收集者未经用户的允许而径自收集其个人数据时，即构成了对用户数据财产权的侵犯，因此应当按照侵权路径追究数据收集者的相关责任。

一旦承认了用户具有数据财产权，那么就会迫使数据使用者主动与数据主体进行商议，如此改变了用户在数据市场被忽视的境地，使得用户获

---

① 参见〔美〕劳伦斯·雷席格《网络自由与法律》，刘静怡译，台湾商周出版社，2002，第396页以下。本书即 *Code: And Other Laws of Cyberspace*，中文译者台湾学者刘静怡为了表达形象起见，将该书名字做了转换。

② 〔美〕劳伦斯·雷席格：《网络自由与法律》，刘静怡译，台湾商周出版社，2002，第400页。

③ See J Kang, *Information Privacy in Cyberspace Transactions*, 50 Stan. L. R. 1193 (1998).

得了一定的议价能力（bargaining power）。更何况，技术也降低了数据经营者和用户协商的成本。网络技术的发展使得隐私强化技术成为可能，其中最为典型的就是隐私参数平台协议（Platform for Privacy Preferences），简称P3P。P3P可以生成供计算机识别的个人隐私参数。一旦某个网站不符合用户的个人隐私参数，P3P就将自动告知用户。如果一个网站利用P3P设定其隐私策略，而该隐私策略与用户的个人隐私参数不符，那么，该网站或用户就会认识到这一冲突。如此，就会引起用户的充分警觉。对危险的认识无疑是保护个人数据的第一步。另外，网络技术的发展一方面使得数据主体和数据收集者之间的议价成本降低，另一方面在应用时也需要法律为数据主体提供足够的助力。换言之，P3P框架内的请求是可以强制执行的。当然，这无疑需要法律的支持。[①] 雷席格教授认为，只有承认用户对数据的财产权，才能够使该诉求得到法律的支持，才能够借助既有的法律应对新时代中的数据纠纷。[②]

雷席格认为，赋予用户数据财产权，除上述作用以外，对于个人数据的保护还有以下两种优势：其一，数据财产化可以满足不同人的隐私需要。无论是依赖行政管制还是刑法规范，都是一种“责任路径”。但是，“责任路径”是以客观价值来评价个人数据的，虽然实际上不同人对自己的个人数据会有不同的认识。以电话号码为例，对一个学生而言，其手机号码被公布或许不是什么大不了的事情，但是如果是影视明星、政府官员的手机号码被公开，对他们而言或许就是不小的麻烦了。实证研究也表明，人们对隐私保护的态度不一。[③] 面对这一现状，如果采用财产路径，便能够使公民对其个人数据的不同“定价”得到实现，而如果仅仅只有责任路径，“客观价值”或多或少都会让人感到失望。其二，“财产路径”可以起到预防之效。法律规范行为主要有两种机制：事前（ex ante）机制和事后（ex post）

① 关于P3P技术和隐私强化的关系，参见 Joseph M. Reagle Jr.，*P3P and Privacy on the Web FAQ*，Version 2.0.1（1999），available at http://www.w3.org/P3P/P3PFAQ.html，最后访问日期：2016年3月23日。引自〔美〕劳伦斯·雷席格《网络自由与法律》，刘静怡译，台湾商周出版社，2002，第399页注51。

② See Lawrence Lessig，*Code*，*Basic Books*，226（2006）.

③ See Lior Jacob Strahilevitz，*A Social Networks Theory of Privacy*，University of Chicago Law Review 72，919，921（2005）.

机制。[1] 后者是反应型的，即对某一事件做出反应；前者则是预防型的，即预测并防止某事件的发生。现代社会越来越倾向于预防型规制。例如，以往对犯罪嫌疑人的侦查，只有在事实发生且特定人有重大嫌疑的情况下才能为之；而机场对人体的搜索则是在没有安全事件发生之前就进行的，先进的技术使得工作人员可以透过衣服观察人们是否携带违禁品。对于个人数据的保护，也应该侧重于事前预防而非事后救济。“责任路径”着眼于在事件发生之后给予适当的补偿，而“财产路径”则要求在获得财产之前进行协商。财产制度的关键是给所有人以控制信息的权利，允许人们拒绝转让信息财产。“财产路径”重视选择，而“责任路径”重视赔偿。雷席格教授认为，只有承认数据是一种财产，才会使对数据市场的规范由事后变为事前，才能预防大规模损害公民个人数据的现象发生。[2]

雷席格的数据财产化理论直接回应了数据活动和数据流通的财产化需要问题。网络社会初期，网络技术的发展虽然使得网络信息制造、传播和搜集成为可能，但是在很长一段时间里，网上的信息活动更多只是在信息社会层面进行开展，[3] 网络信息经济化程度不高，“网络信息”在财产上的意义还没有显示出来。在这种情况下，一般意义的权利规范、行为规范、管理规范稍加修改调整，似乎便可为依据，于是站在社会公共利益与用户作为个人信息主体的关系层面，简单聚焦于个人信息保护问题，从传统法律思维出发，立足个人信息主体的立场，简单将个人信息纳入广义隐私权保护即是。其后，随着商业化数据活动的开展日益增加，法律或者司法实践对于商业组织的有关数据关系和数据活动的需求，在原来路线的基础上首先考虑的是采取变通的做法，仍然以用户享有个人信息权人格化利益为基础，但通过对此人格权赋予积极自主功能以及商品化利用的可能。基于此，网络从业者得以通过用户授权协议确立债的关系，支持自己的收集、

① See Guido Calabresi and A. Douglas Melamed, *Property Rules, Liability Rules, and Inalienability: One View of the Cathedral*, Harvard Law Review 85, 1105 (1972). See also Lawrence Lessig, *Code and Other Laws of Cyberspace*, Basic Books, 160 – 161 (1999).

② See Lawrence Lessig, *Code*, *Basic Books*, 228 – 230 (2006).

③ 早期个人信息保护法的侧重点确实是在公法规范的角度展开关于数据的规范，即除了确立个人信息的人格权和基本权利地位之外，重点在于规范和限制公共机构对个人数据的处理行为。例如美国 1974 年《隐私权法》、德国 1977 年《联邦数据保护法》，都是如此。

处理及控制个人信息的合法性，试图适应现实发展的需求；同时强化个人信息权的基本权利地位以及用户作为消费者的特殊权利的保护问题。但是，随着数据活动的日益频繁和规模化，数据商业化利用空间日益加大加密，单纯的个人信息人格权的规范模式的悖谬和捉襟见肘感，已经显得十分强烈，即使进行了种种变通，也仍然无法消除其牵强性和不适应性。在这种情况下，雷席格认为，简单地把个人信息的价值属性仅仅看成只具有人格价值属性，显然不符合实际，不如直接采取赋予其财产权的方式，这样更加顺畅也更加合乎时宜。互联网环境中的个人信息，固然属于用户人格的一部分或者人格发展的一部分，但是，在数据活动开展之下，特别是在商业开发和应用的范畴，它同时也具有强大而独立的财产意义，在这种情况下，与其扭扭捏捏赋予人格权自决性和商业化品格，还不如对个人信息进行兼具财产权品格的创制，使其兼具两种属性。

雷席格的数据财产化理论提出后，引起美国法学界的广泛关注和热烈讨论，关于该理论的正反方面的反响巨大。① 这一理论发展为现实中的数据活动注入了新鲜要素，一些相关的新规则逐渐演化出来。例如，过去关于用户对于个人信息的顽固的控制权观念，渐渐由更加实际的利益方案所取代。其中，最重要的当属数据红利共享制度的发展，其旨在保障数据主体能够从对自身数据的收集和使用当中获益。奥巴马政府在2011年就推出了“绿色按钮”计划，“要求必须使得顾客能够以一种可下载的、标准的，容易被使用的电子形式查询自己的能源使用信息”②；2011年9月，美国首席技术官要求工业必须“以在线且可被机读（machine readable）的方式公布用户数据，并且不能限制用户对这些数据的再利用。”③ 数据可下载、可机读的特性，也促使企业纷纷开发相关的技术以吸引消费者，如能源管理系统和相关的智能手机应用等，使得消费者获得便捷的应用程序以合理规划

① Julie Cohen, Examined Lives: Informational Privacy and the Subject as Object, 52 STAN. L. REV. 1373 (2000).

② National Institute of Standards and Technology, Green Button Initiative Artifacts Page, http://collaborate.nist.gov/twiki-sggrid/bin/view/SmartGrid/GreenButtonInitiative，最后访问日期：2016年2月19日。

③ Aneesh Chopra, Remarks to Grid Week, September 15, 2011, http://www.whitehouse.gov/sites/default/files/microsites/ostp/smartgrid09-15-11.pdf，最后访问日期：2016年3月23日。

他们的能源使用。美国许多企业在政府引导下积极实施数据红利共享计划，给用户输送切切实实的经济利益，使其对数据的控制执着转化为分享大数据红利的交换动力。以 Personal. com 网站为例，该网站致力于使个人从自己的数据中获益，它提供给用户个人在线的“数据保险库”（Data Vault），以存储自身的很多个人信息，如消费习惯、旅行记录、在各种网站的登录记录以及地理位置等信息，用户可以与他们的朋友、家人、顾客或同事分享这些信息。更重要的是，用户通过收费的方式给商家提供适当的接口以了解这些信息，从而获得直接的经济利益。当然网站也不吃亏，收取 10% 的手续费，并且通过付费的方式接入连接，许可连接者利用这些特定的信息进行精准化营销、市场预测等。①

（三）完善雷席格关于数据财产化理论的必要性及其发展方向

雷席格的财产化理论，虽然从用户角度赋予个人信息，同时以财产化的私权构建，但这仍然属于立足用户的一种单边构建。雷席格所谓经济分析的论证，并非立足于复杂结构的分析，而只是简单地在用户和网络运营者之间，就数据财产化利益进行了一次非此即彼的决断，单方面赋予用户个人信息财产权，而排斥了数据从业者的应有地位和正当利益诉求，具有一种令人遗憾的单向性不足的特点。

当然，雷席格并非有意对数据从业者的作用视而不见，他提出该理论时（1999 年）年代还太早，数据经济尚在初始阶段，数据从业者和商业组织对于数据经营的作用和意义尚未得到充分展示，数据经济内在复杂的结构特点凸显尚待时日。随着大数据时代的到来，基于用户个人信息单方面的财产化，很快就不能反映数据经济结构关系的实际特点和内在需求。

大数据条件下，可以借助分析和加工使大数据成长为核心竞争力资源并不断创造巨大经济价值。数据经济由此得以充分展开。随着数据经济的发展，数据从业者的重心地位日益凸显，这种单向性不足越来越明显。互

---

① Thomas Heath，Web Site Helps People Profit from Information Collected about Them，Washington Post，June 26，2011，http://www.washingtonpost.com/business/economy/web-site-helps-people-profit-from-information-collected-about-them/2011/06/24/AGPgkRmH_story.html，最后访问日期：2016 年 3 月 23 日。

联网企业面向大数据时代，开发储存、分析、服务的各种新技术、新平台，如云计算、hadoop、MapReduce、NoSQL 等，持续提升数据收集、储存和分析能力；工业企业、电商、服务企业等不断拓展大数据在工商业和管理上的应用；一些专门的数据运营商、经纪商也出现了，数据交易平台逐渐涌现。

在这种大数据背景下，数据经济逐渐体现为一种围绕数据经营和利用而展开的复杂关系，于是一种双向动态结构显示出来，即以数据从业者数据资产化追求为中心，围绕数据收集、数据利用、数据开发和数据经营，展开一套复杂而动态的数据活动和利益关系。[①] 从目的而言，是通过数据经营活动，即对数据的利用、开发和经营，最终达成创造和实现数据财产化利益的效果；从行为上说，是对数据开展大规模收集、处理、加工、利用乃至交易活动；从结构上说，具有显著的双向性和重心偏向性，从业者和用户属于活动和利益紧密相关的双方，其中数据从业者处于结构重心，是数据活动的关键驱动所在。[②]

可见，雷席格及其追随者立足用户角度的单向财产化方案，既没有反映数据经济的双向结构和动态开展的关系本质，也没有切合数据从业者处于重心驱动位置的实际特点，所以虽然解决了对于用户初始数据的财产利益确认，但却不能满足数据经济作为整体上的财产利益机制建构要求，特别是数据从业者作为经济关系重要一方的结构性需求。

四　当前数据新型财产权的合理化构建及其体系展开

（一）数据新型财产权的构造基础

当前数据资产化势不可挡，在这一前提下，作为经济基础对法律上层

① See J Kang, "Information Privacy in Cyberspace Transactions", 50 Stan. L. R. 1193 (1998).

② See Daniel D. Barnhizer, *Propertization Metaphors for Bargaining Power and Control of the Self in the Information Age*, 54 Clev. St. L. Rev. 113 (2006). "Data is the breath of the Internet and the blood of the information economy, and it is in the nature of the beast to collect, collate process, and report this data."

建筑的积极要求，一种数据新型财产权制度的构建极为迫切，堪称“供给侧改革”之急需。这种数据新型财产权的制度设计，必须结合数据经济的双向动态结构，特别是数据经营者的重心驱动作用，如此才算完整。换言之，应该立足数据经济的目的合理性本质，在平衡用户和数据从业者以及其他人员复杂利益关系的基础上，确立相应的数据财产权。这也是雷席格单向性的财产化理论应该据以完善的依据和方向所在。

可见，数据新型财产权的构建，不能只体现为初始数据的单边财产权配置问题，而是应当反映数据经济实际形态对于财产权配置的多主体的复杂结构动态要求。数据经营者和用户进入数据交易关系，只是数据经济的初始环节，从其全部环节看，数据从业者合理开展数据经营、实现数据资产化、创造数据财富和应用价值，才是大数据时代数据经济的意义所在，它体现为一个动态复杂的关系结构和活动过程。

从主体角度来说，就数据经济的利益关系而言，存在用户和数据从业者的双向性，或者说存在个人信息和数据资产的区分性。一方是用户，其既为个人信息原初主体，也是数据经济的初始数据的供给主体或曰生发主体，其自身或者基于网络活动产生初始数据，由此成为初始数据的实际生发者，并可以因为授权而成为该初始数据的供给者或输出者；另一方是数据从业者，包括专门的数据商以及其他依法从事数据活动（收集、控制或处理数据）的主体，他们以数据活动为业，首先通过初始交易关系或服务平台取得用户的初始数据，成为被授权人或受供给者，继而通过数据集合、利用、加工及交易，成为数据进一步的占用者、数据产品的加工者和持有者、数据资产的经营者和获益者等。

从数据经济的过程来说，存在从数据采集、整理、加工、利用到数据资产交易的动态性。首先，是数据采集，原初数据交易处于这一环节；其次，是数据整理、加工、利用等活动，其中基于数据整理或加工，通常形成数据库、数据平台和数据决策等各类数据资产；最后，是数据应用或交易，数据资产持有者对于其数据资产进行应用或交易，以实现数据资产的使用价值或交易价值，取得效益或收益。

总之，数据经济的主体利益结构和发展过程较为复杂，对数据经济关系进行相关财产权设计，不能只孤立地、静态地看到数据的原初形态即个人信息这么一种简单存在，而应该看到数据经济的双向结构与发展过程。数据经济双向动态且以数据从业者为主要驱动装置的结构性质，要求数据新型财产权构造也应该呈现双向动态和以数据从业者为重心驱动的结构特点。

（二）数据新型财产权的阶段和类型

数据新型财产权从体系上说，应该在区分个人信息和数据资产的基础上，进行两个阶段的权利建构：首先，对于用户，应在个人信息或者说初始数据的层面，同时配置人格权益和财产权益；其次，对于数据经营者（企业），在数据资产化背景下，基于数据经营和利益驱动的机制需求，应分别配置数据经营权和数据资产权。

1. 用户基于个人信息的人格权和财产权

从用户而言，其作为初始数据的个人信息事实主体，且基于数据经济环境的依存性，体现出人格化和财产化的双重价值实现面向，所以可以赋予其人格权和财产权双重权利。这一阶段，无论是基于传统的私法正义理论，还是依据现代的法律经济学方法，配置基础方面都应该支持配置给用户。在这里，个人信息的人格权和财产权配置上相互分立，各自承载或实现不同的功能。其中，信息人格权近似于隐私权，又应当区分敏感信息和非敏感信息，严格保护前者甚于后者；而信息财产权则近似于一种所有权地位的财产利益，用户对其个人信息可以在财产意义上享有占有、使用、受益甚至处分的权能。

2. 数据经营者基于数据的经营权和资产权

从数据经济的整体而言，基于数据从业者的结构需求和在数据经营事业中的重心驱动作用，同时基于数据从业者的经营活动的动态过程性特点，对于数据从业者也应进行相关权利配置。这种配置不同于一般的静态权利配置，它需要根据数据活动的规律，结合数据活动的目的和阶段价值需求，除了达成数据活动的规范功能，更重要的是达成对动态中的数据利益的合理配置功能，从而明确界定数据从业者在数据经济活动过程中的地位和利益关系。总体上，应当赋予数据从业者数据经营权和数据资产权两种数据新型财产化权利。

这些权利近于物权设计，具有绝对性和排他性，其中数据资产权也与工业知识产权有一定的相似性。这些财产权类型之所以要予以绝对性、排他性构建，在于一般性的债权地位不能支撑现代数据经济的内在动力和保障需求。数据从业者对于经营中的数据利益，仅仅具有依据用户授权合同而取得的债的地位，是一种微弱而不具有绝对保护的财产地位，显然难以支持和保障数据开发和数据资产化经营的需求；相反，绝对财产地位的构建，则可以使数据从业者获得一种有关数据开发利益的安全性市场法权基础的刺激和保障，数据经济得以置身于一种高效稳定的财产权结构性的驱动力和交易安全的保障之中。

首先，是数据经营权，这是一种关于数据的经营地位或经营资格的权利。数据经营权是互联网条件下确立的一种新型经营权，从理论上来说它根基于对数据经营的效率和安全特殊考虑，是一种经营限制权。从功能上讲，法律通过数据经营权的确认，不仅为数据经营者提供了从事经营的结构性的驱动力和保障，而且还给予了享受特定倾斜扶持政策的机会。数据经营者可以据此以经营为目的对他人数据进行各种处理，具体包括收集、分析、整理及加工等。数据经营权具有某种专营权（专项经营权）的性质，具有特定事项的专向性和排他性，这与网络企业取得一般性网络经营许可不同。初期，为了减少过度竞争，加上严格保障数据安全和效率的谨慎考虑，有关国家不仅采取严格许可制方式加以限制，而且往往还进行各种政策配套和其他方面的扶持。

数据经营权是否有必要设置，主要看有关国家对于数据经济的管理立场。从一般的市场化原则出发，应当欢迎经营自由而不是经营限制，但是研究者在数据经济活动中发现，数据经营其实存在效率和安全等多方面的复杂问题，所以不是那么简单。数据经营在效率上需要依赖一定的技术条件和管理基础，在安全上需要予以特殊保障。数据安全是一种现实的威胁，这种威胁既可对个人，也可对社会或者国家。在这种情况下，可以通过特别的资格管控来达成目标，所以可以考虑引入经营限制，对于数据经营仍处在初级阶段的我国来说更值得考虑。

经营限制有行政直接限制和私权限制两种方式，比较起来，后者当然更加灵活，也接近市场化机制，这就是私法意义的特定化的经营权。私法上特定化经营权通过法律规定或者特定机构依法授予或许可而产生，通常存于特定效率或者安全考虑的事业中，我们常见的比如矿业权、建筑执业权、金融特许经营权、出租车经营权、公用事业特许经营权等。需注意，数据经营权设置，应当限于数据资产化经营的企业，且尽可能贴近经营自由而合理规范设立许可规则和监管规则，避免任意和任性。对于公共数据从业者，则应该基于公共利益和维护个人信息的特殊考虑，依据法律授权或者行政特许方式，严格管制其数据活动；而对于数据自用或者自营的企业则应该不受数据经营权限制，可以立于经营自由而活动。

其次，是数据资产权。这是数据经营者对其数据集合或加工产品的一种归属财产权，近似于所有权的法律地位。数据经营者据此权利，对自己合法数据活动形成的数据集合或其他产品（数据库、数据报告或数据平台等），可以占有、适用、收益和处分。从功能上说，数据资产权是法律对数据经营者的数据资产化经营利益的一种绝对化赋权，既是对其经营效果的一种利益归属确认，更是通过提供便利和安全的保障而鼓励数据资产化交易的一种制度基础。数据资产权不仅促进数据产品交易本身，也特别促进数据加工的开展，直接鼓励了数据经营和数据资产创造，因为这种绝对化赋权立足劳动正当论，使得数据加工活动及其添附价值得到格外重视，数据从业者可以凭借其极具有价值和创造意义的数据加工活动，取得对于数据产品的绝对权并进而获得其财产利益。

数据资产权的客体，不是物权法上一般意义的有体物，而是作为无形物的信息或数据，严格说从法律形态上独立于个人信息的原初形态，是具有特定功能或者利用价值的数据集合或者数据产品。而且，数据具有很强的时效性和浮动性，从数据资产权客体经营的特点来看，在本质构成上往往只能相对确定。随着时间发展它可以不断变化，而且往往只有不断变化升级才能维持或提升价值。这一客体的特点，有点类似浮动担保，所以也需要借助隶属经营主体的固定来相对确定，同时需要借助登记来加以区隔特定化和进行公示。数据资产权基于客体的特点可以多层次化，对他人数据产品进行合法整理和加工，达到一定的价值创造程度后便可以形成新的数据资产权的客体，从而获得独立性。这些都可以通过具有公信力的登记来进行区隔，以实现不同数据利益的精准划分和归属。数据资产权建立在整理加工基础上，在性质上接近物权，但是其以一定的价值添附创造为基础，又与工业知识产权有相似性。所以，数据资产权是具有一定垄断性的权利，在权利设计和保护上应引入工业产权的某些规则，特别是基于鼓励数据流通、数据公共使用和数据再创造的需要，应当在必要时对其确立强制流通、强制使用和允许他人再创造的规则。

数据经营权和数据资产权兼有保护型权利（共益权）的特点，具有以私权名义促进共益的一面。法律基于数据事业的特殊性，赋予从业者数据经营权、数据资产权，其目的在于：以这种权益刺激的方式，鼓励数据从业者进行加工创造，以此推进数据产业发展；同时也是确立一定的权利门槛以维护市场合理竞争，同时维护用户和消费者利益，最终造福国家经济和社会。正因为如此，数据经营权和数据资产权本身负有诸多义务，包括促进数据共益、维护数据安全、保护个人信息等。

（三）数据新型财产权的体系动态关系

首先，数据经济的各种权利之间形成一种共存叠生、动态依存的体系关系。数据经济的双向结构和动态发展性，使得用户和数据经营者之间、不同层次的数据经营者内部之间在权利行使上处于一种相互配合、相互限制的动态体系关系，彼此围绕数据经济的合理关系和生态结构而布局。

数据经营权、数据资产权以个人信息权为基础和前提。数据经营在涉及对个人信息采集、利用或加工时，除非法律有特殊规定可以依据其他方式，原则上需要取得个人信息权主体同意。当然，有关同意方式，应该结合网络经营的特点来规定，在特定情形如基于公共利益或数据共益的考虑，或者在有数据安全的保障机制前提下，同意的方式可以适度宽松化，比如放宽授权的形式要求、允许默示，甚至特定情形允许自动采集。同时，数据经营过程有关权利行使和其他活动，也不得超出数据经营的目的和个人信息权人的授权范围。此外，个人信息的授权，应该限于财产利益本身，有关人格权利益并不因此让渡，应该继续得到保护，所以在数据活动中，个人信息的人格权保护必须贯彻始终，且具有公共秩序的高度属性。因此，个人数据安全保护，始终也同时是数据从业者的一项公共性义务。

不过，数据经营权、数据资产权本身仍然都是独立的权利，个人信息一旦授权出去，经营权人就可以在合法和合目的范围内对取得授权的个人信息进行数据经营活动，其中，数据资产权是数据经营的结果，本身建立在对原始数据的一次或多次加工基础上，与个人信息财产权存在一种类似于新物所有权和原材料所有权的关系。

其次，数据经济的各种权利本身也受到相应行为规范的限制。数据经济中的各种权利，除了自身在取得（即狭义数据经营活动）、行使、保护等方面受到一般目的限制之外，还受到许多相关行为规范的限制。这些行为规范，或者属于公法上的义务规范，例如基于数据国家安全和公共管理需要的义务；或者属于私法上的特定义务规范，例如基于诚实信用、市场公平和消费者利益的义务等。不同行为规范各自指向的特殊功能不同，有的指向私人权利本身，有的指向数据经济秩序，有的指向数据安全（包括数据个人安全、数据社会安全甚至数据主权安全），有的指向其他有关互联网事业的公共利益或者政策要求（例如数据开放、数据流通等）。商业数据与公共数据因为功能差异，尤其在行为规范方面存在重要区别。不同行为规范通常存在一种整体关联性，共济并存、互为依存。

总之，数据经济中的各种权利，应该在数据经济整体之中加以把握，它们通过十分复杂的规范系统组合，兼顾市场、社会、国家各种利益关系，最终达成数据经济的繁荣发展和正当化价值并存。

结论：数据新型财产权构建正逢其时

当前，我们正置身于大数据时代，这一时代因为互联网和数据技术的飞速发展而改变，数据经济突如其来，使得我们面临法律创制的重大挑战。有关法律创制的机遇，往往都是在新的社会经济方式出现或者社会经济关系形成之时，此时便有一种迫切要求，不能再简单地对陈旧的制度加以调整，而是应该及时创制适应新经济关系的制度规则。

但是，任何新事物登场后都具有两种可能，或者是得到合理的、及时的调整和规范，或者是相反。利益法学派鼻祖耶林曾言，法律应该是一种合乎社会目的的存在，且“是通过国家权力作为外在强制保障的社会存在条件的总和。"[①] 所以，法律在与社会现实关系上，应该努力适应而不是裹足不前。"制定法本身和它的内在内容，也不是像所有的历史经历那样是静止的，而是活生生的和可变的，并因此具有适应能力"，[②] 历史上各种物权或者债的关系的出现，都是与现实经济关系互动的结果。

关于数据经济，我们现在尚处于不能及时跟进立法供给的尴尬境地。既有的做法主要囿于传统法律框架，在确立用户个人信息人格权保护基础上，进行单边式规范调整，即使做出了一些必要变通，例如承认个人信息权具有自决功能和商品化利用品格，引入用户协议等，仍然远远不能适应数据经济的合理需要。这种情况既无法满足用户以其个人信息展示财产价值、参与和分享数据经济的正当要求，[③] 更重要的是也不能为数据经济的主要驱动者——数据经营者，提供一种合理而有保障的财产机制，使其充分发挥数据经营和创造功能。

数据新型财产权于是呼之欲出。从数据经济关系具有双向、动态特点和数据从业者处于重心驱动位置的复杂结构来看，在区分个人信息和数据资产的基础上，对数据经营者配置以数据经营权、数据资产权具有重要意义。首先，它是一种具有数据市场化法权意义的配置方式。财产权这种法律形式，本身就包含市场化自由的理念，它成为数据经济市场化的权利基石。其次，财产权机制也可以为国家调控或监管数据经济提供更加市场化的手段。相比行政手段而言，数据财产化权利设计属于私权机制，所以可以更加贴近市场功能。最后，数据新型财产权还兼具分配正义的规制作用。数据新型财产权在性质上属于绝对权，比起债权这样的相对权，可以更好地体现数据经济功能运行中的分配正义原理，[④] 还可以平衡好自由、效率、安全和公平等各种价值，发挥对资源和利益的制度配置功能。

---

① Zweck im Recht, 2d ed., vol. i, 511. 转引自 Munroe Smith, *A General View of European Legal History and Other Papers*, Ams Press, INC. New York, 154 (1967)。

② 〔德〕卡尔·恩吉施：《法律思维导论》，郑永流译，法律出版社，2004，第 109 页。

③ 参见刘德良《论个人信息的财产权保护》，人民法院出版社，2008，第 102 页。

④ 亚里士多德最早对分配正义做出经典阐述。参见亚里士多德《尼各马可伦理学》第七卷第 6 节，邓安庆译，人民出版社，2010。

论代码的可规制性：计算法律学基础与新发展*

赵精武　丁海俊**

摘　要："The DAO" 事件引发了人们对法律与代码关系的思考，代码世界不可以脱离法律的规制，法律治理应当与技术治理有机结合，法律治理应优先于技术治理，且技术治理不可突破法律治理的框架。作为域外兴起的新领域计算法律学，其发展经历了计量法学、旧计算法律学和新计算法律学三个阶段，正伴随着区块链等新技术发展而不断迭代升级。未来的计算法律学从架构上应当优先选择私有区块链，并进一步强化智能合约法律化。计算法律学核心难点在于法律本体的代码化，具体表现为法律条文的语义处理、合同文本的代码化、法律推理分析等多个内容。中国的计算法律学，需要落实到中国法律本体问题的研究上。

关键词：计算法律学　区块链　智能合约　技术治理　法律本体

Abstract: This paper focuses on the relationship between code and law. The DAO has raised the rethinking of the cyber world and physical world. The legal governance should combine with technical governance, legal governance should be the priority method in the governance framework. Computational law has undergone three stages: jurimetrics, old computational law and new computational law. It has

---

* 本论文系中国法学会2016年度部级法学研究一般课题"安全防范信息的采集与利用相关法律问题研究"，项目号 CLS(2016)C13；国家社会科学基金重大项目"信息法基础"(16ZDA075)；中国法学会2016年度部级法学研究一般课题"大数据时代公共机构的数据开放及其法律问题研究"阶段性研究成果，项目号 CLS(2016)C37。原文刊于北京大学《网络法律评论》第19卷。

** 赵精武，北京航空航天大学在读法学博士；丁海俊，北京航空航天大学法学院副教授。

been continuously upgraded with the development of new technologies such as block chain. In the future, computational law should focus on private block chains, and strengthen the legalization of smart contract. The core of future research of computational law is the Legal Ontology.

Key words: Computational Law; Blockchain; Smart Contract; Technical Governance; Legal Ontology

一 问题的提出

2016年6月17日，一个被称为“太阳风暴”的漏洞在互联网激起了轩然大波，黑客发布一封公开信，声称其能够在不对系统自身造成任何破坏的前提下，通过 The DAO（Decentralized Autonomous Organization）自身系统功能获得以太币，因为“The DAO 代码本身就包含这种未被发现的功能”,[①] 按照代码世界的通行规则，其行为并非盗窃，其所利用的漏洞没有超出 The DAO 任何的代码设定，黑客认为自身的行为是“合法并正当的”。在公开信的后半部分，黑客强调，任何软分叉或硬分叉,[②] 都是在侵犯他人“合法且正当获得的以太币”，黑客甚至带有威胁性地指出，任何分叉行为将有害以太坊生态。[③]

这一事件引发了激烈讨论，总结来看主要包含两个问题：去中心化的

---

① The DAO 被攻击事件考察报告，载 http://ethfans.org/posts/127，最后访问日期：2017年7月14日。

② 软、硬分叉的本质在于是否接受现实世界法律“诚实信用”“公序良俗”等原则的规范。软分叉是指人们无须考虑黑客行为的合法性与否，只要接受黑客的行为，但接下来要避免类似情况的再次发生；更改既有的程序，使得协议发生了变化，但旧节点却不能发现这个协议的变化，从而继续接受新节点用新协议所挖出的区块。旧节点矿工将可能在他们不能完全理解和验证的新区块上继续添加区块，一言之，强制回溯到问题交易发生前的状态。硬分叉是指必须接受现实世界的法律指引，黑客所导致的交易必须被取消。协议发生了一些变化，以至于旧节点不接受新节点所创建的区块。随着这些区块被旧节点抛弃，矿工们将在他们（各自）的协议中认为正确的最近一个区块上添加区块。*The Differences between Hard and Soft Forks*, available at https://www.weusecoins.com/hard-fork-soft-fork-differences/ (visited 26 Jun 2017).

③ *Understanding The DAO Hack*, available at http://www.coindesk.com/understanding-dao-hack-journalists/ (visited 25 Jun 2017).

思想是否合理，究竟是选择使用公有区块链还是私有区块链？智能合约是否是真的合同？笔者认为，上述两个问题可以归结为一个问题，即网络世界的法律“代码”是否应该受到现实世界法律的指引？[①]

二 代码是否需要管控

早期网络理论家持有一种代码自由主义的观念，认为代码空间具有一种抗拒管制的能力，不可以也不应被管制，政府对于代码世界施加管理的必要和能力都极为有限。[②] 随着勒索软件等新兴网络安全事件频出、“网络主权”观念的不断深化，人们意识到完全放任自由的代码空间是不可能存在的，各学科专家开始围绕网络是否应该被管控展开了深入的研究。

计算机专家侧重标准与应用技术的开发，如 XML 和 Java；[③] 电信专家侧重从关键基础设施强化角度加强网络治理；[④] 通信专家侧重通信安全的保护；[⑤] 法学家多从维护网络空间不同主体正当利益的角度[⑥]对代码世界的治理加以认识。[⑦]

随着研究的深入人们逐渐发现，单个学科的视角很难透析代码世界的全貌。库恩指出，研究范式的转换意味着思维方式的转换。[⑧] 随着代码经济

---

① 说明：文中的网络世界指的就是代码世界，二者的含义相同。

② 转引自龙卫球《我国网络安全管制的基础、架构与限定问题——兼论我国〈网络安全法〉的正当化基础和适用界限》，《暨南学报》（哲学社会科学版）2017 年第 5 期。参见劳伦斯·雷席格《网络自由与法律》，刘静怡译，台湾商周出版社，2002，第 42 ~ 44 页。例如：Paulina Borsook，*How Anarchy Works*，Wired 110（October 1995）：3. 10.；Davis Johnson and Davis Post，*Law and Borders：The Rise of Law in Cyberspace*，Stanford Law Review 48（1996）：1367，1375；Tom Steinert-Threlkeld，*Of Governance and Technology*，Inter@ ctive WeekOnline，October 2，1998。

③ *Software Engineering*，available at https：//softwareengineering. stackexchange. com/questions/188128/java-xml-intraction-in-android（visited 13 Jun 2017）.

④ *Telecommunications-Cyber Security*，available at http：//www. mcit. gov. eg/Project_ Updates/442/TeleCommunications/JS/（visited 21 Jun 2017）.

⑤ 魏亮：《网络空间安全》，电子工业出版社，2016。

⑥ 周辉：《变革与选择：私权力视角下的网络治理》，北京大学出版社，2016，第 20 页。

⑦ 龙卫球、赵精武：《我国网络安全规制的治理思维与架构》，载《互联网法律》，电子工业出版社，2016，第 25 ~ 29 页。

⑧ 托马斯·库恩：《科学革命的结构》，金吾伦等译，北京大学出版社，2012，第 94 页。

的发展，[①] 法律自身的滞后性使其不能快速地回应类似新兴技术问题，技术的发展更不可能脱离法律的规制，技术与法律的融合成为必然趋势，计算法律学（computational law）在此背景下应运而生，当前域外已经针对计算法律学的结构、拓扑模型、理论框架进行了较为深入的研究，包括加州大学伯克利分校[②]、斯坦福大学[③]、麻省理工[④]等多所国外高校都将其作为重要的理论研究对象。

未来社会一定是在计算法律学框架指引下安全、低成本、强隐私保护的"数字化社会"，计算法律学的价值理念体现为对代码世界与法律世界二者共同关照，计算法律学所蕴含的价值观念，是一种通过法律治理达成规制技术的治理观念，[⑤] 计算法律学所推崇的技术治理并非技术主义至上，而是体现为一种法律治理先于技术治理的理念。

技术治理固然可实现对代码世界的管控，但技术治理绝非技术主义至上的乌托邦，技术治理应当与法律治理相互配合，技术治理绝不能突破法律治理的框架。为避免陷入无政府主义的泥淖，必须设计主体机制并赋予其治理之权，包括组织形式、权力依据、权力范围等制度规定，建立包含

---

① *The Programmable Economy*, *The Internet of Things*, *and Bitcoin Are Transforming the Future*, available at https://news. bitcoin. com/programmable-economy-internet-things-bitcoin-transforming-future/ (visited 22 Jun 2017).

② *Frame net*, available at https://www. libqual. org/abour/information/index/cfm (visited 31 Jul 2017).

③ *Computational Law*, available at https://law. stanford. edu/projects/computational-law/ (visited 2 Jul 2017).

④ *Computational Legal Studies*, available at https://computationallegalstudies. com/ (visited 2 Jul 2017).

⑤ 有关"治理理念"，最早在行业管理领域出现，随着工业革命以来，社会事业分工日趋发达，这种行业管理的治理观得到极大蔓延，包括各种产业、事业领域，前者如矿业，后者如金融、医疗、环境保护等。现代"治理观念"滥觞于 1989 年世界银行对非洲经济危机（Crisis in governance）的形容，从此治理被广泛用于政治、社会、经济学的研究中。政治学者俞可平认为治理一词的基本含义是指官方、民间的公共管理组织在一个既定的范围内运用公共权威维持秩序，满足公众的需要。治理的目的是在各种不同的制度关系中运用权力去引导、控制和规范公民的各种活动，以最大限度地增进公共利益。治理与管理最大的不同在于其自身的高度包容性，其具有吸收非正式制度作为公共秩序规则补充的能力，且参与主体多元、以自身的过程性实现对静态命令与服从关系的超越。此外，治理本身还有善治与非善治的区别。

主体体系、一般管理体系、制度体系的法律机制。

法律治理应当优先于技术治理，体现为一种以技术治理的全部范围为指向，通过特定法律体系运用权威去维护技术治理的需要。

具体来说，技术治理与法律治理相融合必须具备规制对象的领域性而非个别性、规制方法的体系性而非简单手段性、目的的事业性而非个别利益性、规制运行机制的互动性而非简单命令性等。其规范对象包含人们网络活动的全过程，本身涉及行为人之间复杂的利益关系。因此，技术治理与法律治理的融合具有活动属性并在当事人之间的某种具体利害关系中展开，应该呈现一种行为规制的特点。但是，这种融合最终附属于技术领域事业活动的开展，属于整体领域的具体化部分，且当事人具体利益关系受制于制度整体配置的复杂性。在这种情况下，简单的行为规制是不够的，要不应以某种具体行为、具体利益关系为对象的，单纯的行政规制、侵权法规制、刑法规制等手段实现对技术的规制，必须同时也从网络事业概念出发，引入技术治理和法律治理共同作用的观念，进行一种立体意义的规制。

三　如何对代码进行管控

人类用个人只能仰望的财富力量，用钢筋铁骨铸造了这恢宏的聚合。今天，一个时代理所当然动摇了。[①] 随着域内外技术革命进程不断加速，[②] 人类最终将进入数字化、智能融合的数字社会时代，人类的行为和活动越来越依赖于网络虚拟世界。

劳伦斯·雷席格（Lawrence Lessig）教授在其《代码 2.0》一书中将代码与法律的互动关系形容为“东西海岸之争”，用以说明究竟是代码世界影响了法律，还是法律影响了代码世界。其认为应当对代码世界进行规制，

① 中央电视台大型纪录片“互联网时代”主创团队：《互联网时代》，北京联合出版公司，2015，第4页。

② *Digital Business Success Depends on Civilization Infrastructure*, available at http://www.gartner.com/technology/research/digital-business/? cm_sp = sr-_-db-_-btn（visited 3 Jul 2017）.

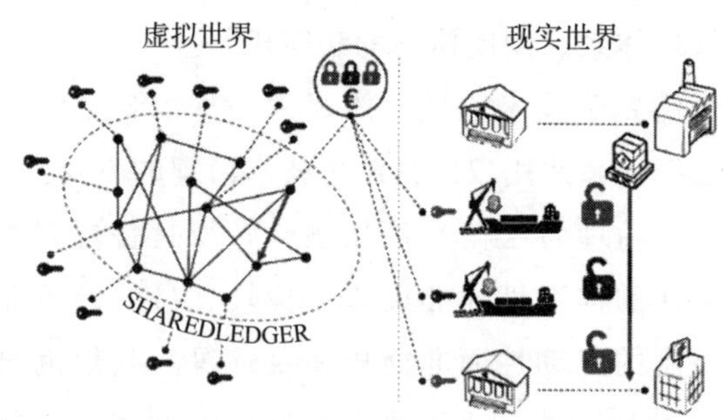

图 1　新技术正在成为虚拟世界和现实世界的黏合剂①

市场、架构、社会规范（norms）、法律四者共同构成规制网络空间的核心。② 代码世界（网络世界）正在显著改变着我们的时空、国家、社会甚至个人，也改变着生存、活动、利益、安全的概念和方式，技术革命正在不断冲击和影响人类现有的思维习惯和法律规制的方案（见图 1）。

（一）计量法学、旧计算法律学与新计算法律学

19 世纪 90 年代，中国一大批学者将目光集中于计量法学（jurimetrics），③ 计量法学是指通过理论假设、数据收集与整理、参数评估、建模型验证，以关系论证和证伪思想来研究法律现象，具体包括立法的科学性研究、法律实施效果评价、法律对经济社会发展的影响及评价三个领域。④

与计量法学不同，计算法律学（computational law or legal computing）是以研究法律推理（automated reasoning）和理解法律文本（legal formal representations）为中心展开的。其核心在于将法律通过计算机语言进行形式化的

---

① *Crypto Technologies A Major IT Innovation*, available at https://www.abe-eba.eu/downloads/knowledge-and-research/EBA_20150511_EBA_Cryptotechnologies_a_major_IT_innovation_v1.0.pdf (visited 5 Jul 2017).

② Lessig L. *Code: And Other Laws of Cyberspace, Version 2.0// Code and Other Laws of Cyberspace/*. Basic Books, 2006: 123.

③ 更为详细的论述，可参见何勤华《计量法律学》，《法学》1985 年第 10 期，第 38 页；屈茂辉、匡凯《计量法学的学科发展史研究——兼论我国法学定量研究的着力点》，《求是学刊》2014 年第 5 期，第 41 页；屈茂辉、张杰《计量法学本体问题研究》，《法学杂志》2010 年第 1 期，第 56 ~ 59 页；屈茂辉《计量法学基本问题四论》，《太平洋学报》2012 年第 1 期，第 26 ~ 33 页。

④ 屈茂辉：《计量法学基本问题四论》，《太平洋学报》2012 年第 1 期，第 26 ~ 33 页。

表达，旨在通过代码的方式表达法律条文。计算法律学包含法律的可视化（legal visualization）、实证分析（empirical analysis）、法律条文的计算化（algorithmic law）[①] 三大内容。法律的可视化旨在通过引文图了解不同法律规范之间的内在联系及法律的内在逻辑结构；实证分析主要指的是通过构造引文网络图（类似于谷歌的知识图谱）分析不同判决之间、法条与判决之间的关系，用来分析判例之间的影响；[②] 法律条文的计算化，主要是对法律条文进行数学建模，让计算机通过逻辑推理进行逻辑分析。[③]

上述三者并非完全割裂，而是一种互动循环关系，通过对判决和条文的实证分析，加深对条文的理解精确化，而后对其进行可视化分析，可视化后发现新的问题以修正实证分析的错谬之处。

随着人工智能、区块链、大数据等新兴技术的广泛应用，计算法律学自身也正在不断迭代升级，发展为依托区块链、人工智能、认知计算（cognitive computing）并结合新的应用框架的新计算法律学。

（二）新计算法律学：应用框架

当前，新的计算法律学应用框架不断涌现，如麻省提出的 ID3 OMS（Open Mustard Seed）安全计算框架体现了“通过设计保护隐私”（privacy by design）的设计观念，充分结合了加密算法、法律的形式化表达、新计算机架构及法律代码化。ID3 致力于开发一个可信的、自给自足的数字社会生态系统，在法律框架的指引下，通过技术构造“尊重信任”框架（Respect Trust Framework），确立了控制身份证和个人数据的五个原则［“5 个准则

---

① *Computational Law*, available at http://worldlibrary.org/article/WHEBN0038358886/ (visited 25 Mar 2017).

② Fowler, J. H., T. R. Johnson, J. F. Spriggs, S. Jeon, and P. J. Wahlbeck. “Network Analysis and the Law: Measuring the Legal Importance of Precedents at the U. S. Supreme Court.” *Political Analysis* 15.3 (2006): 324 – 46. Print.

③ Michael Genesereth. *Computational Law: The Cop in the Backseat*, available at http://logic.stanford.edu/complaw/complaw.html (visited 25 Mar 2017). 转引自周学峰《解析计算法律学》，《中国计算机学会通讯》2017 年第 5 期，第 29 页。“汉谟拉比”项目致力于使用计算机对法律进行建模，从而将法律转化为可执行的计算机代码。*The Hammurabi Project*, available at https://github.com/mpoulshock/HammurabiProject (visited 5 Jul 2017).

(p)"]：①承诺（promise）；②许可（permission）；③保护（protection）；④可携（portability）；⑤证明（proof）。其赋予个人数据资料决定权，即由个人来管理自己的数字身份凭证和个人资料，充分保障数字社会中个人的隐私,[①] 其主要技术包括以下三个部分。

（1）存储技术（PDS，Personal Data Store）

进一步强化数据脱敏处理，将原始数据与使用数据相分离，因为原始数据中包含大量隐私信息（如一张照片的数据中可能包含了该照片拍摄的时间和地点）。ID3 系统的使用过程中，第三方只能获取软件和系统的计算结果，以防范用户信息泄露问题（见图 2）。

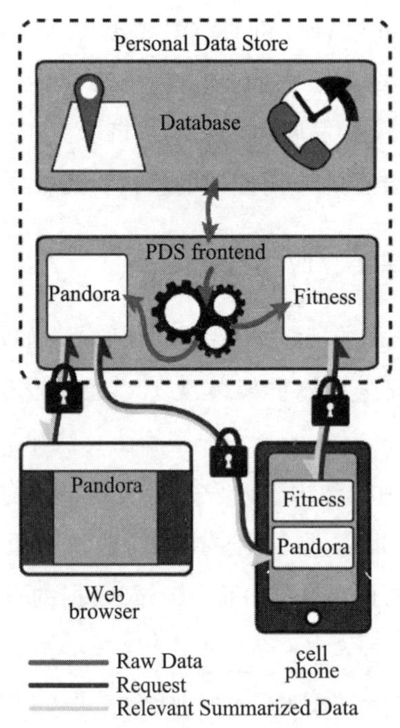

图 2　计算法律学核心存储技术

（2）开放式芥子结构（OMS，Open Mustard Seed）

该架构提供了一种新的自主部署和自主管理的网络基础设施层，强化

① *Open Mustard Seed (OMS) Framework*, available at https://idcubed.org/open-platform/platform/ (visited 5 Jul 2017).

个人对自己的身份和数据进行控制。同时，它集成了可信的执行环境、区块链、机器学习和安全的移动终端和云计算等技术，实现了公开认证和技术保护的统一。

（3）可信任的计算单元（TCC，Trusted Computing Cell）

该计算单元由注册管理系统、身份识别系统、个人数据信息管理系统、计算管理系统和应用管理系统组成，综合管理整个系统的运行，整个系统对外表现为一个整体的服务，可以使 ID3 整个系统变得可信，方便用户使用（见图 3）。

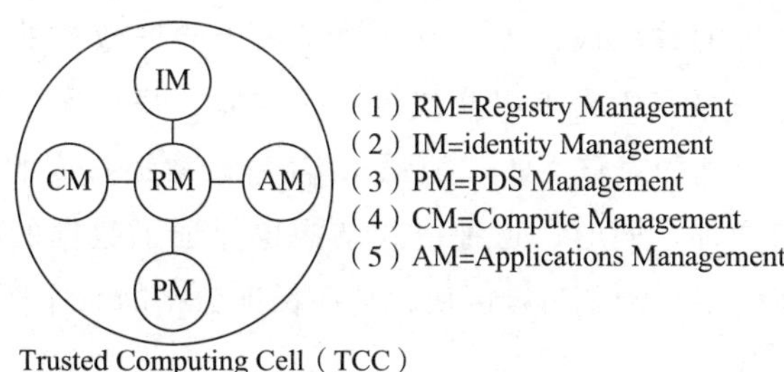

图 3　可信任的计算单元技术分析

（三）新计算法律学：作为保障的区块链技术

如前所述，新计算法律学的发展以区块链、人工智能、认知计算（cognitive computing）为依托。其中，区块链技术是计算法律学信任保障的核心技术。

人们对区块链的认知滥觞于中本聪的《比特币白皮书：一种点对点的电子现金系统》,[①] 电子货币率先引起了人们对区块链技术的注意。然而，大部分人对区块链的认知仍停留在其作为比特币的底层技术，具有去中心化、无政府主义的特点。

自比特币之后，各国加快了对区块链技术的研究,[②]《中国区块链技术和应用发展白皮书（2016）》对区块链技术进行了较为详细的说明：狭义来说，区块链是一种按照时间顺序将数据库区块以顺序相连的方式组合成的

① Nakamoto S. Bitcoin，*A Peer-to-peer Electronic Cash System*. Consulted，2008.

② 世界各国区块链普及情况综述，http：//news. p2peye. com/article-485188-1. html，最后访问时间：2017 年 6 月 27 日。

一种链数据库结构，并以密码学方式保证的不可篡改和不可伪造的分布式账本；广义来说，区块链技术是利用块链式数据机构来验证与存储数据、利用分布式节点共识算法来生成和更新数据、利用密码学的方式保证数据传输和访问的安全、利用由数自动化脚本代码组成的只能合约来变成和操作数据的一种全新的分布式基础架构和计算范式。①

从时间维度来看，迄今为止，区块链发展经历了三个阶段（见表 1）。区块链具有不可篡改性、分布式架构、去中心化、数据采用密码学加密、记录可追踪等特点。其本质上是一个多中心化的数据库，是一串使用密码学方法相关联产生的数据块，每个数据块可用于验证数据的有效性和生成下一个区块。这些块在逻辑上串联成链条，因此，每一次生成新的区块都是对前次区块真实性和完整性的"加强"，随着区块链长度的增加，其中区块的可信性也在增加。同时，这种链式结构也保证了数据的时序性，一个区块的产生时间一定早于其后继区块，从而保证数据的时序性。

表 1　区块链发展阶段

区块链的三个阶段	代表
区块链 1.0：数字货币	比特币
区块链 2.0：数字资产	智能合约
区块链 3.0：监管科技	电子政务、金融科技

区块链技术采用分布式平等部署系统、分布式共享相同数据，全网参与的节点协作完成智能合约代码的验证和存储。节点之间采用拜占庭一致性协议，从而保证在不超过 1/3 的节点出错的情况下系统能够正确运行。假设每个节点出错的概率为 P，那么一个由 n 个节点组成的区块链系统出错的概率为：$\sum_{i=\left[\frac{n}{3}\right]+1}^{n} C_n^i P^i (1-P)^{n-i}$，系统出错的概率随着 n 的增大而减小。

当前，计算法律学存在管理、可控、安全、可信透明等问题。与旧的计算法律学不同，综合了区块链技术的新计算法律学，可以解决计算法律学的

① 工信部发布《中国区块链技术和应用发展白皮书（2016）》，http://www.weiyangx.com/213889.html，最后访问时间：2017 年 6 月 27 日。

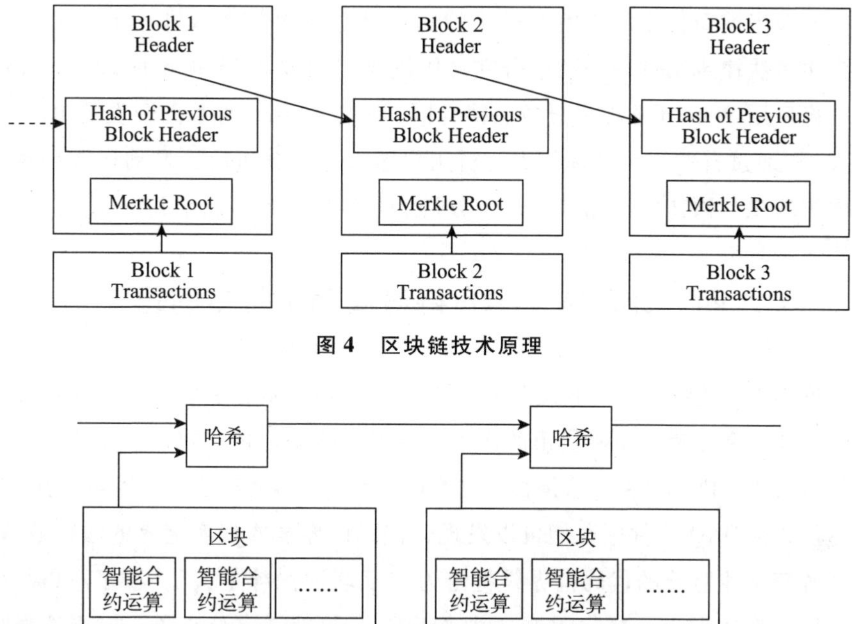

图 4　区块链技术原理

图 5　区块链技术原理

信任问题。其所进行的记录具有即时性、过程性、不可更改的特点，这也满足了证据法客观性的要求。链上代码所特有的不可伪造、不可篡改、不可撤销的特点，以及在应用层面具有公开透明、可跟踪的特征，① 充分保证在纠纷时有据可循。

表 2　旧计算法律学和新计算法律学的对比②

	研究目标	研究方法	具体技术	具体应用
旧计算法律学	分析和了解法律	静态的	实证分析法律计算法形象化，可视化	美国司法引文网络分析③
新计算法律学	使法律代码化，进而可以执行	动态的	区块链认知计算新安全计算框架	ROSS 人工智能

① Nakamoto S. *Bitcoin*: *A Peer-to-peer Electronic Cash System*. Consulted, 2008, 1 (2012): 28.

② 周学峰：《解析计算法律学》，《中国计算机学会通讯》2017 年第 5 期，第 29 页。

③ 引自周学峰《解析计算法律学》，《中国计算机学会通讯》2017 年第 5 期，第 30 页。James H. Fowler 使用引用网络来分析案例，以案例为图的节点，以边的权重来表示案例的关联程度，使用图论中遍历的算法来对美国最高法院的案件进行分析。

随着当前新技术的不断突破，计算法律学从静态的文本分析，转向了更为注重法律逻辑推理的动态研究，比较典型的如 2015 年 6 月 22 日，IBM 宣布将运用 Watson 软件来分析法律合同。[①] 以 Watson 为基础开发的 Ross 机器人,[②] 通过自然语言处理技术，对用户需求进行分析后，自动抓取海量文本中的信息，构造知识图谱，进行分析、归纳、推理、总结并反馈。

四　计算法律学有待澄清两个基本问题

近年来，比特币自身自动执行、去中心化的特点，引发了人们对法律与代码关系的再思考。加密货币的产生、流通、交易均依赖代码，完全无须依靠任何法律和执行机关。这是否标志着代码世界可以脱离现实法律的指引?

从 The DAO 事件中我们可以发现，代码世界需要现实世界的法律监管，完全脱离法律监管的代码世界终将沦为“互联网民粹主义”，秩序不再。代码世界和现实世界一样，需要“中心化”的裁判者定分止争，应当选择更利于管控的私有区块链。智能合约的非法律、非智能化表明，任何脱离了法律指引的技术都是不完美的，纯粹强化事后施加给代码控制者的责任路径抑或事前对代码设计者的准入路径都不具有合理性，需要强化对代码架构的控制，同时代码必须与法律紧密结合。

（一）计算法律学框架下的架构选择：公有区块链抑或私有区块链

学界对于代码世界的监管采用公有区块链还是私有区块链一直有很大的争议，但实务界率先进行了反馈，2016 年 Swift 发布白皮书指出，当前很少有机构可以接纳完全脱离法律监管的公有区块链。[③]

---

① *Computational Legal Studies*, available at https://computationallegalstudies.com/2015/06/22/ibm-watson-for-contract-analytics-at-legal-onramp-via-ron-friedmann/ (visited 3 Jul 2017).

② *Meet Ross, the IBM Watson-Powered Lawyer*, available at https://www.psfk.com/2015/01/ross-ibm-watson-powered-lawyer-legal-research.html (visited 3 Jul 2017).

③ *The Impact and Potential of Blockchain on the Securities*, available at https://www.swiftinstitute.org/wp-content/uploads/2016/05/The-Impact-and-Potential-of-Blockchain-on-the-Securities-Transaction-Lifecycle_Mainelli-and-Milne-FINAL-1.pdf (visited 6 Jul 2017).

表 3 公有区块链与私有区块链对比

	公有区块链	私有区块链
参与投票	任何节点都可以参与投票	被特殊允许的节点可以参与投票
参加投票者	数量庞大	数量小
投票机制	工作证明	拜占庭协议
速度	慢	快
网络	P2P 网络（Peer-to-peer network）	高速网络（High-speed network）
节点存储	个人计算机	大型服务器
交易数据	公开	非公开
属性	不变的数据存储 加密 时间戳技术	不变的数据存储 加密 时间戳技术

依据计算法律学价值理念，区块链架构的选择应当考虑法律的可管制性。[①] 从法律规制的角度来说，采用私有区块链技术更具有合理性，因为私有区块链自身具有特殊的加入和配对机制以及安全的算法，可以充分保证数据的安全性和确定性，并确保私有区块链所有者对该区块链的完全控制。同样，私有区块链的节点可以置于被信赖的第三方机构（例如公安、法院或者非政府组织）中，这可以保证所获得的证据具有不可更改性。区块链技术的不可更改性充分保证在纠纷时有真实依据可循，符合证据法所要求的客观、真实、合法的基本要求。

（二）计算法律学框架下的智能合约：智能合约何以法律化

20 世纪末期，尼克·萨博首次提出“智能合约”概念，[②] 试图将陌生人之间的合同经由网络协议变为自动执行的“代码合同”。随着区块链技术

① 从法律规制的角度来看，“去中心化”的表述具有误导性，Decentralization 思想，常常被翻译成“去中心化”，笔者认为译为“非中心化”似乎更加合理。在 The DAO 事件的后续处理中，无论是软分叉还是硬分叉，都需要由少数人组成中心单位来管理，其行为本质均为中心化的行为。

② *The Idea of Smart Contracts*, available at http://szabo.best.vwh.net/smart_contracts_idea.html (visited 5 Jul 2017).

的不断发展，计算机专家对“智能合约”的认知发生了变化，意图建立一种无法被人为篡改和操控的升级版“代码合同”，应用于物联网、登记、慈善[①]等领域。

事实上，目前区块链语境下的“智能合约”与尼克·萨博的观点有天壤之别，尼克·萨博重视智能合约的法律属性，而计算机专家强调智能合约的可执行性，后者只是类似于 80 年代末期的知识系统应用，并非任何新技术。[②] 要知道，通过编写几条 Java 或 Solidity 的执行代码就认定为是合同，这并没有考虑合同双方当事人的意思即表示真实合法、权利义务对等等基本的合同法要素，也没有考虑所执行代码是否符合现行法的规定，是否会因为违反禁止性规定（如合同法 52 条）而归于无效。正是因为如此，IBM 公司对计算机专家的“智能合约”概念评价道，“当前智能合约只是一段可执行的‘链上代码（chain code）’，既不智能，也并非严格法律意义上的合同”。[③]

The DAO 事件直接回应了作为“代码合同”的“智能合约”是否可信的尖锐问题，法律问题终究不能被技术解决，与法律规范不相匹配的智能合约并非严格意义上的合同，智能合约取代现实世界的合同仍然任重而道远，但如何通过法律实现对智能合约的法律控制值得深思。

值得关注的是，当前“智能合约”的非法问题已经引起了重视，域外

---

① 赵精武：《慈善事业的公信力契机》，载《互联网法律》，电子工业出版社，2016，第 589 页。

② 20 世纪 80 年代的基于知识系统（knowledge-based systems）。最为核心的是基于规则触发设计的系统（rule-based systems）指的是当满足某个条件时，相应的规则就会被触发。如果是有多个规则同时被触发，会有相应机制协调这些规则的并发运算。类似的还有三种，一是黑板结构系统（blackboard architecture），该系统有多个代理负责监控，当某个条件满足时，相应的代理激活自身规则并执行。与基于规则触发设计系统不同之处在于代理可以被分组，同一组代理会基于相同的平台分享相同的数据；二是数据库触发器（database trigger），当数据库中的某个数据的改变满足了数据库触发条件，相应的程序自动被激活执行；三是面向服务的系统（service-oriented systems），当服务调用者满足条件时，系统就会提供相应的服务给服务调用者。

③ *Error Deploying Chaincode- "Unrecognized Import Path"*, available at https://developer.ibm.com/answers/questions/338785/error-deploying-chaincode-unrecognized-import-path/ (visited 28 Mar 2017).

如 Codius[①]、Common Accord[②] 与 Kantara Initiative[③] 等公司都试图在智能合约中加入自动化法律文件，将代码与法律相配套，并把智能合约包装成定义明确的法律文本，使其具有相应的法律效力。

五　计算法律学实现方案：法律规则如何代码化

当前，计算法律学主要通过法律规则的代码化实现，通过构造“法律本体”（Ontology）[④] 来实现法律规则的代码化，计算法律学的本体分析、语义分析有助于更好地识别不同法条之间的矛盾和冲突，帮助立法者发现不同法条之间的文意冲突，为立法提供一定的科学指引。

当前法律本体表达语言主要通过 W3C 推出的网络本体描述语言 OWL 实现，例如 Peters[⑤] 等人介绍了 LOIS 工程中的法律知识结构，探讨了如何将法律变为可执行的代码，当前世界范围内的法律通用本体包括 LLD、FO-Law、FBO、KBO、LRI-Core、LKIF-Core、Jur-WordNet 等。[⑥] 计算法律学的本体以功能本体、框架本体、知识本体为核心。

法律功能本体（a functional ontology of law）指法律知识工程所使用的法律模型应以一个清晰的法律本体为基础。本体在此起到法律理论的作用，

---

① *What is Codius*? available at https://codius.org/,（visit last 15 Mar 2017）. 交易的双方或者多方在系统平台上制定自己的交易合约，对合约内容达成一致后就可以签订合约，直到合约执行完成。智能合约及其执行过程都会被记录在区块链中，产生纠纷后双方就合同争议内容查看代码，以太坊就是把合约本身及其状态存储在区块链中，当合约的条款条件满足时，存储在区块链的合约代码也会被触发执行。由于以太坊智能合约的执行是由区块链上的分布式虚拟机完成，相当于分布式系统，所以不仅不存在单点失效，而且还能直接拥有区块链不可更改与可验证的特点。因此，智能合约与区块链结合的研究有很大的发展空间。

② *A World Without Paperwork*, available at https://commonaccord.wordpress.com/（visited 2 Jul 2017）.

③ *Kantara Initiative*, available at https://kantarainitiative.org/（visited 2 Jul 2017）.

④ 这里的“法律本体”研究指法律规则代码化、法律规则的形式化表达研究。并非法理学意义上为法律的存在提供合法性论证，法理学意义上的法律本体研究主要表现为三种理论形态，即神法论、自然法论和实践法论。具体参见丁以升《关于法律本体的三种理论形态》，《现代法学》2003 年第 4 期，第 33 页。

⑤ Peters W., Sagri M. T., Tiscornia D., “The Structuring of Legal Knowledge in LOIS.” *The Netherlands*: *Artificial Intelligence and Law*（15）: 117 - 135（2007）.

⑥ 赵忠君：《国外法律本体研究综述》，《情报科学》2012 年第 1 期，第 149 ~ 154 页。

表 4　法律本体的研究现状

本体或工程	应用	类型	功能	建构方式
专业法律知识本体	法官智能问答系统（Intelligence FAQ System）（信息检索）（Iuriservice）	构建的 RDF 知识基础高度结构化，可转化为 OWL	语义索引及检索	半自动
专业法律知识本体（OPJK）	I-FAQ（Iuriservice 第二版）	protégé 构建的 OWL 知识基础高度结构化	语义索引及检索	手工
法国法典本体	法律信息检索	面向自然语言处理字典式知识基础高度结构化	语义索引及检索	自动
金融诈骗本体	金融诈骗案件的表达	UML 格式的知识基础高度结构化	语义索引及检索	手工
意大利犯罪本体	意大利法律规范中犯罪的表示框架	UML 格式的知识基础高度结构化	语义索引及检索	手工
CLIME 本体	海洋法法律咨询系统	protégé 构建的 RDF 知识基础适度结构化	推理及其问题解决	手工
法律因果推理	法律中的因果关系的表达	知识基础高度结构化	澄清领域内容	手工
法院多媒体流程本体（e-Sentencias）	西班牙民事听证程序的表达	西班牙民事听证的 RDF 格式的程序知识	办公视频记录的内容分类与标注（图像和音频）	手工
葡萄牙律师事务本体	为法律文件添加语义信息	OWL 和逻辑程序（ISCO 和 EVOLP）	组织及构造信息	自动
非专业本体	表达非法律专业人士的关于责任的知识	OWL 和自然语言处理（NLP）非专业的自然语言表达的知识基础	澄清领域（侵权，非专业的法）内容，自然与法律概念的互操作	半自动
荷兰 Wordne（Crime. NL）	荷兰刑法本体	OKBC	刑法的主要结构	自动
微观本体	表达欧盟指令	OWL 和 NLP（TERMINAE 方法）	澄清领域内容	半自动
UCC 本体	表达顶层概念（如所有权）	基于 NM 的 NML 上层本体	组织及构造信息	手工

续表

本体或工程	应用	类型	功能	建构方式
IRC 本体	美国税收法典	OWL	基于税收案例进行推理	手工

资料来源：赵忠君：《国外法律本体研究综述》，《情报科学》2012 年第 1 期，第 149～154 页。

其中所提到的法律本体依据功能不同将法律知识分成许多相互联系的类及子类，主要类别包括：规范知识（normative knowledge）、世界知识（world knowledge）、义务知识（responsibility knowledge）、反应知识（reactive knowledge）、元法律知识（meta-legal knowledge）、创造性知识（creative knowledge）。法律框架本体主要包含三个框架结构，分别是规范框架（norm frame）、行为框架（act frame）和概念描述框架（concept-description frame）。基于知识的法律本体由六个基本类别构成：实体（entities）、本体状态层（on-tological status layers）、认知功能（epistemic roles）、关系（relations）、行为（acts）、事实（facts）。①

构造法律本体并非易事，对法律规则代码化的困难之处在于：首先，立法、司法活动很大程度上受制于政治决断、社会实践等法外因素，这直接导致法律规则中诸多名词有多重含义，很多词语在不同法律中的内涵与外延边界并不统一，甚至有时候同一法律体系内部的不同语词之间也会发生冲突；其次，法律需要面向未来，这使得立法者在立法过程中故意选择包容性很强的抽象词语，过于抽象的名词很难通过代码表述清楚其真实含义的边界；最后，法律的本体构造需要和具体案件情节相匹配，但国内很多判决并未向社会公开，这进一步增加了因为案情样本容量过小导致构造的本体不具有普遍性的潜在风险。

本文认为，法律规则的代码化需要遵循一定的方法。首先，将法律进行形式化表达，创造一个有法律效力的智能语义本体库，且该智能语义本体库必须符合现行法律要求，不得违反现行法律所规定的禁止性规定；其

① Peters W., Sagri M. T., Tiscornia D., "The Structuring of Legal Knowledge in LOIS." *The Netherlands*: *Artificial Intelligence and Law*, (15): 117－135 (2007).

次，将法律规则写入智能合约，通过对智能合约的形式化建模和验证，并对合约的多种属性进行观察，区块链上的智能合约需要满足五大特性：一致性、可观察性、可验证性、自强制性与接入控制；再次，通过匹配案例对法律本体进行交叉验证，对语义表达错误进行修正；最后，由区块链技术对整个过程进行记录，保证过程数据真实可信，其所使用的区块链也必须具备可扩展性，充分考虑数据安全及与其他区块链之间的兼容性。

余　论

代码世界固然需要自治，但其存在目的在于为人类服务，因此需要受制于人类的行为规则。不可否认的是，当前代码世界正在和现实世界融为一体，[①] 人类现实世界的“法律”（law）如何与代码世界的“法律”（code）相统一值得每一位技术专家与法律专家思考。可以期待，我们一定会迎来数字化社会（digital society）[②] 的新时代，未来的数字化时代，一定是在计算法律学框架指引下的安全、低成本、强隐私保护“数字化社会”。未来计算法律学不仅仅以区块链和智能合约为核心，其同样可能融入机器学习、云计算等新技术工具。

从技术维度来看，计算法律学将以区块链架构为依托，通过运用“法律本体论”，将法律变为可执行的代码，进而写入智能合约中使法律变得可执行，最后由区块链技术对整个行为过程验真；从应用场景来看，计算法律学可应用于金融、保险、慈善事业等多个领域；从产业维度来看，未来计算法律学可能融入机器学习，开发智能律师，作为法律人进行法律判断的准则、依据，也许在不久的将来，当事人产生纠纷无须聘请律师，只需将法条与相关案情进行匹配后，向机器人询问相应的法律责任建议，法官也可以通过询问智能律师得出合理的判决参考，同时，通过代码世界与真实社会法律的交互过程，可以评估和预测其对社会法律的影响。

---

① 指如 AI 等新技术的应用，使得代码世界有和现实世界融合的趋势。

② *Building a Digital Society*, available at http://telsoc.org/ajtde/2014-03-v2-n1/a27 (visit last 15 Mar 2017).

研究基于中国特色的计算法律学，最终需要落实到法律本体问题的研究，包括法律条文的语义处理、合同文本的代码化、法律推理分析等，此文仅起到抛砖引玉的作用，供学界同人参考。

互联网背景下深层链接著作权侵权判定问题研究*

施小雪　赵　浩**

摘　要：对于深层链接著作权侵权判定的司法标准，我国法院目前多数采取“服务器标准”。但“服务器标准”仅仅是在互联网发展的早期可以与互联网技术发展相适应的判断标准，在技术发展日新月异的当下，司法裁判必须实现与技术发展相对应。因此，与其被技术所裹挟而束缚手脚，不如抛开技术性判断标准，回归传统民法路径。以权利的本质属性为出发点，解释信息网络传播权的权利边界，并对照民事侵权行为的认定要件，合理认定深层链接行为的合法性边界。

关键词：深层链接　信息网络传播权　服务器标准　民法

Abstract: When it comes to judgment of copyright infringement in deep links, the majority of the court tend to take the current server standards. But the adaptability of server standard is only in the earlier phase of development of the Internet, in the current, technology change rapidly, justice is not able to achieve the technology step. Instead of being coerced bound by technology, judgment standard can be put under traditional civil tort system regression. In the framework of the civil law, the right boundary of the right of information network dissemination is explained, and the legal boundary of the deep link behavior is reasonably

---

* 本文原载《电子知识产权》2017年第5期。

** 施小雪，中国政法大学民商经济法学院2016级知识产权法博士，现任天津市第二中级人民法院知识产权审判庭法官。赵浩，中国政法大学民商经济法学院知识产权法博士，现任中国石油天然气勘探开发公司法律顾问。

determined according to the elements of the tort.

Key words: Deep-level Link; Information Network Transmission Right; Server Standard; Civil Law

引　言

深层链接已经不再是互联网时代的新名词。简言之，深层链接就是通过网络技术手段，在互联网中收集图片、视频、音乐等文件的链接，然后对这些链接进行整理和分类，通过设链者自身的网页（或APP应用界面等）向用户提供这些链接。用户在点击链接之后，可直接获得文件，无须跳转到原提供者的背景网页或用户界面。近年来，随着有关深层链接的侵权诉讼不断出现，深层链接的著作权侵权认定问题成为各方讨论的热点。关于深层链接著作权侵权的认定标准，一直未有定论。早期出现了“服务器标准”“用户感知标准”，现如今逐渐发展出“实质替代标准”“法律标准”等。2016年10月，北京知识产权法院就上诉人北京易联伟达科技有限公司诉被上诉人深圳市腾讯计算机系统有限公司侵害作品信息网络传播权纠纷一案做出终审判决,[①] 在判决中确定了深层链接著作权侵权判定的司法标准为“服务器标准”，再度引发学术界以及产业界有关深层链接著作权侵权判定标准的热议。本文以此为契机，针对深层链接著作权侵权判定的相关问题进行研讨，尝试以传统民法侵权理论构建深层链接著作权侵权判定的新路径，期望能够为解决这一问题提供有益的思路。需要说明的是，本文所探讨的深层链接，均指被链接的文件来自正版授权网站，而不包括被链网站的文件为盗版的情形。

一　规范分析：文义解释的解读

深层链接一般对应互联网环境中作品的传播行为，因此信息网络传播权成为容易受到侵害的一种权利类型。或许是由于互联网技术的发展太过

① 参见（2016）京73民终143号民事判决书。

迅速，深层链接技术的实现形态更新太快，所以深层链接与信息网络传播权之间的关系难以被具有稳定性，同时又要求具有社会适用性特征的法律规范所完全涵盖。因此，我国目前尚未有法律层面的制度规范就深层链接是否侵害信息网络传播权进行明确且直接的规定。最高人民法院所出台的司法解释，即《关于审理侵害信息网络传播权民事纠纷案件适用法律若干问题的规定》（2012）（以下简称《信息网络传播权司法解释》）也仅就信息网络传播权侵权判定的标准问题进行了规范，该司法解释是目前用以解读深层链接是否侵害信息网络传播权的主要规范性文件之一。

《信息网络传播权司法解释》第三条指出："网络用户、网络服务提供者未经许可，通过信息网络提供权利人享有信息网络传播权的作品、表演、录音录像制品，除法律、行政法规另有规定外，人民法院应当认定其构成侵害信息网络传播权行为。通过上传到网络服务器、设置共享文件或者利用文件分享软件等方式，将作品、表演、录音录像制品置于信息网络中，使公众能够在个人选定的时间和地点以下载、浏览或者其他方式获得的，人民法院应当认定其实施了前款规定的提供行为。"分析该条文，如何界定"提供"作品的行为，成为判断是否构成侵害信息网络传播权的关键。该条文第二款以列举的方式明确了可以被认定为"提供行为"的类型，该条并没有就"提供行为"进行直接定义，从而无法直接归纳出判定侵害信息网络传播权的标准。但是该条文明确了将作品上传到"网络服务器"的行为属于作品的提供行为，因此有学者认为，该条实质上确定了判定侵害信息网络传播权的"服务器标准"。[①]

但是，如果对整部司法解释进行系统性研读，却能发现该司法解释在"服务器标准"之外，还规定了其他情形下的侵权判定标准。该司法解释第五条规定："网络服务提供者以提供网页快照、缩略图等方式实质替代其他网络服务提供者向公众提供相关作品的，人民法院应当认定其构成提供行为。"在这一条的规范中，明确了网页快照、缩略图等提供作品的方式仍应被认定为作品的提供行为，该条文运用了"实质替代"的字样，显然符合"实质替代标准"的含义。笔者由此产生了疑问，"服务器标准"是否能够

① 参见崔国斌《得意忘形的服务器标准》，《知识产权》2016 年第 8 期。

涵盖所有情形而成为信息网络传播权侵权认定的唯一标准呢?将信息网络传播权的侵权判定标准确定为“服务器标准”究竟是否符合起草司法解释的初衷呢?

尽管《信息网络传播权司法解释》中关于信息网络传播权侵权判定的标准的确定还存在需要进一步解释和明确之处,但是我国部分法院在适用上述司法解释裁判案件时,仍然适用了“服务器标准”,同时对“服务器标准”进行了司法解读,并将其作为信息网络传播权侵权判定的唯一标准。例如,无论是在早些时候的快乐阳光诉同方案中,[①] 还是上文所述的腾讯诉易联伟达案,[②] 以及腾讯诉电蟒信息案中,[③] 法院均明确表示其在深层链接著作权侵权问题上采用的是“服务器标准”。下文将梳理这些典型案件中的裁判要旨,或许本文所收录的判决并不能够代表全国所有法院在这一问题上的态度,但至少能够代表相当一部分法院的审判动向,并足以说明本文想阐释的问题。

二 实证考察:司法实践的诠释

(一)判决综述

1. 快乐阳光诉同方案

快乐阳光公司在授权范围及授权期限内获得了涉案节目的独占性信息网络传播权。同方公司生产“清华同方灵悦 3 智能电视宝”,其将兔子视频软件绑定在涉案产品的机顶盒中,用户通过兔子视频能够播放涉案节目内容,播放时显示优酷网等若干有限网站的标识。

法院生效裁判认为:对于信息网络传播行为的理解应采用“服务器标准”。“提供行为”指的是“最初”将作品上传至服务器的行为,而非提供信息存储空间、链接以及接入设备等行为。基于此,我国《著作权法》所规定的信息网络传播行为指向的是最初将作品置于服务器中的行为。该案

① 参见(2015)京知民终字 559—563 号民事判决书。
② 参见(2015)京知民终字 559—563 号民事判决书。
③ 参见(2016)京 73 民终 388 号民事判决书。

中，经过审查，法院认为兔子视频提供的被诉内容来源于其他网站，而非来源于兔子视频的服务器，同方公司的行为属于链接服务提供行为。被链接网站对于被诉内容的传播系未经许可的传播行为，构成直接侵犯信息网络传播权的行为。同方公司对于被链接网站中被诉内容具有认知能力，鉴于其进行了主动的定向链接服务，其应知晓被链接的内容中存在被诉内容。法院终审认定，同方公司对侵权的被链接内容没有尽到审查义务，主观上具有过错，构成了共同侵害信息网络传播权的行为。①

2. 腾讯诉易联伟达案

易联伟达公司开发了快看影视 APP，在快看影视 APP 界面点击播放涉案视频时，其网址来源一栏显示视频的来源是乐视网，而乐视网对涉案影视作品的播放具有合法授权。乐视网对涉案视频设置了技术保护措施，快看影视 APP 通过技术手段绕开了乐视网设置的技术措施，提供了涉案影视作品的链接。

该案生效裁判认为：信息网络传播行为是指将作品置于向公众开放的服务器中的行为，“提供”行为系指作品的初始上传行为。“服务器”系广义概念，泛指一切可存储信息的硬件介质，既包括通常意义上的网站服务器，亦包括个人电脑、手机等现有以及将来可能出现的任何存储介质。就本案所涉链接行为而言，链接行为的本质决定了无论是普通链接，还是深层链接，其均不涉及对作品任何数据形式的传输，而仅仅提供了某一作品的网络地址，其不属于作品的初始上传行为。关于破坏技术措施的行为，在上诉人未实施将涉案作品置于向公众开放的服务器中的行为的情况下，其虽然实施了破坏技术措施的行为，但该行为仍不构成对涉案作品信息网络传播权的直接侵犯。

北京知识产权法院同时指出，视频聚合是一种新的商业模式，深层链接使得被链接网站的经营利益受到损失，同时使链接提供者获得不当利益，因此，其行为属于违反诚实信用原则的行为，可根据《反不正当竞争法》调整权利人受损的利益。②

---

① 参见（2015）京知民终字 559—563 号民事判决书。

② 参见（2015）京知民终字 559—563 号民事判决书。

3. 腾讯诉电蟒信息案

在该案中，腾讯公司在中国大陆地区独家享有涉案歌曲的录音制作权中的信息网络传播权。电蟒云音响连接互联网后可以在线播放涉案歌曲，但查找、播放涉案歌曲的整个过程始终在电蟒云音响自身的界面之下，未显示出涉案歌曲的来源。电蟒云的上述行为未获得腾讯公司的授权。

法院生效裁判认为：服务器标准与信息网络传播行为的性质最为契合。将涉案电蟒云音响连接互联网后可以在线播放涉案歌曲，但搜索查找、播放涉案歌曲的整个过程始终在电蟒云音响自身界面之下，未显示出涉案歌曲的来源地址，亦未发生页面跳转等。同时，电蟒公司对曲库内容可控。因此，电蟒公司的涉案行为属于在互联网上直接提供涉案歌曲的行为，属于侵害信息网络传播权的行为。[①]

（二）问题

上述案件基本反映了我国法院在深层链接著作权侵权认定问题上的主流态度，那就是坚持“服务器标准”。然而判决书对目前司法实务中所坚持的“服务器标准”不甚明确。其中的疑问在于，在被链接网站传播的作品属于未经合法授权的作品时，即被链接的作品属于盗版作品时，能够依照共同侵权的法理和审查义务的分配追究设链者共同侵害信息网络传播权的责任。但是在被链接网站传播的作品属于经合法授权的作品，即为正版作品时，设链者是否构成作品的提供行为，是否构成信息网络传播权的侵权行为，依照“服务器标准”却能够得出不同的结论。具体体现如下。

第一，如果视频的播放界面均显示为设链网站，点击视频不发生任何页面跳转，那么此时究竟是否构成作品的提供行为？在电蟒云案件中，法院认为构成直接提供作品的行为。但是在易联伟达案件中，法院认为不构成提供作品的行为。需要注意的是，在易联伟达案件中，涉案影视作品的获得同样是在快看影视 APP 自己的网络页面中，只有点击来源网址时，才会发生页面的跳转。

第二，虽然上述判决中均称应当坚持“服务器标准”，但在电蟒云案件

---

① 参见（2016）京 73 民终 143 号民事判决书。

中，未有证据显示涉案视频是存储在设链网站的服务器上的，那为何仍然判定电蟒云侵害了权利人的信息网络传播权呢？而在易联伟达案件中，却认定因为易联伟达并没有设置视频存储的服务器，因此不构成作品的提供行为。

第三，在易联伟达案件中，法院认定快看影视 APP 采取了技术手段破坏了乐视采取的技术保护措施，那么为何却不能认定其构成信息网络传播权的侵权行为？因为依照我国《著作权法》第四十七条第六项，未经著作权人或者与著作权有关的权利人许可，故意避开或者破坏权利人为其作品、录音录像制品等采取的保护著作权或者与著作权有关的权利的技术措施的，除法律、行政法规另有规定的，构成著作权的侵权行为。

三 法理分析：权利边界的合理界定

尽管关于深层链接著作权侵权认定的标准问题已经有不少研究论述，并被热议多年，但仍然没有彻底解决如今实践中的问题。究其争论的实质，即是在深层链接的技术方式下，应当如何解释信息网络传播权，即信息网络传播权究竟只是规范初始的上传行为，还是要延及后续的设置链接行为。合理划定信息网络传播权的权利控制范围，成为选择适用恰当标准的核心。

上文所列的生效判决认为，在坚持“服务器标准”的前提下，信息网络传播权的控制范围只应当限于将作品上传于网络服务器上的行为。至于深层链接行为对作品权利人造成的利益损害，不应当被认定是著作权法上的利益，而应当通过另外的法律来进行规制。正如易联伟达案件的判决所述，权利人利益的损害应当寻求《反不正当竞争法》的救济。对于上述认识应如何正确评价，以及对于上文所罗列的判决书中的问题应如何正确回应，需要从信息网络传播权的权利属性开始谈起。

（一）权利属性

著作权是一项专有控制权，其权利属性在于赋予权利人控制作品及获取经济利益的权利。如果他人可以在全球信息基础上对某作者的作品进行自由地、不加限制地复制和再传播，该作者就没有理由适用这种系统来传播他的作品，或者干脆从一开始就没有必要创作作品。[①] 信息网络传播权作为我国著作权体系中的一种财产权类别，自然也具备著作权的上述权利属性，即信息网络传播权是权利人控制其作品通过信息网络传播的专有权利。可以这样理解，一是控制性是信息网络传播权的权利属性；二是无论行为的行使方式为何，如果直接侵害了权利人对其作品的控制权，那么权利人的信息网络传播权就受到了侵害。在深层链接的技术手段下，深层链接所实现的“后续提供”行为，显然使得权利人对作品的传播失去了原有的控制，尤其是在设链者采取了破坏权利人设置的技术保护措施的情形下，其对权利控制性的破坏更加显而易见。

从另一个角度考察，信息网络传播权的核心是通过信息网络的交互式传播，即控制要素、与体现信息网络传播权提供行为的提供要素、获得传播结果的结果要素，共同形成信息网络传播权的“三要素”。因此，简而言之，判断是否属于信息网络传播行为，可从是否提供作品、是否为交互式使用方式、是否使公众获得作品三个角度进行考察。[②] 提供行为要求有“传播源”，即能够成为一个新的传播作品的源头。在设链网站采取了破坏被链网站技术措施的情形下，形成新的“传播源”较容易理解。那么在设链网站链接了免费作品的情形下，新的“传播源”如何理解呢？笔者认为，在互联网中，公众搜寻信息也具有一定的成本，当公众对某类信息的获取获得了主观上的固定印象时，他们往往会趋向于从固定的渠道持续搜寻信息。设链网站就是依靠公众这样的行为模式进行深度链接。在设链网站逐渐积累起固定的人气之后，固定的公众群会建立起来，从而形成自身固定的信息接收群体。对于设链网站而言，其自身虽然没有从事将作品上传于网站服务器中的初始行为，但实质上已经成为新的传播源头；对于公众而言，其初始获取作品的行为即是在设链网站上完成的。在这种情况下，深层链接不同于仅仅只是为公众提供一种通道的服务。换言之，提供作品的初始行为，即将作品上传于网站服务器中的行为，是构成信息网络传播权意义

---

① 〔匈〕米哈依·菲彻尔：《版权法与因特网》，郭寿康等译，中国大百科全书出版社，2009，第491～492页。转引自王艳芳《论侵害信息网络传播行为的认定标准》，《中外法学》2017年第2期。

② 参见杨勇《从控制角度看信息网络传播权定义的是与非》，《知识产权》2017年第2期。

下的提供行为的充分条件，但并非必要条件。

（二）服务器标准的局限性

分析至此，研究视野再次回归到“服务器标准”，会发现“服务器标准”存在诸多局限。总体而言，将“服务器标准”作为信息网络传播权的唯一判定标准并不具有开放性与前瞻性。从技术的角度进行考察，作品在互联网上所能够实现的传播手段与技术的发展密不可分。在互联网发展的早期，需要将作品上传至服务器，才能使得公众在网络上获得作品。如今，随着互联网技术的飞速发展，已经不再需要继续将作品放置于网站的服务器中，就能够实现与将作品放置于网站服务器中同样的传播效果，深层链接就是这样的传播技术手段。如果说在互联网技术发展的早期阶段，“服务器标准”能够较为准确地与信息网络传播权的权利属性相对应，那么在新兴技术飞速发展的当下，继续将旧有的技术性标准作为侵权行为的判定标准，难免会难以涵盖所有的传播行为及方式，最终使得侵权判定被不断变化的技术所裹挟，出现司法判定被技术捆绑的僵化局面。

对“服务器标准”进行具体分析来看，首先，“服务器标准”限制了当前技术条件下作品“提供行为”的范围。在深层链接的行为模式下，公众从设链网站上能够“点对点”地获取作品，而这一获取行为显然扩大了作品权利人初始传播作品的范围，并不在权利人的控制之下，属于未经许可的作品再提供。这种再提供与初始提供行为从传播的结果上看并无实质差异，完全符合信息网络传播权的所有定义。反对意见通常认为，被链网站从源头上控制着作品，如果被链网站从服务器上删除了作品，那么设链网站自然也不能够再实现对作品的传播。因此，提供作品的是被链网站，设链网站仅仅只是提供了链接的服务，不属于直接提供作品的行为。[①] 但是需要注意的是，在信息浩瀚如烟的互联网中，公众是否能够在第一时间搜寻到被链网站，接收到被链网站上放置的作品，这并不肯定，很有可能公众在第一时间是从设链的网站上获取到作品。在这种情况下，如果不能够认定设链网站向公众“提供”了作品，显然无法立论。尤其是在设链网站采取了破坏

① 参见王迁《网络环境中版权直接侵权的认定》，《东方法学》2009 年第 2 期。

技术措施的手段的情形下，设链网站实质上扩大了作品的受众范围，对于那些并不符合接收被链网站提供作品的公众而言，其能够在设链网站上获得原本并不能够获得的作品，此时，设链网站事实上已经形成了一个新的“传播源”，因为其面向了新的不特定的公众。如果不能够认定设链网站从事了直接提供作品的行为，逻辑上就无法解释新的公众是如何能够获得作品的。

其次，“服务器标准”无法实现对权利人的有效救济。尽管视频聚合网站以及视频聚合APP是新型的商业运作模式，这种模式能够有效减少公众在互联网中搜寻信息的成本，并带动新型产业的发展。基于扶持产业发展的考量，适用“服务器标准”对设链网站利益的维护更为有利。但是，权利人权利的有效保护在“服务器标准”下却被弱化。或许，在服务器标准的框架下，尚有《反不正当竞争法》实现对权利人受损利益的保护。但是，《反不正当竞争法》的适用有法定条件的限制，各方须同为市场经营主体时，权利人才具备提起反不正当竞争之诉的资格，这无疑缩小了通过《反不正当竞争法》提起反不正当竞争之诉的权利主体范围。

综上，认定深层链接是否侵害了信息网络传播权，不宜以“服务器标准”为唯一的标准，而应该从权利属性与行为特征的角度进行解构，从权利与行为的本质的角度界定法律判断的标准，这样才能够跳脱出技术的捆绑，与时俱进地囊括新案例。回应上文《信息网络传播权司法解释》中的规定，司法解释对“上传到服务器”之类的典型提供方式的列举，用“等”字概括规定及立足于“置于信息网络之中”的最终定位，说明了司法解释有意使这一规定具有开放的空间和适应性，从而能够适应日新月异的技术发展变化，而非简单地依托于特定技术现象，更不会因技术变化而失去其效用。将司法解释的规定仅仅解读为“服务器标准”，笔者认为在理解上是狭隘的。①

四　路径构建：传统民法的回归

综上所述，“服务器标准”不宜再作为信息网络传播权侵权认定的唯一标准。在飞速发展的互联网环境下，不宜再以任何技术性标准界定“提供

① 参见王艳芳《论侵害信息网络传播行为的认定标准》，《中外法学》2017年第2期。

行为”。只有从权利的本质属性出发，才能够准确界定不同技术条件下作品的“提供行为”。那么，以权利属性为基本出发点，在微观的司法裁判过程中，还应回归民法理念，避免脱离民事侵权法的整体体系来进行知识产权的侵权认定。

在民法的框架下，通说认为，侵权行为的构成要件一般包括行为、过错、损害事实和因果关系。上文的论述已经表明，从权利属性和行为特征的本质属性出发，深层链接行为已经落入信息网络传播行为的范畴，在此不再赘述。对照目前的深层链接行为，在设链者主观方面的认定上，显然并不需要艰难的论证。因为当前技术中的深层链接技术均为定向链接，并不同于网络爬虫技术中的随意抓取，其链接行为显然经过了搜索和有目的性的考量，其主观方面体现了操作者的个人意志，能够被认定为具有过错。

在损害事实及因果关系方面，即使被链接文件来自已获得作品授权的网站，链接行为仍可在以下几个方面产生损害后果：一是当被链接的网站作品需要登录或付费才能够获得时，设链网站如果采取了破坏相关技术措施的技术手段，使得公众可以不经过被链网站的登录或付费程序，直接在设链网站上获取作品，那么这种方式无疑分流了被链网站的注册用户，减少了被链网站的付费收入。二是对于某些免费向公众开放的被链网站而言，页面的广告为其主要收入来源之一。然而，深层链接使得公众可以跳过被链网站页面，不经阅览页面广告，便可以直接获得相关作品的内容，从而减少了网页广告的阅读量和点击率，降低了被链网站的广告收入。三是网络经济实质是一种“眼球经济”，如果网站的点击率高，就会提升该网站的市场估值，从而吸引投资者关注并进行资金投入。而深层链接的设链者不需要支付任何作品的许可费用，即无须花费交易成本，就可通过链接，依靠被链接的作品聚集人气获取网站的点击率，获得市场份额和获得投资的机会。因而，深层链接行为在用户收入、广告收入和投资收入三个方面都会对被链接的正版作品网站造成损害。[1] 被链接网站的利益受到损害与深层链接技术的使用密不可分，深层链接行为使得权利人对作品的利用及获得

① 参见刘家瑞《为何历史选择了服务器标准——兼论聚合链接的归责原则》，《知识产权》2017 年第 2 期。

经济利益的权利失去了原有的控制，深层链接行为是损害发生的唯一原因。

综上所述，在对深层链接行为进行法律上的定性时，应遵从民法侵权判定的原则，即按照侵权认定的四要件，即行为方式、主观过错、损害后果、因果关系对应设链行为。在四个要件均成立的情况下，可判断深层链接行为构成侵害信息网络权的侵权行为，从而运用信息网络传播权的相关规范以规制深层链接行为。

笔者对目前司法实践中遇到的情形进行了归纳整合，总结了以下两种基本情形：

一是点击设链网站上的作品，实现了页面的跳转，且跳转至来源网站的情形，不属于深层链接，不属于侵害信息网络传播权的行为。

二是点击设链网站上的作品，没有实现页面的跳转，作品的取得仍然在设链网站上进行。此种情况下，无论设链网站是否标示了来源，均构成对信息网络传播权的直接侵害。

结　语

视频聚合主体的深层链接行为所引发的争议已经持续很长一段时间，相关的司法案例也已大量出现，但纷纷扰扰却仍未有统一的结论。如果过度关注技术的特征并坚持由技术特征定义认定标准，容易偏离直觉的判断，从而陷入化简为繁、人为复杂化问题的局面。

“服务器标准”仅仅只是互联网发展早些时候可以获得适应性的判断标准，在技术日新月异的当下，固守“服务器标准”并不能够使司法裁判涵盖新情况下的所有行为。与其被技术所束缚，不如抛开技术性判断标准，从权利的本质属性出发，回归传统民事侵权领域对于侵权行为的认定体系。在大民法的框架中，解释信息网络传播权的权利边界，并对照民事侵权行为的认定要件，合理认定深层链接行为的合法性边界。

新媒体时代下被遗忘权之本土化初探

王美慧*

摘　要：新媒体凭借其传播快、影响广、参与度高的特点迅速成为了时代热词，而当代互联网的特性——海量的数据信息、快捷的计算速度以及巨大的储存空间使新媒体时代的个人信息保护问题尤为重要。用户的个人信息一旦被上传将意味着其让渡了一部分个人信息处理权给网络服务提供者，这有可能对网络用户的自由、隐私和形象带来直接或间接的影响。我国并没有专门的个人信息保护法，更不用说“遗忘影响自身形象和生活相关信息的权利”。笔者通过阐释新媒体时代下的被遗忘权概念，分析本土法律环境，提出有关被遗忘权的立法建议，以期保护公民的个人信息。

关键词：新媒体时代　个人信息　被遗忘权

一　新媒体时代的“被遗忘权”概述

被遗忘权的概念源于法语“droit à l'oubli”以及意大利语“the Italian diritto al' oblio”，被称为“the right to oblivion”、“the right to be forgotten”或“the right to erase”。① 无论是在民主社会或是在非民主社会，完整的数字信息记忆都是非常危险的，维克托·迈尔-舍恩伯格在2009年出版的*Delete*一书中首次提到了被遗忘权，该书给互联网领域、法律领域都带来了新的思路和改变。以往，只有政府可以通过多种途径获取自然人的个人信息，

* 王美慧，北京航空航天大学法学院硕士研究生。

① Ignacio Cofone. *Google v. Spain: A Right to Be Forgotten?*

而随着新媒体网络的发展，除了政府之外，拥有信息控制权的企业，甚至是团体、个人都可以窥探、记录、储存和使用个人信息——不仅是在今天，由于互联网对个人信息存储和记录的特征，在几十年之后这些信息仍然可以被使用。[①]

随着互联网的发展，几乎每个人都在使用互联网购物、搜索、记录和沟通，在这过程中，人们产生的所有数据信息几乎都能被收集到，而存储介质的发展使得这些数据可以被永远记录和留存，新媒体的存在使得这些数据更迅速、更广泛、更无限制地传播开来，不仅企业和政府可以控制这些信息，新媒体运营商也可以通过搜集使用记录以及碎片化信息，集合式地获得数据，他们在收集、存储、处理和利用这些个人信息的过程中产生的法律问题引起了广泛的关注。在新媒体时代，个人媒体已经逐步占据主流地位，这也正应合“每个人都成为总编辑，每个人手里都握有麦克风，传统的表达自由真正得以实现”。[②] 换言之，更多、更大、更复杂的数据充斥在互联网中，信息变得更加碎片化，并且呈现出传播全天候、全覆盖的特点。人们希望自己那些无关、过时、不准确、降低自己社会评价的信息[③]可以被遗忘，从而保护自身权益。由于微信、QQ 及其他 APP 软件的快速问世和不断更新，中国遇到了在许多发达国家都无法遇到的法律问题，也正因于此，如何将发达国家的法律实践经验本土化，以保护个人信息安全、维护其核心利益显得尤为重要。

二　各国家及地区相关法律实践

1. 欧盟

各国家及地区的法律实践中，较为完善的要数欧盟地区了。2012 年欧盟通过的《一般数据保护条例》（GDPR）对 95 年的条例进行了与时俱进的改革。其中，对个人数据、被遗忘权等概念以及对个人数据的保护机制进

---

① Viktor Mayer-Schönberger, *Delete: The Virtue of Forgetting in the Digital Age*, 2009, Princeton University Press.

② 周汉华：《论互联网法》，《中国法学》2015 年第 3 期。

③ 田德丰：《浅谈新媒体时代下的“被遗忘权”》，《新闻研究导刊》2017 年第 6 期。

行了较为全面的规定。针对信息主体想要被遗忘的诉求，第 17 条分 9 款详细构筑了被遗忘权的构成要件，包括主体、客体、适用条件、例外情况及不遵守被遗忘权的处罚措施等。该提案描述了自然人在数据处理违反目的限制原则、处理数据的许可被撤回或超过合法的存储时间、数据主体拒绝数据处理、数据处理不符合规定这四种情形，四种情形下可以从控制者处获得删除有关他们个人数据和阻止这些数据进一步传播的权利。数据控制者公开个人数据后，需要采取一切合理措施，通知处理数据第三方，数据主体要求他们删除这些个人数据的任何链接、复本，控制者已经授权第三方出版的，控制者要对出版负责任。①

欧盟的多个国家对被遗忘权开展了研究，针对互联网记忆模式和具有信息控制权的搜索引擎有可能对个人信息造成威胁的情况，欧盟的各国数据保护机构认为，被遗忘权是为了保护个人信息，并且实现在一定时间内将公开信息私人化，避免第三方查阅该信息。个人信息没有时间限制地在大数据时代传播，信息主体可能会因此受到大众的偏见，被遗忘权的出现有力地反驳了该偏见存在的合理性。②

在欧盟的判例中，有很多针对搜索引擎涉及的相关法律问题的阐述。③近年来，欧洲数据保护领域的主要针对对象也是搜索引擎，尤其是在西班牙谷歌案中，欧盟最高法院裁定，当信息主体认为搜索引擎侵犯自己的被遗忘权时，其有权利要求搜索引擎公司以特定形式提出删除该信息，这是对于自身个人信息的保护。④ 1998 年西班牙某报社发表的财产强制拍卖公告中有马里奥的房产，2009 年 11 月，他联系西班牙报社，认为该失效信息被谷歌公司链接，会对自己造成形象毁损，要求其删除，并于 2010 年 2 月，请求谷歌西班牙分公司来删除该公告的网络链接。随后，他还向西班牙数据保护局（AEPD）投诉了该报社和谷歌公司。AEPD 驳回了马里奥的诉求，

---

① 欧盟《一般数据保护条例》（GDPR），2012 版，第 17 条。http://europa.eu/rapid/press-release_IP-12-46_en.htm? locale=en.

② Pere Simon Castellano. "Net Neutrality And Other Challenges For The Future Of The Internet" [A]. Proceedings of the 7th International Conference on Internet, Law & Politics [C], Barcelona, 2001: 203-204.

③ The Florida Star v. B. J. F., 491 U. S. 524, 532 (1989).

④ Opinion Of Advocate General JÄÄSKINEN, Case C-131/12.

他们认为报社享有媒体自由，但是判决谷歌公司断开相关链接；谷歌公司不甘示弱，美国总部和西班牙分公司都进行起诉，西班牙国立高等法院将两案合并后直接移交给欧盟法院。2014 年 5 月 13 日，欧盟最高法院（CJEU）则针对此案做出了一项在个人信息保护领域具有开创意义的裁决，法庭对欧盟数据保护法做出了重要解读，并确认了被遗忘权，即在欧盟数据保护法第96/46条款中规定的，自然人在满足一定条件时，可以要求搜索引擎断开自己不想要的链接的信息。在判决中，法院认为谷歌公司作为世界上最大的搜索引擎运营商，掌握着个人讯息和资料的使用和存储，对带有个人数据信息的网页信息负有管理责任，所以针对第三方发布的信息也有义务进行管理，在数据主体认为该数据是“不准确的、不相关的、过时的”信息，并且会降低自己的社会评价时，应该删除该数据。这也就使得被遗忘权成了信息主体的一项民事权利。[①]

在 2014 年 3 月，欧洲议会通过的 GDPR 版本中，被遗忘权被更有限的权利——删除权取代，使用了“the right to erase”的表述方法，并且，终于在 2016 年 4 月正式通过并将于 2018 年 5 月适用该条例。该条例第十七条规定，当个人数据已经与数据收集处理的目的不相关、数据主体不希望该数据继续被处理或者数据控制者没有正当理由处理该数据时，数据主体有权请求相关的企业或个人删除该数据。如果该数据传递给了第三方，数据控制者有义务通知该第三方删除。[②]

2. 欧洲部分国家

早在 2009 年，法国就有议员提出关于“遗忘权”立法的议案。该议案指出，网民可以向网站发出请求删除其涉及个人隐私保护的内容，为了阻止网民滥用该权利，还规定该项请求必须用挂号信方式向网站发出。2010 年 10 月 13 日，在法国主管数字经济发展的国务秘书召集下，包括搜索引擎在内的一些互联网企业一起签署了一项关于遗忘权方面的宣言。该宣言约

① 杨立新、韩煦：《被遗忘权的中国本土化及法律适用》，《法学论坛》2015 年第 2 期，第 24 ~ 26 页。

② Regulation（EU）2016/679 of the European Parliament and of the Council of 27 April 2016. http：//eur-lex. europa. eu/legal-content/EN/TXT/? qid = 1501519915304&uri = CELEX：32016R0679. Article 16. 2017 年 7 月 30 日访问。

定，网站及搜索引擎将为保护用户隐私制定新规定。对于社交网站，将设立“申诉处”，集中处理网民修改或取消其账户的请求。当网页内容删除后，搜索引擎需要尽快删除那些网页快照等。① 法国法律所规定的“遗忘权”（right to oblivion）是被遗忘权的雏形，该权利规定，一旦被判决的罪犯已经服刑完毕，他可以反对公开他所犯的罪行。这就意味着，犯错的人在受到了应有的惩罚并且改过自新之后，就应该给予重新开始的机会，不能因为之前所犯过的罪行受到舆论的攻击甚至败坏自己的名声，这就充分体现了“遗忘”的精神。②

在德国2009年修订后的《联邦数据保护法》中，联邦政府规定了数据主体享受被遗忘的权利。国内外的法律研究者们普遍将Lebach案例归为比较早的接触到“被遗忘权”的典型案例。该案将个人的权利与公众利益做了衡量与取舍，在德国后来的判例中多次被使用。Lebach曾因涉及一桩持械抢劫案被判六年有期徒刑。Lebach已经服完了部分刑期并快要被释放时，被告（一家公共电视广播公司）以“Lebach之士兵谋杀”为名制作了一部纪录片。在纪录片中原告及两名正犯之相片将被播出，其真名真姓则一直被使用，并且暗示他的同性恋倾向。Lebach诉称，这部纪录片中的表述和展现的内容，已经侵犯到了他的合法权利。最后，联邦宪法法院认为如果罪犯已被判定有罪，在事实上已经按照公众利益的需要而受到了社会的应有处罚，那么在正常情况下没有充分理由再去增加、继续或再次侵犯该罪犯的私人领域。③

继法国与意大利④之后，西班牙的数据保护机构（AEPD）在个人数据保护法中也认为信息主体要求被遗忘的诉求，符合数据保护原则，并且该权利存在于欧盟1995年颁布的数据保护指令中。根据该法令的数据质量和

---

① 蔡雄山：《法国互联网个人数据保护对我国的启示》，载 http://tech. sina. com. cn/i/2011-07-22/14565822519. shtml，2017年7月24日访问。

② Jeffrey Rosen. “The Right to Be Forgotten”, *Stanford Law Review*, 2012, 2 (64): 88-92.

③ B S Markesinis. *A Comparative Introduction to the German Law of Torts*. Oxford: Clarendon Press, 1994, p. 390.

④ 意大利有专门的数据保护法，该国数据保护机构（GPDP）认为，信息主体在信息目的已经达成时可以要求信息控制者删除其信息，GPDP通过以“数据质量”为原则的意大利数据保护法，该法案意识到了被遗忘权存在的必要性。

限制原则，应该对如 Google、Yahoo 等搜索引擎收集、存储、处理和使用个人信息的权利加以限制，对不准确、过时的和不必要的个人信息应该进行删除。[①] 在此基础上，AEPD 逐渐成为实践被遗忘权的先驱者，它认为一个公民有权利制止其个人信息的不合理传播。

3. 美国

在美国的法律法规中，有要对自然人的个人隐私进行保护的相关条款。而针对信息主体希望通过“被遗忘权”来处理降低自己社会评价的信息，在美国的《公平信用报告法令》中也有所体现。消费者每年都可以查看自己的信用报告，信用报告机构提供的信用报告是免费的，并且有义务听取消费者的反驳，以修改其认为不准确的信息。这些信用报告机构有权保留不良的消费记录或者消费信息，但是超过十年之后将不能再对该信息进行储存。诸如破产、欠缴税款或者延迟支付等信息都要被删除。此外，《公平信用报告法令》还规定了应被遗忘的信息类型，并对各类信息都规定了相应的保存时间上限。信用报告机构必须做出保证，保证在规定好的时间内删除消费者的一些信息，不能对消费者的信用记录和未来的生活产生不良影响。我们可以说，美国该法令在一定程度上确定了信用社会的被遗忘权，尤其是对于信用报告七年前的信息，法令更禁止报告进行披露，这就将信用机构获取信息的时间段压缩在七年之内。

美国加州州长在 2013 年签署了加州参议员第 568 号文件——“橡皮擦”法案，该法案允许未成年人擦除自己在如 Facebook 等社交软件的互联网痕迹，这就突破了仅仅封存青少年犯罪记录这一基本层面，对于青少年其他的个人信息，不一定是不良信息，也许个人信息拥有者只是认为该信息不恰当或者过时，他依然有权利进行删除，让世界遗忘。[②]

在美国较有影响力的判例是 Florida Star v. B. J. F. 案。美国公民 B. J. F. 报警称她遭到了抢劫和性侵犯，警方对其进行了笔录，记录了案情并留下了 B. J. F. 的全名，放在警局记者室。警局记者室并不限制记者的访问，因此杰克逊维尔市一家周报的实习记者到该记者室复制了这份笔录，自然也

① AEPD, Decision procedure no. TD/00266/2007.

② 参见《美国推〈橡皮擦〉法案，抹掉未成年人的网络过失》，《法律与生活》2014 年第 1 期。

包括了 B. J. F. 的全名及其他个人信息。随即这家周报便发表了一则文章，其中包含了这则被警方调查的犯罪事件的简短描述，通过文章能够识别出遭受性侵犯的受害人的姓名，当事人认为该报社侵犯了自己的合法权益，于是提起诉讼。最高法院于 1989 年做出了最终裁决：佛罗里达州的法规是无效的，因为报社已经违反了宪法第一修正案，按照法规理应对 B. J. F. 进行合情合理的补偿性和惩罚性赔偿。该案是美国认为个人信息一定条件下可以被遗忘的判例承认，然而与欧盟相较，义务主体及义务内容有着很大不同。[①]

4. 其他国家及地区

亚洲各国的法律法规对大数据时代下个人信息被遗忘的权利也有了相应的实践，比如 2013 年，韩国对《个人信息保护法》第 4 条、第 22 条进行了修订，明确规定了信息主体拥有删除请求权，当符合以下情况，如信息拥有时间已达到要求、已经实现了个人信息处理的目的或者个人信息已没有处理之必要时，能够控制个人信息的机构和个人应该主动将该信息删除。这就说明个人信息在没有保存必要的情况下应该被遗忘。

日本虽然没有在法律法规中直接规定被遗忘权，但是 2014 年 10 月日本东京地方法院做出了开创性判决：一名日本公民在谷歌网站显示出的 320 条搜索结果中发现有 120 条暗示其曾经犯过罪，法院认为谷歌公司侵犯了公民的权利，应该删除这些互联网搜索结果。[②] 虽然日本不是判例法系国家，但是该判决依然在日本个人信息保护领域有深远的影响。

我国台湾地区在 2010 年 5 月发布的《个人资料保护法》中，对信息主体的权利有了较为明确的规定（个人资料指能够直接或间接识别个人的资料，义同大陆法律法规中的个人信息）。该法规定，不得对信息主体的“停止收集、处理或利用”和“请求删除”的权利加以抛弃或限制，个人资料的收集、处理或利用不得逾越特定目的的必要范围。[③] 台湾地区的法律法规比较前沿，也借鉴了很多欧盟的规定。

---

① 案件判决原文：http://www.chanrobles.com/usa/us_supremecourt/491/524/case.php，中文翻译参见有道翻译 http://fanyi.youdao.com/。

② 新浪科技：日本法院要求谷歌删除关于一用户的搜索结果，http://tech.sina.com.cn/i/2014-10-11/09449683072.shtml。

③ 中国台湾《个人资料保护法》，2011，第 3 条、第 4 条。

除欧盟外许多其他国家也有类似框架，比如澳大利亚，在其1988年的隐私法信息隐私原则中指出，信息之被收集或被使用之目的和其他与此目的直接相关的任何目的而言，是相关的。① 保护条例要求成员国删除，更改或者屏蔽不准确或者不完整的个人信息，并且给予个人反对信息提供商使用其相关个人信息的权利。② 这等同于对个人的被遗忘权进行某种程度的肯定，显然这在澳大利亚也有一定的法律依据。

三 我国"被遗忘权"相关保护制度的立法现状

综观各个国家，对个人信息进行立法保护是主要保护方式，目前，我国尚未出台专门针对个人信息的保护法。但是在我国，关于个人信息的保护并没有被忽略，对于"被遗忘权"的相关法律制度在部分文件中也有所体现。

国内学者在谈论众多法律问题时，往往倾向于与欧美国家进行比较，通过立法背景、国情政策、政治文化等方面的分析，得出大陆的法治土壤是否适合某一法律制度的适用和建设的结论。在讨论被遗忘权在我国的本土化问题上，有的学者就认为我国并没有践行该权利的环境。然而通过研究发现，我国也存在对信息主体想要将信息删除情形如何处理的规定。③

首先，《侵权责任法》的第36条指出，被侵权人可以要求网络服务提供者采取删除、屏蔽、断开链接等必要措施来保护自己的合法权益不受损害，在我国的相关法律史上，这是对网络信息侵权问题的里程碑式突破。在该法案中，第36条第2款明确规定，一旦被侵权人的权益受到侵害，受害人还可以享有一种通知的权利，其有权利通知网络服务运营提供者，要求其采取措施防止受害人遭受更多的利益损失。这就明确了过错的认定时间，以及连带责任的必要前置程序。④

---

① 周汉华：《域外个人数据保护法汇编》，法律出版社，2006，第472页。

② 《澳大利亚隐私保护条例》，第17条。

③ 刘淄川：《透过"被遗忘权"看网络隐私》，http：//www. eeo. com. cn/2014/0722/263775. html，2014年11月24日。

④ 吴淑朋：《侵权责任法第36条评析》，《华中师范大学法学院论坛》2013年第2期，第24～26页。

然而第 36 条也具有实务上的局限性，对于民事权利已经遭到侵犯的民事主体，可以直接适用该条文保护自己的合法权利。但是，当民事主体的个人信息已经“不准确、不相关、过时”，却未达到权利被侵犯的标准时，将无法直接适用该条文。

其次，就我国 2011 年 1 月工信部颁布的《信息安全技术公共及商用服务信息系统个人信息保护指南》（以下简称《指南》）而言，我国在个人信息保护立法方面，针对个人信息的合理删除有了一定的立法意图。其对“不相关性”也进行了相应的实践，在《指南》第 5 章“删除阶段”第 4 条中规定：个人信息管理者破产或解散后，对于承诺的处理个人信息目的不能履行时，应该删除该个人信息。① 虽然《指南》只是国家标准，但是对于司法实践却有着巨大意义。此项规定弥补了《侵权责任法》第 36 条的漏洞，然而，《指南》并未上升为法律法规，只是法官判决时的一个参考。

再次，我国专家一直研究并呼吁在保护个人信息的问题上倡导被遗忘权。《中华人民共和国个人信息保护法示范法草案学者建议稿》（以下简称《建议稿》）中，对信息控制者的状态变动做出了规定，如果个人信息控制者不再具有存储信息的权利时，应该删除他存储的个人信息；如果信息控制者丧失了处理信息的权利，那么他也应该删除其控制的个人信息，以保证公民个人信息的安全。此《建议稿》对于可删除的信息范围进行了列举，是迄今为止较富创新性的立法建议，然而，此建议仅为学者意见，并未上升至法律层面，缺乏实务操作性。②

最后，我国最高法也发布了司法实践中关于保护个人信息的相关规定，证实了被遗忘权在我国立法实践中的合理性。在 2013 年 11 月 11 日，最高人民法院公布了互联网披露裁判文书的相关规定，即人民法院公布裁判文书时，应当删除自然人的通信地址、联系方式、身份证号码、银行账号、身体状况等个人信息。③

---

① 杨立新、韩煦：《被遗忘权的中国本土化及法律适用》，《法学论坛》2015 年第 2 期，第 32 ~ 35 页。

② 齐爱民：《中华人民共和国个人信息保护法示范法草案学者建议稿》，《河北法学》2005 年第 6 期，第 25 ~ 28 页。

③ 参见《最高人民法院关于人民法院在互联网公布裁判文书的规定》。

除上述之外，我国已经实行的《征信业管理条例》（简称《条例》）也认为我国个人信息的遗忘是可以有时间限制的，[①] 该《条例》对不良信用记录的“遗忘时间”做出了相应规定，不良信用行为或事件终止后已超过五年，个人不良信用记录征信机构不能再对该记录进行披露；刑罚执行完毕后七年，个人不良信用记录征信机构不能再对犯罪记录进行披露。[②] 该条例公布后，中央银行相关负责人在采访中表示，规定不良信用信息的保存期限，旨在促使个人改正过错并保持良好的信用记录。

总体而言，我国个人信息保护没有完整的专门立法，在保护自然人个人信息时发现，我国的法律法规相对滞后。由于被遗忘权的缺失，信息主体面对与自己身份有关的“过时的、不准确的、不相关的”个人信息时，行使合法权益较为被动。

四　多元利益视角下“被遗忘权”法律实践考察

1. 国家视角下设立被遗忘权的必要性

21 世纪以来，传统的安全文化观被迅猛发展的网络技术所颠覆。政治、经济、文化等物理世界的信息随着网络的发展正在快速改变着人们的生活，国家安全在信息流失、企业泄密、个人信息泄露、网络黑客行为等诸多因素的影响之下，变得岌岌可危。目前我国个人信息保护法立法程序已经启动，法学界对该问题也做出了许多探讨，但研究方向多是以保护个人隐私权为核心，并未注意到其对国家安全的影响。

云计算、云存储等信息技术的发展使得公民的个人信息往往在未被察觉的情况下被服务提供商所掌握。全球范围内，掌握最多个人信息的服务提供商，非 Google、Facebook 等美国企业莫属。相比较个人隐私而言，被遗忘权的客体——个人信息如果以集合形式表现出来，则往往容易涉及一个国家的商业机密、经济命脉甚至政治形势。从这个意义上来说，隐私侵权

---

① 刘振冬：《个人不良信息保存期限不超 5 年》，资料来源：http://dz.jjckb.cn/www/pages/webpage2009/html/2013 - 01/31/content_70719.htm? div = -1。

② 参见《征信业管理条例》第 3 章第 21 条。

法律规范在保护个人信息方面存在漏洞和缺陷，被遗忘权的诞生可以在一定程度上填补这些漏洞并弥补这些缺陷，同时它也正是信息时代大国之战中重要的利益堡垒。

2. 信息主体视角下确立被遗忘权制度的紧迫性

信息主体要求自己的个人信息被合法收集、合理管理、良好使用和科学整合，即使被公众所知晓，也希望能够限制公开的范围、公开的对象和时间，从而保护自己的合法权益。

但是，信息主体希望影响自己社会评价的特定信息被删除，该特定信息可概括为不准确的、不相关的、过时的，能够直接或者间接识别出信息主体身份，现有法律制度对此无法全部涵盖。

3. 网络服务提供者视角下确立被遗忘权制度的可行性

新媒体时代下，信息的控制者已经不仅仅是各大网络服务提供商，还包括以工作室、团队、个人等形式运营新媒体的主体，他们掌握自然人的个人信息后，可以为自己带来盈利。比如，母婴常识类的微信公众平台，可以通过阅读数量、投票活动、转发频次等处理用户个人信息，从而推广用户需要的母婴用品，甚至仅仅作为广告平台，推广亲子活动、周边游等项目，从而获利。

部分学者认为，如果在获取、储存、处理和使用个人信息的过程中，信息主体通过通知的形式要求信息控制者删除其个人信息，这无疑加大了信息控制者尤其是网络服务提供商（ISP）的成本，他们需要审核删除自动获取、二次处理和使用的个人信息的通知，在审核通过后再删除该信息。然而，在利用自然人上网痕迹和其他信息的同时，信息主体本身就有处理自己信息的权利，只是在该类信息并未直接或间接指向个人身份或者信息主体可以接受网络服务提供商利用这些信息进行二次处理并向自己推送更多自己感兴趣的信息时，允许网络服务提供商继续存储、处理和使用这些信息。一旦这些信息对信息主体的民事权利造成损害，并且能够通过信息识别出他们自己的身份，那么信息主体将有权要求信息控制者删除此类信息。

就我国各行业发展的实际情况而言，目前我国有些互联网服务提供商的做法已经暗合被遗忘权，我们日常使用的社交软件对被遗忘权已经有了不同程度的默认。比如，在新浪微博、QQ、人人等社交软件中，一旦信息主体将自己发布的信息删除，不仅在自己的主页中无法找到，其他用户直接转载的内容也将被删除。

百度公司作为我国最大的搜索引擎运营商，目前推出了针对网页搜索相关问题接受网络用户投诉的专门服务。该线上服务页面包括“快照删除与更新”与“隐私问题反馈”两项内容，在满足搜索结果网页内容侵犯用户隐私或其他利益的情况下，将按照用户请求提供删除服务，而用户则只需要按照网页要求填写百度快照地址以及自己的联系邮箱并详细说明遇到的问题及申请原因。据悉，在网络用户提交删除请求并通过百度专门工作人员审核后，相关的网页链接将会在24小时内被删除。可见，百度公司推出的这项服务虽无被遗忘权之名，但却与欧盟法院判例中的被遗忘权相通。

五　建议

1. 单独立法设置相应条款

个人信息保护法是构建个人、企业与政府三方良性互动关系中最为重要的环节之一，该法的制定必将推动我国整个信息化法律体系的建设。[①] 我国目前没有完整的个人信息保护立法，在新技术环境下，随着我国网络用户的急剧增长，个人乃至企业数据保护的需求日益迫切，欧盟率先在这方面进行探索，为我们进行制度建设提供了很好的参考和借鉴。

我国在很多法律文件、条例、司法解释中涉及了被遗忘权的相关规定，但是并未在法律法规中确立这一权利。因此，我国应该在将来的立法中，建立完善的个人信息保护法，在个人信息权下规定被遗忘权，将个人信息权定义为信息主体拥有的对其个人信息享有控制、支配和排除他人非法利用的权利。[②]

我国“互联网+”的行动计划表明，现阶段我国关于互联网行业的法律法规采取包容性治理的理念。虽然我们需要建立科学的互联网平台，加强网

① 参见周汉华《域外个人数据保护法汇编》，法律出版社，2006。

② 杜卉卉：《论个人信息的民法保护》，山东大学博士学位论文，2008。

络安全立法，建立科学的个人信息保护制度，但是从制度的需要到制度的建立，都需要时间的积累和大量法律实践的考察，因此，就我国现状而言，可以通过之前所述的扩大解释、发布指导性案例的模式保护个人信息。

针对被遗忘权的设想，笔者希望能够在发布个人信息保护法、建立个人信息权中涉及。本文也针对被遗忘权的建立设计了法条并对其释义。

法条设计："自然人可以要求信息控制者删除不准确、不相关或者过时的个人信息；因信息控制者或他人的原因造成损害的，自然人可以要求其承担侵权责任。"

被遗忘权的权利主体仅局限在自然人范围内，这种情况会造成法人和其他组织机构没有享受这种权利的资格。近年来，随着信息主体维权意识的提高，微信公众平台等新媒体在运营过程中涉及的诉讼屡见不鲜。就甘肃省白银龙龙摄影服务有限公司诉白银小喇叭文化传播有限公司一案而言，二审撤销一审判决，认为白银小喇叭文化传播有限公司并未侵犯信息主体白银龙龙摄影服务有限公司的名誉权，那么，信息主体是否还有权要求其删除网络中的不准确信息呢？[①] 同样，2016 年在湖南省梦洁家纺股份有限公司的商业诋毁纠纷中，微信公众平台运营者的恶意编辑导致其企业形象受损，企业最终获得了胜诉，但是它可否要求消费者协会网站删除自己三年前因为商品说明不合格而被公示的相关信息呢？[②] 显然，即便法人或组织机构没有享受这种权利，我们也要把所谓的被遗忘权的主体范围单纯地限制在自然人之内更为合理，因为它具有人格权的属性。

条文中的义务主体指可以获得、存储、处理和使用的信息控制者。个人信息充斥的当代社会，很多社交网站和互联网巨头掌握了海量的个人信息数据并且控制着这些数据，如 Google、Yahoo、Facebook 和 Twitter 等新兴企业，他们成为与权利主体相对应的义务主体。在我国如天猫淘宝、京东、当当等网上购物商城；支付宝、钱袋宝、微信钱包等在线支付工具；百度、搜狗等信息搜索网站；微信、QQ、人人等社交软件都可以被称作"被遗忘权"的义务主体。此外，新媒体时代中，个人也可以成为信息的控制者，

---

① 参见甘肃省白银市中级人民法院裁判文书（2016）甘 04 民终 531 号。

② 参见湖南省长沙市中级人民法院裁判文书（2015）长中立民终字第 00500 号。

因此信息控制者不能仅仅局限在企业的范围内。

被遗忘权的客体是指由义务主体收集、存储、处理的特定信息，该信息可概括为不准确的、不相关的、过时的能够直接或者间接识别出信息主体身份，使其社会评价降低的信息。不准确的信息，是指信息主体、内容和状态等方面有所变化或变更，之前的信息虽存在于网络上，但是不准确或不正确。如果数据不够准确或者其他主体发表了对信息主体的不准确评价，信息主体就可以要求删除这些数据，这就包括了发布之前不准确和发布时准确但之后进行变更的情况。①

不相关的信息一般指的是个人信息已无明确的目的性。一旦目的已经实现，或者没有再进行处理的必要，那么就可以删除该个人信息。② 指南中对于个人信息管理者破产或解散时，无法继续完成承诺的个人信息处理目的情形，就规定了删除个人信息的责任。

过时的信息，是指该信息准确而真实，目前仍然被记录，但该信息对于信息主体来说，已经成为过去，不能代表现在的情形，并且很有可能会影响社会对其的评价。数据必然与某个时间紧密相连，随着时间的推移很可能失去价值与存储意义，并且很可能会影响信息主体的社会形象。③ 针对“过时”所指的时间限制，可以参考本文前述的我国已经实行的《征信业管理条例》中“不良信用行为或事件5年为限，犯罪记录以刑罚执行完毕后7年为限”的相关规定。

具体从权利属性的方面分析被遗忘权可发现，它与隐私权不同，隐私权属于防御型权利，虽然具有可利用性，但因其属于精神性的人格权，具备较低的财产价值。④ 侵犯隐私权一般表现为精神损害，因此在自然人受到精神损害或者权利侵害之前，很难主动行使该权利，要求他人进行赔偿。

---

① Ignacio Cofone. “Google v. Spain: A Right To Be Forgotten?” [J]. Chicago-Kent *Journal of International and Comparative Law*, 2015, 1 (15): 12 - 15.

② Giovanmi Sartor. *The Right to Be Forgotten: Dynamics of Privacy and Publicity.* Protection of Information and the Right to Privacy. Springer International Publishing Switzerland, 2014. pp. 1 - 2.

③ 何治乐、黄道丽：《大数据环境下我国被遗忘权之立法构建——欧盟〈一般数据保护条例〉被遗忘权之借鉴》，《网络安全技术与应用》2014年第5期，第173页。

④ 王利明：《论个人信息权的法律保护——以个人信息权与隐私权的界分为中心》，《现代法学》2013年第35卷第4期，第9~12页。

权利主体只能在受到损害之后，要求侵权者承担排除伤害、赔礼道歉、消除影响等非财产性责任，只有受到较为严重的精神损害时才可以要求其承担财产性责任。信息主体希望影响自己社会评价的特定信息被删除，[①] 这是主动型权利。

没有无限制的权利，在行使被遗忘权的同时也需要受到相应的限制。在我国的法律法规以及司法实践中，出现以下七种情形时，信息控制者可以免予承担侵权责任。

（1）媒体、公民等行使言论自由；

（2）国家利益、公共利益的需要；[②]

（3）为了满足科学研究的目的；

（4）依职权记录有关信息主体的犯罪信息；[③]

（5）个人信息与信息主体的真实情况不吻合；

（6）对于需要作为证据而存储的个人信息；

（7）信息主体不允许信息控制者删除信息，但是对使用过程进行限制。[④]

2. 完善司法

即使是修改法律法规中的条款，也需要严格的程序和内容方面的审核，更不用说出台一部专门的个人信息保护法。被遗忘权制度保护的是自然人的信息权，如果信息权被侵犯的同时，名誉权、肖像权、隐私权等人格权也被侵犯，则可以根据现有法律条文保护自己的权益。此外，还可以通过司法机关扩大解释和发布指导性案例，以此作为解决当今信息主体诉求的权宜之计。

---

① Karen Eltis. Breaking Through the — Tower of Babel ‖ ：A — Right to be Forgotten ‖ 1 and How Trans-Systemic2 Thinking Can Help Re-Conceptualize Privacy Harm in the Age of Analytics. 2011. pp. 91. 13 – 15. 笔者欣赏该文中“The Right to be Forgotten's Underlying Rationale：Throw out the Bathwater but Consider the Baby”的观点，也正因于此，应将良莠不齐的信息区别对待——给被遗忘权的客体做好界分。

② 杨萍：《大数据时代的遗忘权研究》，湘潭大学硕士学位论文，2014。

③ 参见最高人民法院《关于审理利用信息网络侵害人身权益民事纠纷案件适用法律若干问题的规定》第 12 条。

④ Regulation（EU）2016/679 of the European Parliament and of the Council of 27 April 2016. http：//eur-lex. europa. eu/legal-content/EN/TXT/？ qid = 1501519915304&uri = CELEX：32016R0679. Article 16. 2017 年 7 月 30 日访问。

（1）扩大解释

《侵权责任法》的第36条指出，被侵权人可以要求网络服务提供者采取删除、屏蔽、断开链接等必要措施来保护自己的合法权益不受损害，可对“合法权益”进行扩大解释，使其包含自然人“个人信息得以保护的权利”，囊括自然人个人信息权利被侵犯时，要求网络服务提供商删除、屏蔽、断开链接的情形。因此，依据侵权责任法，如果行为人因自身的过错致使他人民事权益受到损害，那么就应该承担相应的侵权责任。只有网络服务提供商对自然人个人信息权所造成的损害承担起侵权责任时，信息主体的个人信息才得以保护。

（2）发布指导性案例

制定《个人信息保护法》，并在个人信息权下规定被遗忘权有着立法上的合理性和紧迫性，虽然当今法律体系不够完善，但我们也应及时找出应对的方法，以满足信息主体保护个人信息的需求。尽管我国并非判例法系国家，但是最高人民法院发布的指导性案例对整个法院判决系统都有着指导性作用。指导性案例能够通过对案件争议焦点所涉及的法律问题进行评析，并且形成裁判结论所依据的规则，对法官在同类案件中认定事实、适用法律具有启发、引导、规范和参考作用，同时也满足了信息主体的现实需求。

结　语

通过参考国内外相关文献，比较各个国家和地区大数据时代下被遗忘权制度的法律法规，分析最新司法实践和案例判决，不难看出，即使被遗忘权的存在极具合理性，立法极富可行性，这一权利的真正实施仍然十分棘手。首先是如何管理海量的数据和巨大的存储空间的问题。对于一些没有署名、没有明确来源的个人信息、转发了多次的帖子、自动抓取的快照等，很难将其完全规范化。其次是很多国家和地区并没有被遗忘权的概念，即便在法律体系较为一体化的欧盟国家，因为文化背景、历史传统和社会风俗的不同也很难保持一致。最后也是最令专家和学者担忧的——美国作为信息控制巨头，它对被遗忘权抱有质疑的态度，这将会导致被遗忘权难以在全球实现统一协作。

然而，科技的快速发展更需要及时革新的法律系统进行规制，从而保证公民的权益。权利与义务并存，自由与责任同在。在开放、自由、便捷、信息丰富的大数据时代，我国更应该积极解决互联网行业面临的问题，出台《个人信息保护法》，规定被遗忘权，以期在保护公民个人信息的同时，增强行业自律性，用完善的法律体系保证国家经济的迅猛增长。

发明创造的个人主义到集体主义

石必胜　高　雪*

摘　要：对于职务发明条例送审稿的条款，在学界及实务界引发了较大的争议，其根本分歧的立足点在于专利制度激励的对象主体为企业还是个人，进而明确法律侧重给予权益保护。现代发明创造的主体，已从“个人”转变为“集体”，以商业利益和资本为原动力的创新活动决定了企业成为也应成为技术创新的主体。据此，职务发明条例送审稿强调个人利益保护，忽视对企业利益保护的平衡，恐难达到鼓励创造的立法目的。

关键词：职务发明　个人主义　集体主义　创新主体　鼓励创造

引　言

根据《专利法》第一条的规定：“为了保护专利权人的合法权益，鼓励发明创造，推动发明创造的应用，提高创新能力，促进科学技术进步和经济社会发展，制定本法。”对于专利权的保护，最终目的并不是保护发明创造成果，而是鼓励和激发人们去发明创造，从而促进科学技术发展和社会进步。这里需要厘清的问题是鼓励和激发的对象是什么，立法侧重给予哪一方保护更有利于技术发展。关于职务发明条例和专利法修改存在的很多争议，其底层的分歧就在于对发明创造的主体和创新主体的认识有不同观点，一种观点认为是个人，另一种观点则认为是企业。本文通过对上述问题进行分析，进一步正确评价职务发明条例送审稿相关问题的争议。

* 石必胜，金杜律师事务所合伙人，原北京市高级人民法院知识产权庭法官；高雪，中国人民大学法学硕士研究生。

一　技术发展史的分析

瓦特于1769年开始改良蒸汽机，随后新型蒸汽机开始广泛使用，成为改造世界的动力机械，蒸汽时代从此拉开序幕。1870年，格拉姆设计出发电机之后，电力被应用于生产中，其后爱迪生发明电灯等1000多项发明，被人们称为“发明大王”。这些发明创造促进了电力的广泛应用，人类从此进入电力时代。基于爱因斯坦相对论和普朗克提出的量子理论构成的近代物理基本理论框架，20世纪40～50年代，出现了以原子能、电子信息技术、航天技术为代表的一系列高新技术，引发了第三次科技革命，把人类带入了信息时代。

综观数百年来的技术发展史，在20世纪之前，发明创造的原动力是个人的好奇心与兴趣，当时涌现了大量的发明家，发明创造的个人主义在这一时期到了极致。但是随着近代科学理论基础框架的基本构建，信息时代的发明创造原动力已悄悄发生了变化。往往重大的科技进步在初期研究时需要投入大量人力、物力且一般难以看到实际或者短期的收益。这就使得企业开始在技术发展中扮演了越来越重要的角色。

20世纪70年代，世界上规模最大的企业研究院——美国电话电报公司AT&T属下的贝尔实验室投入大量人力、物力进行研发，攻克了寻呼机技术上的难题，使寻呼机体积大为缩小且方便携带，由此无线寻呼进入快速发展阶段。贝尔实验室现在已然成为技术创新能力的象征。继贝尔实验室成功之后，包括微软、英特尔、IBM和摩托罗拉在内的许多企业也纷纷成立自己的与之类似的研究团队，加快了发明成果的产生与转化步伐。2005年《大众机械师》杂志做了一项“过去50年来最具影响力的发明”调查，[①] 发明领域涵盖了航空、生物、物理、医药和汽车技术，其中大部分发明出自企业。此外，《时代》杂志每年都会评选出年度25大最佳发明，从2014年、2015年最近期的评选结果来看，其中的发明约60%来自企业，20%左

① http://www.popularmechanics.com/technology/gadgets/a341/2078467/，最后访问时间：2016年8月10日。

右来源于学术研究团体。[①②] 综合以上论述，或许我们可以从中窥探出：现今的主流发明创造的产生需要聚集作用，技术发展不再是主要靠个人的“单打独斗”，而是集体的“团队协作”。集体主义相比于个人主义，在现代技术创新中具有绝对优势，其逐渐取代了个人主义在发明创造中的地位。

二　我国技术创新主体的分析

2006~2015年，这十年来我国大部分创新活动已由企业承担，“主要表现是‘976’，即90%以上的研发机构设立在企业，70%以上的研发人员分布在企业，70%以上的研发经费由企业执行，60%以上的发明专利由企业申请”。[③] 国家知识产权局2014年的统计报告显示，职务发明的专利申请授权量占总量的74.4%，而其中企业专利申请授权量占62.9%。[④] 此外，在新一代信息产业中，这种表现更为明显，2011~2015年，这一领域的企业专利申请授权比例达到了总量的71%。[⑤]

在十二届全国人大四次会议2016年3月10日上午的记者会上，科技部部长万钢表示，“企业已成为技术创新主体”。关于企业是否已经实际上成为我国技术创新的主体，还需要更加详细的数据统计支持和结合多方面因素来进行判断。但从《国家中长期科学和技术发展规划纲要（2006—2020年）》《关于深化科技体制改革加快国家创新体系建设的意见》《国务院办公厅关于强化企业技术创新主体地位全面提升企业创新能力的意见》的发布与出台来看，至少可以肯定“让企业成为技术创新主体”是目前的科技体制改革的趋势和方向。

此外，让企业成为技术创新的主体是应然的。相比于科研院所与个人，企业有着其得天独厚的优势。科研院所在市场转化和产业化等方面都受到

---

① http://time.com/3594971/the-25-best-inventions-of-2014/，最后访问时间：2016年8月10日。

② http://time.com/4115398/best-inventions-2015/，最后访问时间：2016年8月10日。

③ 郭铁成：《科技体制改革首要任务：让企业成为技术创新主体》，《创新时代》2015年第8期，第89~91页。

④ http://www.sipo.gov.cn/tjxx/jianbao/year2014/indexy.html，最后访问时间：2016年8月10日。

⑤ http://www.sipo.gov.cn/tjxx/zltjjb/201603/P020160323524342188716.pdf，最后访问时间：2016年8月10日。

限制，虽然国内的一些科研机构也具有较强的研发能力，但科研院所的市场开发导向不明，并未完全按照市场的要求从事技术创新，造成了科研资源的极大浪费。与科研院所相比，企业能够把握市场的需求，而同时市场激烈竞争所带来的生存压力和经济利益也会使得企业有这样的动力去组织技术研发。与此同时，个人除了存在科研院所同样的问题之外，其能力和精力是有限的，很难在短期内完成一些重大技术创新，而且会受到资金、设备的限制，随着公司制度的发展成熟和市场融资机制的不断完善，企业本身具有的资本实力再加上高效的融资方式，使得其具有更强的创新能力、更快的发明创造产出。市场需求带来的商业利益与资本的推动，已然构成了现代技术创新的原动力，这将会使企业在技术创新中的主体地位更加明晰。

三 职务发明条例送审稿的评价

从上文的分析来看，创新的原动力是商业利益和资本，让企业成为发明创造的主体是我国目前科技体制改革的目标，基于这样的基础，再对职务发明条例有关争议条款进行进一步分析评价，会有更加合理的认识。

第七条规定，“下列发明属于职务发明：（四）主要利用本单位的资金、设备、零部件、原材料、繁殖材料或者不对外公开的技术资料等物质技术条件完成的发明，但约定返还资金或者支付使用费，或者仅在完成后利用单位的物质技术条件验证或者测试除外”。这一条可以把利用单位条件测试之前已实质完成的个人发明排除在职务发明之外，但在实际操作中，难以界定发明的“完成”时间以及在多大程度上利用了单位的物质技术条件。企业作为技术创新主体，具有聚集作用，这对于现代技术创新至关重要。技术创新实际上是个体在自己掌握的公知常识基础上，利用专业分工形成隐性知识差异，然后进行知识深化而产生的。在这样的前提下，这种隐性知识的交流融合使得集体产出大于个人产出相加之和，而如果个人主要依靠这种隐性知识及其在交流融合之后的基础上积累所得的成果，然后又利用公司设备验证而完成的发明，最终却被归为非职务发明，这对公司而言是不公平的。因此这一条也是值得进一步探讨和完善的。

第十二条规定，“发明人主张其报告的发明属于非职务发明的，单位应当自收到符合本条例第 11 条规定的报告之日起两个月内给予书面答复；单位未在前述期限内答复的，视为同意发明人的意见”。对于此规定，其会在一定程度上损害企业的利益，发明的认定是一个复杂的过程，如果员工大量地提出报告，认定过程则会消耗大量资源，加重企业负担。同时，两个月的答复期限过于仓促，一旦企业未在法定期限内答复，就将丧失专利权，企业因此会遭受经济损失。这一条的规定，很可能会对企业自主创新研发的积极性产生消极影响，因此，对于答复期限的确定可以通过听取多方意见和实际调研，规定一个更长的合理答复时间。

第十九条第二款规定，“单位自行实施、转让或者许可他人实施职务发明获得经济效益的，发明人有权了解单位所获得经济效益的有关情况”。这一条是保障发明人对单位实施职务发明获益情况的知情权，有助于发明人奖酬权的实现。但在实践中，这一条却难以操作。因为很多产品包含了成百上千个甚至更多的专利，很难评估单个专利的价值，企业的经济效益是专利价值、生产、加工、营销等多重因素所共同交互决定的，并且许可价格、财务账簿等属于企业的核心商业秘密，不能让发明人知悉。此外，对相关信息的披露，如果涉及企业的商业秘密或触犯有关规定，企业将无法履行该义务。

此外，关于职务发明奖酬制度的条款，也存在较多争议。送审稿的第四章详细规定了奖励报酬的比例、发放期限。其中第二十一条，将发明专利奖励比例，提高到了不低于营业利润的 5%，或者是不低于销售收入的 0.5% 的程度；对于实用新型专利而言，奖励比例从不低于营业利润的 0.2%，提高到了不低于营业利润的 3%，或者是不低于销售收入的 0.3% 的程度。该条第三款规定：“单位未与发明人约定也未在其依法制定的规章制度中规定对职务发明人的报酬的，单位转让或者许可他人实施其知识产权后，应当从转让或者许可所得的净收入中提取不低于 20%，作为报酬给予发明人。”这一比例过高，忽视了企业在商业运作中的作用，企业除了有聚集作用之外，同时有完善的人员管理制度和较好的市场导向研究，有利于达到资源的有效配置和促进技术创新的极大发展。过分强调个人的利益保护，会在一定程度上阻碍企业组织技术研发的积极性。

总体来看，职务发明条例送审稿对报酬支付主体、支付程序、支付标准等问题做了比较具体的规定，这对于激励职务发明人，使其实际获得奖励报酬具有一定的促进作用。但是，在确定职务发明奖励和报酬的具体规则时，过分强调了个人的利益，忽略了平衡职务发明人与企业二者的利益，没有把企业作为激励创新的主要对象，进而以最有利于激励创新的方式来分配二者的利益。

结 论

在面对全球化的竞争压力时，国家的经济实力决定国家的国际地位，而企业又是国家经济的细胞，是经济运行的基础。一个国家的科技创新能力，不仅仅表现为发明创造的涌现，同时主要表现为创新知识的传播和积累，以及由此形成的产业发展水平，而以企业作为技术创新的主体，更加有助于实现产业的发展，提高产业水平。借鉴国外的经验，我们可以发现，科技发达国家的技术研发大都是由企业进行的，科研人员和科研开发的经费均来自企业。企业依据市场调查，开发出创新成果，并以此谋取利润，再通过获得的利润弥补前期科研的投入，并为下一轮的科研进行资本积累，这样就形成了一个良性的循环，使得企业乃至产业不断发展壮大，从而促进科技创新和带动经济社会发展，使得国家在国际竞争中处于优势地位。

综上所述，技术发明主体已经从个人转向为集体，在把创新主体定位为企业的前提下，职务发明条例送审稿在一定程度上忽略了对企业利益的保护。职务发明条例制定的最终目的是激励创新，这种过于偏向保护职务发明人的权益立法价值选择将难以发挥法律激励技术创新的作用，这与专利法和职务发明条例的立法目的是相违背的。

三　法治实践

民法典中《合同法》关于技术合同立法建议稿

谭华霖　石必胜　张景南*

【本章修改总说明】

技术合同法有狭义和广义两种含义：广义的技术合同法，是指与技术合同相关的法律规定的统称；狭义的技术合同法，是指1987年6月23日第六届全国人民代表大会常务委员会第21次会议审议通过的《中华人民共和国技术合同法》（以下简称《技术合同法》）。中国之所以曾经单独制定《技术合同法》，是因为有些专家认为技术合同具有一些区别于其他合同的特有问题。《关于〈中华人民共和国技术合同法（草案）〉的说明》中提到，在履行合同的过程中产生的发明、发现和其他科技成果归谁所有，如何使用和怎样分配，是技术合同所特有的问题。① 《技术合同法》的诞生在一段时期内对于合理分配技术开发、转让、许可、服务合同当事人之间的权利、义务，进而促进科技的发展起到了积极的作用。1999年《中华人民共和国合同法》（以下简称《合同法》）施行，《技术合同法》被予以废止，关于技术合同的特殊规定，体现在《合同法》中的专门的一章中。

《合同法》关于技术合同的相关规定，对于促进中国科技进步具有重要影响，但同时也面临着进一步修改完善的需要。近年来，随着我国经济发

* 谭华霖，法学博士，北京航空航天大学法学院教授（院聘），北京航空航天大学党委宣传部部长、新闻中心主任，北京科技创新中心研究基地常务副主任；石必胜，金杜律师事务所合伙人，原北京市高级人民法院知识产权庭法官；张景南，北京航空航天大学法学硕士。

① 吴明瑜（时任国家科学技术委员会副主任）：《关于〈中华人民共和国技术合同法（草案）〉的说明——1987年1月12日在第六届全国人民代表大会常务委员会第十九次会议》。

展进入速度变化、结构优化和动力转换的新常态，推进供给侧结构性改革，促进经济提质增效、转型升级，迫切需要依靠科技创新培育发展新动力。[①] 而技术合同在促进科技成果开发、促成技术交易和应用方面起到了巨大的作用。根据科技部副部长李萌于 2017 年 2 月 21 日在科技部新闻发布会上的介绍，目前全国各类技术交易市场超过 1000 家，2016 年全国技术合同成交额同比增长 15.97%，达到 11407 亿元，首次突破 1 万亿大关，[②] 而技术合同的签订数也达到了 32 万项。[③] 实施创新驱动发展战略，进一步促进科学技术成果的开发和应用成为很长一段时间内的重要目标，例如，国务院在《促进科技成果转移转化行动方案》中提出了“培养 1 万名专业化技术转移人才，全国技术合同交易额力争达到 2 万亿元”的目标。[④] 为了有效建设创新型国家，促进科技成果的研发和应用，需要利用民法典编纂的契机，进一步修改和完善关于技术合同的法律规定。《合同法》中关于技术合同的相关规定是否需要修改和完善，要考虑很多因素，其中一个因素就是司法实践中关于技术合同纠纷案件审理过程中面临的问题。最高人民法院发布的《中国知识产权司法保护现状（2015）》显示，在 2014 年，全国地方人民法院审结技术合同案件 1480 件，同比增长 38.19%。这表明，起诉到人民法院的技术合同纠纷案件的数量呈增长态势。技术合同案件的增长，一方面反映出技术研发、转让和应用活动比较活跃，另一方面也反映出技术合同法的法律规定在司法实践中可能面临一些问题。为了有效实施创新驱动发展战略，为了解决技术合同案件司法实践中面临的问题，笔者遵照合同法的相关理论和原则，结合司法实务经验，并参考国外相关的立法例，对民法典中《合同法》技术合同部分的立法提出建议。

本文关于民法典中《合同法》技术合同部分的立法建议稿，主要遵循了以下规则：第一，为了维护法律和社会的稳定性，关于技术合同的立法建议稿以现行《合同法》第十八章关于技术合同的规定为基础，现行规定不需要修改的，尽量不进行修改；第二，主要内容仍然分为四节，分

① 国务院：《“十三五”国家科技创新规划》。

② 科技部：《李萌副部长介绍促进科技成果转移转化工作情况——文字实录》，2017 年 2 月 21 日。

③ 国家统计局：《2016 年国民经济和社会发展统计公报》。

④ 国务院办公厅：《促进科技成果转移转化行动方案》，2016 年 4 月 21 日。

别对应四个主要类型的技术合同，以及现行《合同法》的四个小节；第三，每个条款的序号暂不变化，新增条文则注明所在位置；第四，新增条文主要来自对司法解释的条文的提升，也有结合不同类型技术合同的特点新增加的内容。

第一条 【定义】

技术合同是当事人就技术开发、转让、咨询或者服务订立的确立相互之间权利和义务的合同。

第二条 【订立技术合同的原则】

订立技术合同，应当有利于科学技术的进步，提高社会创新能力，加速技术成果的研发、转化、应用和推广。

本法所称的技术成果，是指利用科学技术知识、信息和经验做出的涉及产品、工艺、材料及其改进等的技术方案，包括专利、专利申请、技术秘密、计算机软件、集成电路布图设计、植物新品种等。

技术秘密，是指不为公众所知悉、具有商业价值并经权利人采取保密措施的技术情报。

【修改说明和理由】

说明1：本条第一款增加了“提高社会创新能力”。党的十八大提出了实施创新驱动发展战略。2016年，中共中央、国务院印发了《国家创新驱动发展战略纲要》，强调科技创新是提高社会生产力和综合国力的战略支撑，必须摆在国家发展全局的核心位置。技术合同法的立法目的也应当贯彻此项战略。

说明2：可以参照《最高人民法院关于审理技术合同纠纷案件适用法律若干问题的解释》（以下简称“技术合同司法解释”），[①] 统一将“科学技术

① 参见《最高人民法院关于审理技术合同纠纷案件适用法律若干问题的解释》（法释〔2004〕20号）第一条：技术成果，是指利用科学技术知识、信息和经验做出的涉及产品、工艺、材料及其改进等的技术方案，包括专利、专利申请、技术秘密、计算机软件、集成电路布图设计、植物新品种等；技术秘密，是指不为公众所知悉、具有商业价值并经权利人采取保密措施的技术信息。

成果”修改为“技术成果”，并明确其定义，以此来保障技术合同法律体系及相关制度的完整性、一致性，减少法律冲突，避免法律适用的不确定性，减少对法律的误解。

说明 3：技术合同包括技术开发合同，在确定法律规则时，不仅仅要考虑对技术成果的转化、应用，还要考虑对技术成果开发的促进。对于技术合同的法律规定，不能简单地将其当作合同法的一部分来理解，还应当将其看成是知识产权法的一部分，通过对技术成果权利归属的合理划分和对知识产权的合理保护，能够有效地促进技术成果的开发，对促进科技创新具有积极作用。

说明 4：增加关于技术秘密的定义。该定义与《中华人民共和国反不正当竞争法》第十条的规定以及技术合同司法解释对于技术秘密的定义基本相同。[①] 技术合同司法解释中，技术秘密包括三个构成要件：①秘密性；②保密性；③价值性。这些要求与《中华人民共和国反不正当竞争法》第十条关于商业秘密的规定是一致的。在确定技术秘密的定义时，本文也参考了 TRIPS 协议对商业秘密构成要件的规定。TRIPS 协议第 39 条对“未披露信息的保护”规定了三个构成要件：（a）属秘密，即作为一个整体或就其各部分的精确排列和组合而言，该信息尚不为通常处理所涉信息范围内的人所普遍知道，或不易被他们获得；（b）因属秘密而具有商业价值；并且（c）由该信息的合法控制人，在此种情况下采取合理的步骤以保持其秘密性质。[②]

【如何进行增删改】

1. 本条第一款增加“提高社会创新能力”；

2. 第一款将“加速科学技术成果的转化、应用和推广”修改为“加速技术成果的研发、转化、应用和推广”；

3. 第二款和第三款增加“技术成果”和“技术秘密”的定义。

---

① 最高人民法院：《最高人民法院关于审理技术合同纠纷案件适用法律若干问题的解释》（法释〔2004〕20 号）。

② 《与贸易有关的知识产权协定》（TRIPS 协议），第 7 节第 39 条，1995 年 1 月 1 日生效。

【参考立法例】

《中华人民共和国反不正当竞争法》

第十条　经营者不得采用下列手段侵犯商业秘密：

（一）以盗窃、利诱、胁迫或者其他不正当手段获取权利人的商业秘密；

（二）披露、使用或者允许他人使用以前项手段获取的权利人的商业秘密；

（三）违反约定或者违反权利人有关保守商业秘密的要求，披露、使用或者允许他人使用其所掌握的商业秘密。

第三人明知或者应知前款所列违法行为，获取、使用或者披露他人的商业秘密，视为侵犯商业秘密。

本条所称的商业秘密，是指不为公众所知悉、能为权利人带来经济利益、具有实用性并经权利人采取保密措施的技术信息和经营信息。

《与贸易有关的知识产权协定》

第7节：对未披露信息的保护

第39条

1. 在保证针对《巴黎公约》（1967）第10条之二规定的不公平竞争而采取有效保护的过程中，各成员应依照第2款对未披露信息和依照第3款提交政府或政府机构的数据进行保护。

2. 自然人和法人应有可能防止其合法控制的信息在未经其同意的情况下以违反诚实商业行为的方式（注10：在本规定中，"违反诚实商业行为的方式"应至少包括以下做法：如违反合同、泄密和违约诱导，并且包括第三方取得未披露的信息，而该第三方知道或因严重疏忽未能知道未披露信息的取得涉及此类做法）向他人披露，或被他人取得或使用，只要此类信息：

（a）属秘密，即作为一个整体或就其各部分的精确排列和组合而言，该信息尚不为通常处理所涉信息范围内的人所普遍知道，或不易被他们获得；

（b）因属秘密而具有商业价值；并且

（c）由该信息的合法控制人，在此种情况下采取合理的步骤以保持其秘密性质。

第三条　【技术合同的主要条款】

技术合同的内容由当事人约定，一般包括以下条款：

（一）项目名称；

（二）标的的内容、范围和要求；

（三）履行的计划、进度、期限、地点、地域和方式；

（四）技术情报和资料的保密；

（五）风险责任的承担；

（六）技术成果的归属和收益的分成办法；

（七）验收标准和方法；

（八）价款、报酬或者使用费及其支付方式；

（九）违约金或者损失赔偿的计算方法；

（十）解决争议的方法；

（十一）名词和术语的解释。

与履行合同有关的技术背景资料、可行性论证和技术评价报告、项目任务书和计划书、技术标准、技术规范、原始设计和工艺文件，以及其他技术文档，按照当事人的约定可以作为合同的组成部分。

技术合同涉及专利或专利申请的，应当注明发明创造的名称、专利申请人和专利权人、申请日期、申请号、专利号以及专利权的有效期限。

【修改说明和理由】

有些技术合同涉及的是专利申请，即在合同签订时尚未得到正式授权成为专利的专利申请，故应加上“专利申请”。而且，这样修改与后面关于“专利申请人”“申请号”等表述能够对应。

【如何进行增删改】

本条最后一款“技术合同涉及专利”后面增加“或专利申请的”。

第四条　【技术合同价款、报酬或使用费】

技术合同价款、报酬或者使用费的支付方式由当事人约定，可以采取一次总算、一次总付或者一次总算、分期支付，也可以采取提成支付或者提成支付附加预付入门费的方式。

约定提成支付的，可以按照产品价格、实施专利和使用技术秘密后新增的产值、利润或者产品销售额的一定比例提成，也可以按照约定的其他方式计算。提成支付的比例可以采取固定比例、逐年递增比例或者逐年递减比例。

约定提成支付的，当事人应当在合同中约定查阅有关会计账目的办法。

第五条　【职务技术成果的经济权属】

职务技术成果的使用权、转让权属于法人或者其他组织的，法人或者其他组织可以就该项职务技术成果订立技术合同。法人或者其他组织应当从使用和转让该项职务技术成果所取得的收益中提取一定比例，对完成该项职务技术成果的个人给予奖励和报酬。[①] 法人或者其他组织订立技术合同转让职务技术成果时，职务技术成果的完成人享有以同等条件优先受让的权利。

【修改说明和理由】

说明 1：2008 年修正的《中华人民共和国专利法》第十六条规定，被授予专利权的单位应当对职务发明创造的发明人或者设计人给予奖励；发明创造专利实施后，根据其推广应用的范围和取得的经济效益，对发明人或者设计人给予合理的报酬。上述规定表明，对于授权的专利，单位应当给予奖励，如果专利还得到了实施，单位还应当给予报酬。因此，在技术成果进行转让和使用并获得收益的情况下，职务技术成果的完成人，有权既获得奖励又获得报酬。规定对完成该项职务技术成果的个人给予奖励和报酬，能够与《中华人民共和国专利法》的相关内容保持协调一致。

说明 2：职务技术成果的界定，容易引发纠纷，法律应当尽量详细地规定职务技术成果的具体认定条件。由于 2008 年修正的《中华人民共和国专利法》第六条已经规定了职务发明创造的条件，而且正在讨论中的《职务发明条例草案（送审稿）》第七条[②]也对职务发明进行了较为详细的规定，为了

---

① 《专利法》第十六条规定，被授予专利权的单位应当对职务发明创造的发明人或设计人给予奖励；发明创造专利实施后，根据其推广应用的范围和取得的经济效益，对发明人或者设计人给予合理的报酬。

② 《职务发明条例草案（送审稿）》第七条规定，下列发明属于职务发明：（一）在本职工作中完成的发明；（二）履行单位在本职工作之外分配的任务所完成的发明；（三）退休、调离原单位后或者劳动、人事关系终止后一年内完成的，与其在原单位承担的本职工作或者原单位分配的任务有关的发明，但是国家对植物新品种另有规定的，适用其规定；（四）主要利用本单位的资金、设备、零部件、原材料、繁殖材料或者不对外公开的技术资料等物质技术条件完成的发明，但是约定返还资金或者支付使用费，或者仅在完成后利用单位的物质技术条件验证或者测试的除外。

避免法律规定的重复和冲突，建议《合同法》不必具体界定职务技术成果。这样一来，在司法实践中，可以参考《中华人民共和国专利法》和将来制定的《职务发明条例草案》的相关规定。

【如何进行增删改】

第一款中“奖励或者报酬”改为“奖励和报酬”。

【参考立法例】

法国知识产权法典

第 611 -7 条规定：“发明人是雇员的，除非有更利于该雇员的约定，取得工业产权证书的权利依据下列规定确定：

1. 雇员执行与其实际职务相应的发明任务的工作合同，或者从事雇主明确赋予的研究和开发任务而完成的发明属于雇主。完成发明的雇员，依据集体合同、企业协议和个体劳动合同规定的条件享受额外报酬。

2. 其他所有情形属于雇员。但雇员是在执行职务的过程中或者在企业经营范围内，或者因知悉或者使用企业专有的技术或手段，及由企业提供的资料完成发明的，雇主依据行政法院法规确定的条件及期限，有权分配或者享有全部或者部分工业产权证书的权利。”

第六条　【非职务技术成果的经济权属】

非职务技术成果的使用权、转让权属于完成技术成果的个人，完成技术成果的个人可以就该项非职务技术成果订立技术合同。

第七条　【技术成果的精神权属】

完成技术成果的个人有在有关技术成果文件上写明自己是技术成果完成者的权利和取得荣誉证书、奖励的权利。

第八条　【技术合同的无效】

非法垄断技术、妨碍技术进步或者侵害他人技术成果的技术合同条款无效。

下列情形，属于“非法垄断技术、妨碍技术进步”：

（一）限制当事人一方在合同标的技术基础上进行新的研究开发或者限

制其使用所改进的技术，或者双方交换改进技术的条件不对等，包括要求一方将其自行改进的技术无偿提供给对方、非互惠性转让给对方、无偿独占或者共享该改进技术的知识产权；

（二）限制当事人一方从其他来源获得与技术提供方类似技术或者与其竞争的技术；

（三）阻碍当事人一方根据市场需求，按照合理方式充分实施合同标的技术，包括明显不合理地限制技术接受方实施合同标的技术生产产品或者提供服务的数量、品种、价格、销售渠道和出口市场；

（四）要求技术接受方接受非实施技术必不可少的附带条件，包括购买非必需的技术、原材料、产品、设备、服务以及接收非必需的人员等；

（五）不合理地限制技术接受方购买原材料、零部件、产品或者设备等的渠道或者来源；

（六）禁止技术接受方对合同标的技术知识产权的有效性提出异议或者对所提出的异议附加条件。

【修改说明和理由】

说明1：《合同法》第五十二条第五款规定，“违反法律、行政法规的强制性规定”的合同无效。合同无效，是非常严重的法律后果，不能因为部分条款无效，而当然认定全部合同无效，应当具体到具有无效情形的具体条文，如果该条文具有相对独立性，认定其无效，不会导致合同其他部分的无法履行或导致合同目的根本不能实现，或者说该无效条款与合同其他条款是可以分开的，那么只需认定“非法垄断技术、妨碍技术进步或者侵害他人技术成果的技术合同条款”无效，而不需要认定整个合同无效。

说明2：另外，从立法技术和立法思路上来讲，关于合同无效，是严重的法律后果，能够由法律作出明确规定的，应当由法律来明确规定，而不是由司法解释来规定。这里的第二款，就是对技术合同司法解释第十条的规定进行了提升。

【如何进行增删改】

1. 本条第一款“技术合同无效”改为“技术合同条款无效”；

2. 增加“非法垄断技术、妨碍技术进步”的具体类型，具体如下。

下列情形，属于“非法垄断技术、妨碍技术进步”：

（一）限制当事人一方在合同标的技术基础上进行新的研究开发或者限制其使用所改进的技术，或者双方交换改进技术的条件不对等，包括要求一方将其自行改进的技术无偿提供给对方、非互惠性转让给对方、无偿独占或者共享该改进技术的知识产权；

（二）限制当事人一方从其他来源获得与技术提供方类似技术或者与其竞争的技术；

（三）阻碍当事人一方根据市场需求，按照合理方式充分实施合同标的技术，包括明显不合理地限制技术接受方实施合同标的技术生产产品或者提供服务的数量、品种、价格、销售渠道和出口市场；

（四）要求技术接受方接受非实施技术必不可少的附带条件，包括购买非必需的技术、原材料、产品、设备、服务以及接收非必需的人员等；

（五）不合理地限制技术接受方购买原材料、零部件、产品或者设备等的渠道或者来源；

（六）禁止技术接受方对合同标的技术知识产权的有效性提出异议或者对所提出的异议附加条件。

【参考立法例】

联合国国际技术转让行动守则（草案）

第四章第二节　限制商业性做法列举：

1. 要求受方在排他的基础上，或者在无供方补偿或互惠的条件下，而将源于受让技术的改进技术转让给或回授给供方，或供方指定的任何其他企业；或者当这种做法构成供方对其支配市场地位的滥用时。

2.（不合理地）要求受方不能对转让中包含的专利及其他形式的发明保护的有效性或者对供方声明或取得的其他这类转让标的有效性提出异议，承认任何因这样的异议引起的涉及当事人双方权利义务的问题应由适当的适用法律以及与此法律一致的协议条款来确定。

3. 非为保证合法利益的获得，特别是非为保证转让技术的保密性或者保证全力帮助或促进的义务所必需，而限制受方就有关相似或竞争性技术或产品签订销售、代理或制造协议或者取得竞争技术的自由。

4.（不合理地）限制受方从事旨在吸收和修改转让技术以使其适于当

地条件的研究和发展工作或者制定实施与新产品、新工艺或新设备有关的研究和开发方案。

5.（不公平地）强迫受方在技术转让所及的相应市场内就使用供方技术制造的产品或提供的服务遵守价格规则。

6.（不合理地）阻止受方修改进口技术以适应当地条件或对之进行革新，或者当受方基于自己的责任并且没有使用技术供方的名字、商标、服务标记或商名的情况下进行修改时，强迫受方采用其不愿采用或不必要的设计或规格变动，除非这种修改不适当地影响到提供给供方、供方指定的人或其他被许可人的产品或制造产品的工艺，或者被用作供应供方客户的产品的零部件。

7. 要求受方授予供方或其指定的任何人以专卖权或独家代理权，除非在合同或制造协议中当事人各方同意由供方或供方指定的任何人来分配技术转让协定下的全部或部分产品。

8.（不当地）迫使受方接受其不愿接受的额外技术、将来发明及改进的货物或服务，或者（不当地）限制技术、货物或服务的来源，以此作为购买供方要求提供的技术条件，而该技术并不是受方使用供方的商标或服务标记或其他标记时为保持产品或服务的质量所必需的，也不是当充分达到部件的规格有困难或涉及公开非包含在协议中的额外技术时为完成某项已被担保的特殊性能义务所要求的。

第九条　【成果的验收】（本条为建议增加条文）

技术合同委托人或受让人按照约定的期限验收技术成果、技术咨询意见或技术服务。对验收期限没有约定或者约定不明确，依照本法第六十一条的规定仍不能确定的，应当在合理期限内验收，并通知受托人或让与人。未在合理期限内通知对方的，视为其对对方提供的技术成果、技术咨询意见或技术服务的认可。

【修改说明和理由】

说明：在合同履行过程中，技术成果、技术咨询意见或技术服务是否符合合同约定这一点比较容易发生纠纷。依照《中华人民共和国合同法》

第一百五十八条的规定，[1] 在买卖合同纠纷中，如果当事人没有约定检验期间的，买受人应当在发现或者应当发现标的物的数量或者质量不符合约定的合理期间内通知出卖人。买受人在合理期间内未通知或者自标的物收到之日起两年内未通知出卖人的，视为标的物的数量或者质量符合约定，但对标的物有质量保证期的，应适用质量保证期，而不适用该两年的规定。关于买卖合同的上述规定，在司法实践中非常有价值，可以用于解决很多争议，也可以为技术合同所借鉴。在技术合同案件的审理过程中，适用相同的规定，能够有效督促委托人或受让人及时按照约定检验技术成果或服务，以有效促进交易安全。

第十条 【定义及合同形式】

技术开发合同是指当事人之间就技术成果研究开发所订立的合同。

技术开发合同包括委托开发合同和合作开发合同。

当事人之间就具有产业应用价值的科技成果实施转化订立的合同，应参照技术开发合同的规定，并符合相关法律规定。

【修改说明和理由】

说明 1：本文对《合同法》第三百二十三条（本文第二条）的建议条文中，对“技术成果”的定义做出了建议，因此本条原条文中的“新技术、新产品、新工艺或者新材料”可以用“技术成果”来概括表述，从而使法律条文更加简洁和规范。

说明 2：技术成果并不一定是要“新”的，其权利义务也应当遵守相关规定。在司法实践中，很难界定什么样的技术成果是“新”的。如果法律要求是“新”的技术成果，那么如何对“新”进行界定将是一大难题。应当删除对“新”的要求，更重要的是，技术开发合同所开发的技术成果并不应该以

① 《中华人民共和国合同法》第一百五十八条规定，当事人约定检验期间的，买受人应当在检验期间内将标的物的数量或者质量不符合约定的情形通知出卖人。买受人怠于通知的，视为标的物的数量或者质量符合约定。当事人没有约定检验期间的，买受人应当在发现或者应当发现标的物的数量或者质量不符合约定的合理期间内通知出卖人。买受人在合理期间内未通知或者自标的物收到之日起两年内未通知出卖人的，视为标的物的数量或者质量符合约定，但对标的物有质量保证期的，适用质量保证期，不适用该两年的规定。出卖人知道或者应当知道提供的标的物不符合约定的，买受人不受前两款规定的通知时间的限制。

“新”为要件，比如，甲公司委托乙公司开发A技术，但A技术在合同签订之日已经不具有专利法上的新颖性，在甲与乙就该开发合同发生纠纷时，法院不能因此认定甲乙双方的合同不属于技术开发合同，或者该合同没有成立。

说明3：删除“技术开发合同应当采用书面形式”。书面形式是指以文字等有形式的再现内容的方式达成协议，口头形式是指当事人面对面地谈话或者以通信设备如电话交谈达成协议。[①] 从合同法的基本原理来说，只要双方当事人对权利、义务的内容表示达成一致了，就应当认为合同已经成立。技术开发合同与其他合同一样，并不一定要以书面形式为合同成立要件。在实践中，也存在大量的口头约定的技术合同，也应当认定其合同成立。而且，在很多情况下，若双方合作已久，经常会出现先履行双方的非书面约定，再补签合同的情况。如果法律规定技术开发合同应当采用书面形式，那么实践中大量的口头合同效力的认定问题将成为一大难题，因此法律的规定应当符合现实情况。在司法实践中，若未采用书面形式，通常不会影响合同成立和生效的认定。

说明4：技术成果转化合同，除应参照技术开发合同的相关规定外，还应当满足《中华人民共和国促进科技成果转化法》的规定以及其他法律规定，如此表述更加严谨。

【如何进行增删改】

1. 第一款改为“就技术成果研究开发所订立的合同”；
2. 删除“技术开发合同应当采用书面形式”；
3. 改“参照技术开发合同的规定”为“并符合相关法律规定”。

第十一条　【委托人义务】

委托开发合同的委托人应当按照约定支付研究开发的经费和报酬；提供技术资料、原始数据；完成协作事项；接受研究开发成果。

第十二条　【受托人义务】

委托开发合同的研究开发人应当按照约定制定和实施研究开发计划；

① 全国人大法工委编《中华人民共和国合同法释义》（第3版），法律出版社，2013。

合理使用研究开发经费；按期完成研究开发工作，交付研究开发成果，提供有关的技术资料和必要的技术指导，帮助委托人掌握研究开发成果。

第十三条　【委托人的违约责任】

委托人违反约定造成研究开发工作停滞、延误或者失败的，应当承担违约责任。

第十四条　【受托人的违约责任】

研究开发人违反约定造成研究开发工作停滞、延误或者失败的，应当承担违约责任。

第十五条　【合作开发各方的主要义务】

合作开发合同的当事人应当按照约定进行投资，包括对技术进行投资；分工参与研究开发工作；协作配合研究开发工作。

第十六条　【合作开发各方的违约责任】

合作开发合同的当事人违反约定造成研究开发工作停滞、延误或者失败的，应当承担违约责任。

第十七条　【合同的解除】

因作为技术开发合同标的的技术已经由他人公开，致使技术开发合同的履行没有意义的，当事人可以解除合同。

第十八条　【风险负担及通知义务】

在技术开发合同履行过程中，因出现无法克服的技术困难，致使研究开发失败或者部分失败的，该风险责任由当事人约定。没有约定或者约定不明确，依照本法第六十一条的规定仍不能确定的，风险责任由当事人合理分担。

当事人一方发现前款规定的可能致使研究开发失败或者部分失败的情形时，应当及时通知另一方并采取适当措施减少损失。没有及时通知并采取适当措施，致使损失扩大的，应当就扩大的损失承担责任。

第十九条 【技术成果的归属】

委托开发完成的发明创造，除当事人另有约定的以外，申请专利的权利属于研究开发人。研究开发人取得专利权的，委托人可以免费实施该专利。

研究开发人转让专利申请权的，委托人享有以同等条件优先受让的权利。

第二十条 【合作开发技术成果的归属】

合作开发完成的发明创造，除当事人另有约定的以外，申请专利的权利属于合作开发的当事人共有。当事人一方转让其共有的专利申请权的，其他各方享有以同等条件优先受让的权利。

合作开发的当事人一方声明放弃其共有的专利申请权的，可以由另一方单独申请或者由其他各方共同申请。申请人取得专利权的，放弃专利申请权的一方可以免费实施该专利。

合作开发的当事人一方不同意申请专利的，另一方或者其他各方不得申请专利。

第二十一条 【技术秘密成果的归属与分享】

委托开发或者合作开发完成的技术秘密成果的使用权、转让权以及利益的分配办法，由当事人约定。没有约定或者约定不明确，依照本法第六十一条的规定仍不能确定的，当事人均有使用和转让的权利，但委托开发的研究开发人不得在向委托人交付研究开发成果之前，将研究开发成果转让给第三人。

前款所称“当事人均有使用和转让的权利”，包括当事人均有不经对方同意而自己使用或者以普通使用许可的方式许可他人使用技术秘密，并独占由此所获利益的权利。当事人一方将技术秘密成果的转让权让与他人，或者以独占或者排他使用许可的方式许可他人使用技术秘密，未经对方当事人同意或者追认的，应当认定该让与或者许可行为无效。

【修改说明和理由】

说明：从立法技术上来看，如果立法能够完善和明确的地方，应当尽量明确，就不必通过司法解释来规定。

【如何进行增删改】

增加第二款“当事人均有使用和转让的权利”的具体情形：

前款所称“当事人均有使用和转让的权利”，包括当事人均有不经对方同意而自己使用或者以普通使用许可的方式许可他人使用技术秘密，并独占由此所获利益的权利。当事人一方将技术秘密成果的转让权让与他人，或者以独占或者排他使用许可的方式许可他人使用技术秘密，未经对方当事人同意或者追认的，应当认定该让与或者许可行为无效。

第二十二条　【内容及形式】

技术转让合同包括专利权转让合同、专利申请权转让合同、技术秘密转让合同、专利实施许可合同。

【修改说明和理由】

说明：删除“技术开发合同应当采用书面形式”。技术转让合同与其他合同一样，并不一定非要采用书面形式。在司法实践中，没有采用书面形式，并不影响合同成立和生效的认定。

【如何进行增删改】

删除“技术开发合同应当采用书面形式”。

第二十三条　【技术转让范围的约定】

技术转让合同可以约定让与人和受让人实施专利或者使用技术秘密的范围，但不得限制技术竞争和技术发展。

第二十四条　【专利实施许可合同的限制】

专利实施许可合同只在该专利权的存续期间内有效。专利权有效期限届满或者专利权被宣布无效的，专利权人不得就该专利与他人订立专利实施许可合同。

专利实施许可包括以下方式：

（一）独占实施许可，是指让与人在约定许可实施专利的范围内，将该专利仅许可一个受让人实施，让与人依约定不得实施该专利；

（二）排他实施许可，是指让与人在约定许可实施专利的范围内，将该专利仅许可一个受让人实施，但让与人依约定可以自行实施该专利；

（三）普通实施许可，是指让与人在约定许可实施专利的范围内许可他人实施该专利，并且可以自行实施该专利。

当事人对专利实施许可方式没有约定或者约定不明确的，认定为普通实施许可。专利实施许可合同约定受让人可以再许可他人实施专利的，认定该再许可为普通实施许可，但当事人另有约定的除外。

技术秘密的许可使用方式，参照本条第一、二款的规定确定。

【修改说明和理由】

专利实施许可是指专利权人许可他人在一定范围内以制造、使用、销售、许诺销售、进口等方式实施该专利技术，同时被许可人向专利权人缴纳一定费用的制度。这一制度既有利于技术的传播，也为专利权人无力将专利技术应用到现实生活中提供了制度上的解决方式。司法解释对专利实施许可的方式进行了规定。① 除了司法解释之外，国际上许多国家立法也对专利实施许可的方式做了详细的规定，并且各国法律对专利实施许可方式的规定也是大同小异。本条将专利实施许可方式上升到法律规定，有利于我国在专利领域开展国际合作，引进外国先进技术，同时，为专利实施许可合同提供框架性规定，为当事人在许可方式方面提供确定性的、效力更高的指引。

【如何进行增删改】

专利实施许可的具体方式如下。

---

① 《最高人民法院关于审理技术合同纠纷案件适用法律若干问题的解释》第二十五条规定："专利实施许可包括以下方式：

（一）独占实施许可，是指让与人在约定许可实施专利的范围内，将该专利仅许可一个受让人实施，让与人依约定不得实施该专利；

（二）排他实施许可，是指让与人在约定许可实施专利的范围内，将该专利仅许可一个受让人实施，但让与人依约定可以自行实施该专利；

（三）普通实施许可，是指让与人在约定许可实施专利的范围内许可他人实施该专利，并且可以自行实施该专利。

当事人对专利实施许可方式没有约定或者约定不明确的，认定为普通实施许可。专利实施许可合同约定受让人可以再许可他人实施专利的，认定该再许可为普通实施许可，但当事人另有约定的除外。

技术秘密的许可使用方式，参照本条第一、二款的规定确定。"

专利实施许可包括以下方式：

（一）独占实施许可，是指让与人在约定许可实施专利的范围内，将该专利仅许可一个受让人实施，让与人依约定不得实施该专利；

（二）排他实施许可，是指让与人在约定许可实施专利的范围内，将该专利仅许可一个受让人实施，但让与人依约定可以自行实施该专利；

（三）普通实施许可，是指让与人在约定许可实施专利的范围内许可他人实施该专利，并且可以自行实施该专利。

当事人对专利实施许可方式没有约定或者约定不明确的，认定为普通实施许可。专利实施许可合同约定受让人可以再许可他人实施专利的，认定该再许可为普通实施许可，但当事人另有约定的除外。

技术秘密的许可使用方式，参照本条第一、二款的规定确定。

【参考立法例】

韩国专利法

第 100 条第（2）款：根据第（1）款被授予独占许可的被许可人在许可合同允许的范围内享有在商业上或者工业上实施专利发明的独占权。

德国专利法

第 15 条：获得专利的权利、请求授予专利的权利以及基于专利产生的权利可以由继承人继承，也可以有限制地或者无限制地转让给其他人。

本条第（1）款所指的权利在本法适用的全部或者部分地域内，可以全部或者部分许可，也可以独占或者非独占许可。被许可人违反第一句规定的许可中的限制的，专利权人仍可对其主张专利权。

日本专利法

第七十七条　专利权者就其专利权设定专用实施权。

2. 专用实施权者在以设定行为规定的范围内，专有实施该专利发明的权利。

3. 当与实施的事业一起进行，并在取得专利权者的承诺以及继承的情况下，专用实施权可以转让。

4. 专用实施权者在取得专利权者承诺的情况下，可以对该专用实施权设定抵押权或者对他人许诺通常实施权。

5. 第七十三条的规定，准用于专用实施权。

第七十八条　专利权人可以就其专利权对他人许诺通常实施权。

2. 通常实施权者依法律规定或在以设定行为规定的范围内，拥有实施以该专利发明为业的权利。

第二十五条 【专利实施许可合同让与人主要义务】

专利实施许可合同的让与人应当按照约定许可受让人实施专利，交付实施专利有关的技术资料，提供必要的技术指导。

第二十六条 【专利实施许可合同受让人主要义务】

专利实施许可合同的受让人应当按照约定实施专利，不得许可约定以外的第三人实施该专利；并按照约定支付使用费。

第二十七条 【技术秘密转让合同让与人的义务】

技术秘密转让合同的让与人应当按照约定提供技术资料，进行技术指导，保证技术的实用性、可靠性，承担保密义务。

第二十八条 【技术秘密转让合同受让人的义务】

技术秘密转让合同的受让人应当按照约定使用技术，支付使用费，承担保密义务。

第二十九条 【技术转让合同让与人基本义务】

技术转让合同的让与人应当保证自己是所提供的技术的合法拥有者，并保证所提供的技术完整、无误、有效，能够达到约定的目标。

第三十条 【技术转让合同受让人技术保密义务】

技术转让合同的受让人应当按照约定的范围和期限，对让与人提供的技术中尚未公开的秘密部分，承担保密义务。

第三十一条 【让与人违约责任】

让与人未按照约定转让技术的，应当返还部分或者全部使用费，并应当承担违约责任；实施专利或者使用技术秘密超越约定的范围的，违反约定擅自许可第三人实施该项专利或者使用该项技术秘密的，应当停止违约行为，承担违约责任；违反约定的保密义务的，应当承担违约责任。

第三十二条 【受让人违约责任】

受让人未按照约定支付使用费的，应当补交使用费并按照约定支付违约金；不补交使用费或者支付违约金的，应当停止实施专利或者使用技术秘密，交还技术资料，承担违约责任；实施专利或者使用技术秘密超越约定的范围的，未经让与人同意擅自许可第三人实施该专利或者使用该技术秘密的，应当停止违约行为，承担违约责任；违反约定的保密义务的，应当承担违约责任。

第三十三条 【技术合同让与人侵权责任】

受让人按照约定实施专利、使用技术秘密侵害他人合法权益的，由让与人承担责任，但当事人另有约定的除外。

第三十四条 【后续技术成果的归属与分享】

当事人可以按照互利的原则，在技术转让合同中约定实施专利、使用技术秘密后续改进的技术成果的分享办法。没有约定或者约定不明确，依照本法第六十一条的规定仍不能确定的，一方后续改进的技术成果，其他各方无权分享。

第三十五条 【技术进出口合同的法律适用】

法律、行政法规对技术进出口合同或者专利、专利申请合同另有规定的，依照其规定。

第三十六条 【内容】

技术咨询合同包括就特定技术项目提供可行性论证、技术预测、专题技术调查、分析评价报告等合同。

技术服务合同是指当事人一方以技术知识为另一方解决特定技术问题所订立的合同，不包括建设工程合同和承揽合同。

第三十七条　【技术咨询合同委托人主要义务】

技术咨询合同的委托人应当按照约定阐明咨询的问题，提供技术背景材料及有关技术资料、数据；接受受托人的工作成果，支付报酬。

第三十八条　【技术咨询合同受托人主要义务】

技术咨询合同的受托人应当按照约定的期限完成咨询报告或者解答问题；提出的咨询报告应当达到约定的要求。

第三十九条　【技术咨询合同委托人与受托人的违约责任】

技术咨询合同的委托人未按照约定提供必要的资料和数据，影响工作进度和质量，不接受或者逾期接受工作成果的，支付的报酬不得追回，未支付的报酬应当支付。

技术咨询合同的受托人未按期提出咨询报告或者提出的咨询报告不符合约定的，应当承担减收或者免收报酬等违约责任。

技术咨询合同的委托人按照受托人符合约定要求的咨询报告和意见做出决策所造成的损失，由委托人承担，但当事人另有约定的除外。

第四十条　【技术服务合同委托人义务】

技术服务合同的委托人应当按照约定提供工作条件，完成配合事项；接受工作成果并支付报酬。

第四十一条　【技术服务合同受托人义务】

技术服务合同的受托人应当按照约定完成服务项目，解决技术问题，保证工作质量，并传授解决技术问题的知识。

第四十二条　【技术服务合同委托人与受托人的违约责任】

技术服务合同的委托人不履行合同义务或者履行合同义务不符合约定，影响工作进度和质量，不接受或者逾期接受工作成果的，支付的报酬不得追回，未支付的报酬应当支付。

技术服务合同的受托人未按照合同约定完成服务工作的，应当承担免收报酬等违约责任。

第四十三条 【技术服务合同收货人与承运人的违约责任】

收货人提货时应当按照约定的期限检验货物。对检验货物的期限没有约定或者约定不明确，依照本法第六十一条的规定仍不能确定的，应当在合理期限内检验货物。收货人在约定的期限或者合理期限内对货物的数量、毁损等未提出异议的，视为承运人已经按照运输单证的记载交付的初步证据。

第四十四条 【新创技术成果的归属和分享】

在技术咨询合同、技术服务合同履行过程中，受托人利用委托人提供的技术资料和工作条件完成的新的技术成果，属于受托人。委托人利用受托人的工作成果完成的新的技术成果，属于委托人。当事人另有约定的，按照其约定。

第四十五条 【技术培训合同、技术中介合同的法律适用】

法律、行政法规对技术培训合同、技术中介合同另有规定的，依照其规定。

民法典中《合同法》关于出版合同立法建议稿

徐春成[*]

【本章修改总说明】

现行合同法未规定出版合同，关于出版合同的法律规则散见于《著作权法》《著作权法实施条例》《出版管理条例》《使用文字作品支付报酬办法》《互联网出版管理暂行规定》等法律法规规章之中。

社会经济发展，尤其是文化出版事业的发展亟须将出版合同的法律规则加以整理，使之更加明确合理。截至 2014 年年底，我国共有出版社 583 家；2014 年，全国共出版图书 448431 种、期刊 9966 种（平均期印数 15661 万册）、报纸 1912 种（平均期印数 22265.00 万份）、录音制品 9505 种（2.24 亿盒/张）、电子出版物 11823 种（35048.82 万张）。截至 2013 年年底，全国共有各类出版物发行单位 120483 家。全国出版物发行单位共有各类发行网点 210019 个，从业人员 94.3 万人，实现出版物销售总额 3191.4 亿元。[①] 随着网络经济的发展，数字出版得到迅猛发展，已成为出版产业发展的主要增长极。2015 年，数字出版实现营业收入 4403.9 亿元，占全行业营业收入的 20.3%，对全行业营业收入增长贡献率达 60.2%，增长速度与增长贡献率在新闻出版各产业类别中均位居第一。[②] 大量的出版活动都依赖

---

* 徐春成，法学博士，西北农林科技大学人文学院副教授。北京航空航天大学法学院硕士研究生成滢同学为出版合同起草提供了大量的资料收集整理工作，特此感谢。

① 国家新闻出版广电总局：《2014 中国出版物发行业年度发展报告》。

② 国家新闻出版广电总局：《2015 年新闻出版产业分析报告》。

于出版合同，出版活动当事人的权利和利益都需要法律给予合理调整。然而，我国关于出版合同的现行立法存在如下问题：第一，“现行法律规定没有突出出版合同的重要地位，内容比较零碎、片面，缺乏专门的体系化的法律规范，不能完全解决实践中遇到的法律问题”。第二，“涉及出版合同的法律渊源既有《合同法》《著作权法》及其实施条例这些民事规范，也有《出版文字作品报酬规定》《录音法定许可付酬标准暂行规定》等行政规章，还有国家版权局公布的《图书出版合同》（标准样式））等标准合同文本，条文繁多，内容庞杂。”① 因此，需要通过法律界定，对现行出版合同立法进行整理、补充和完善。

著作权法第三次修改的历次草案未能详细规定出版合同。从国家版权局公布的著作权法修改草案看，其中的出版合同规范呈减少状态，未能纳入出版合同实践中亟须规定的内容。② 在著作权法中详细规定出版合同似不可行。从国外立法例看，巴西民法典、俄罗斯民法典都规定了出版合同，我国民国民法典亦是如此。

有鉴于此，将出版合同纳入民法典合同法编，设立新的专有合同，对于整理完善我国出版合同法律规范体系，并进一步推动我国文化出版事业的发展具有重要意义。

本草案主要源于对我国现行法律、行政法规、行政规章、司法解释关于出版合同的规范以及实践中较为流行的图书出版合同格式文本的整理，尽量维持吸收现行规范，在必要时参考出版实践需要和国外立法例，设立新的规则。现行出版合同规范主要包括：①国家版权局《图书出版合同》（标准式样，1999）；②《著作权法》（2001，2008）；③《中华人民共和国著作权法实施条例》（2002，2011）；④《出版管理条例》（2001，2011）；⑤《最高人民法院关于审理著作权民事纠纷案件若干问题的解释》（2002）；⑥《使用文字作品支付报酬办法》（2014）；⑦《互联网出版管理暂行规定》；⑧部分出版社常用出版合同文本。

---

① 胡开忠：《关于出版合同立法的反思与重构——兼议著作权法修改草案中的相关规定》，《当代法学》2013 年第 3 期，第 69 ~ 70 页。

② 李明德等：《〈著作权法〉专家建议稿说明》，法律出版社，2012，第 423 ~ 463 页。

第一条 【出版合同的定义】

出版合同是著作权人许可出版社、报社、期刊社等出版者复制、发行或者以其他方式利用其享有著作权的作品，出版者向著作权人提供编辑、审校、推广等出版服务的合同。

【理由】

本条是关于出版合同的规定，属于新设规则。

出版合同有两个基本特征，一是著作权人对出版者行使其著作权的授权，二是出版者为著作权人提供编辑、审校、推广等出版服务。所谓出版，是指作品的复制、发行或者其他利用作品的方式；发行即销售作品的复制件（包括纸质载体及电子载体），其他方式包括在信息网络上传播；所谓推广，是指对作品进行广告宣传等以扩大影响和销售量的商业活动。

出版者，是指图书出版社、报社、期刊社、网络服务提供者等。著作权人是指作者、作者所在单位（主要指特殊职务作品、电影类作品、计算机软件等著作权属于作者所在单位的情形）及其他著作权人（主要指通过受让、继承、承继等途径获得著作权的人）。

出版合同虽然规定在著作权法中，但目前流行的著作权法著作多未论及诸如出版合同等著作权许可、转让等问题。在民法典中规定出版合同者，典型的有我国民国民法典、俄罗斯民法典、巴西民法典，其他国家多在著作权法中规定出版合同（多在著作权许可、转让部分涉及）。

国内学者对出版合同的规定，多以著作权许可使用立论。[①] 未能考虑出版合同的现实情况，尤其是出版合同所具有的服务合同的性质，即出版合同必然包含出版者为著作权人提供作品复制、发行服务的内容。该合同的对价是著作权人许可出版者行使其复制发行权，出版者允诺为著作权人提供编辑、审校、推广等出版服务。至于出版者是否向著作权人支付报酬，并非出版合同的必然内容，因而不是出版合同的对价。在很多情况下，出

---

① 韦之：《著作权法原理》，北京大学出版社，1998，第 105 页以下；沈仁干、钟颖科：《著作权法概论》，商务印书馆，2003，第 122 页；胡开忠：《关于出版合同立法的反思与重构——兼议著作权法修改草案中的相关规定》，《当代法学》2013 年第 3 期，第 73 页。

版者并不向著作权人支付报酬，而是约定共享作品发行收益。这正是出版合同不同于著作权许可使用合同的地方。

本条对出版合同的界定，可以有效容纳自费出版、互联网出版等情形，使得民法典关于出版合同的规定具有较强的弹性。另外，随着我国宪法规定的公民出版自由日益得到保障，出版社的垄断地位势必改变。在著作权人得以自由出版作品的情形下，本条对出版合同的规定仍可以适用之。

出版合同纳入民法典后，著作权法等法律法规可以删去关于出版合同的规定。

【参考立法例】

出版管理条例（2011）

第二条　在中华人民共和国境内从事出版活动，适用本条例。

本条例所称出版活动，包括出版物的出版、印刷或者复制、进口、发行。

本条例所称出版物，是指报纸、期刊、图书、音像制品、电子出版物等。

我国台湾地区“民法”

第 515 条

称出版者，谓当事人约定，一方以文学、科学、艺术或其他之著作，为出版而交付于他方，他方担任印刷或以其他方法重制及发行之契约。

投稿于新闻报纸或杂志经刊登者，推定成立出版契约。

法国知识产权法典

L. 132 – 1 条

出版合同是指智力作品的作者或其权利继受人，以一定条件向被称为出版者的人转让或请人制作一定数量作品复制件的权利，并由出版者负责出版和发行的合同。

L. 132 – 2 条

所谓作者付费合同不构成 L. 132 – 1 条意义上的出版合同。

依照该合同，作者或其权利继受人向出版者支付商定的报酬，由出版者按合同中确定的形式和表现方式制作一定数量作品的复制品，并负责出版和发行。

该合同构成由契约、习惯及民法典第 1787 条及以后各条调整的提供劳务合同。

L. 132－3 条

所谓分担费用合同不构成 L. 132－1 条意义上的出版合同。

依照该合同，作者或其权利继受人委托出版者出资按合同中确定的形式和表现方式制作一定数量的作品的复制品，并由出版者负责出版和发行，同时双方按约定规定比例分担经营的盈亏。

该合同构成隐名合同。在不影响民法典第 1871 条及以后各条的规定的情况下，由契约及习惯调整之。

日本著作权法

第 79 条第一款

享有第 21 条规定的权利的人（在本章中，以下称为“复制权所有者”），对于承担将其著作物以书籍或图画出版的人，可以设定出版权。

巴西著作权法

第 53 条

依据出版合同负责复制和传播文学、艺术或科学作品的出版者，按照与作者约定的条件，在一定期限内，享有专有出版和使用该作品的权利。

第 54 条

作者和出版者可以在出版合同中约定，由作者负责创作文学、艺术或科学作品，出版者负责出版、传播该作品。

意大利著作权法

第 118 条

作者许可出版者以印刷方式行使作品的出版权并由出版者承担经费的合同，适用本章的一般规定和下述各条款的特别规定，但是，其他法律另有规定的除外。

第 122 条第一款

出版合同可以分为约定版数或者约定期限两种。

韩国著作权法

第 57 条

享有作品复制权、发行权的人（以下称“复制权人”）可以对想要以文本、画或其他类似形式出版的作品设立出版权（以下称“出版权”）。

依照前款而取得出版权的人（以下称“出版权人”），有权在合同约定范围内出版作品的原始文本。

如果以复制权为对象设立质押的，复制权人只有得到质押权人的许可才能设立出版权。

第二条 【出版合同的内容】

出版合同除了包含本法第 x 条规定的内容外，还应当包含作者署名、授权范围、权利保证、作品修改、删节、重印、再版、原稿的处理、维权方法、出版费用负担、发行利润分配等条款。

【理由】

本条是对出版合同条款的示范性规定，旨在引导当事人在合同中特别约定出版合同的特殊内容，属于新设规则。

著作权法对著作权许可使用合同的条款进行了列举，合同法总则中也对合同条款进行了列举，两者有所重叠。本条在合同法总则关于合同条款的例示规定的基础上，添加了部分出版合同的特有内容。这些内容构成该条之下所列条文的概括规定。这些规定主要是对目前流行的图书出版合同的概括。

【参考立法例】

著作权法（2001）

第二十四条　使用他人作品应当同著作权人订立许可使用合同，本法规定可以不经许可的除外。许可使用合同包括下列主要内容：（一）许可使用的权利种类；（二）许可使用的权利是专有使用权或者非专有使用权；（三）许可使用的地域范围、期间；（四）付酬标准和办法；（五）违约责任；（六）双方认为需要约定的其他内容。

第二十五条　转让本法第十条第一款第（五）项至第（十七）项规定的权利，应当订立书面合同。权利转让合同包括下列主要内容：（一）作品的名称；（二）转让的权利种类、地域范围；（三）转让价金；（四）交付转让价金的日期和方式；（五）违约责任；（六）双方认为需要约定的其他内容。

第三条 【著作权人对出版者的权利许可】

著作权人与出版者可以在合同中约定许可出版者行使的著作权的内容、

时间和地域范围。当事人未在合同中明确许可出版者行使的权利，则由著作权人享有。

著作权人许可出版者行使的权利是专有使用权的，应当采取书面形式，但是报社、期刊社刊登作品除外。

专有使用权的内容由当事人约定，当事人没有约定或者约定不明的，视为出版者有权排除包括著作权人在内的任何人以同样的方式使用作品；除合同另有约定外，出版者许可第三人行使同一权利的，应当取得著作权人的许可。

图书出版合同中约定图书出版者享有专有出版权但没有明确其具体内容的，视为图书出版者享有在合同有效期限内和在合同约定的地域范围内以同种文字的原版、修订版出版图书的专有权利。

【理由】

本条是关于著作权人对出版者的授权范围的规定。

目的在于提供缺省规则。此缺省规则，侧重保护著作权人的利益，未明确约定者，做出不利于出版者的推定。

基本沿用著作权法及其实施条例的规定。

【参考立法例】

著作权法

第二十七条　许可使用合同和转让合同中著作权人未明确许可、转让的权利，未经著作权人同意，另一方当事人不得行使。

著作权法实施条例

第二十三条　使用他人作品应当同著作权人订立许可使用合同，许可使用的权利是专有使用权的，应当采取书面形式，但是报社、期刊社刊登作品除外。

第二十四条　著作权法第二十四条规定的专有使用权的内容由合同约定，合同没有约定或者约定不明的，视为被许可人有权排除包括著作权人在内的任何人以同样的方式使用作品；除合同另有约定外，被许可人许可第三人行使同一权利，必须取得著作权人的许可。

第二十八条　图书出版合同中约定图书出版者享有专有出版权但没有明确其具体内容的，视为图书出版者享有在合同有效期限内和在合同约定的地域范围内以同种文字的原版、修订版出版图书的专有权利。

第四条 【作品出版的署名规则】

著作权人应当与出版者约定出版物的署名方式、方法、顺序等，但不得违反学术规范。当事人未明确约定出版物署名的，应当根据作者意愿确定署名方式、方法、顺序等。作者有多人的，按照他们之间的约定署名；未有明确约定或者对约定有争议的，可以按照创作作品付出的劳动、作品排列、作者姓氏笔画等确定署名方式、方法、顺序等。

【理由】

本条是关于出版物署名的规定。部分沿用最高法院司法解释的规则。增加署名不得违反学术规范的规则。

署名也是出版合同的必要条款。署名由作者决定。出现署名纠纷时，法律应当提供补充规则。

署名问题，原则上由作者决定，作者有多个时，由作者们共同决定。署名权是著作权的特别内容，从学术伦理方面来说，自始至终属于作者。署名不能违反学术规范。非作者著作权人不能随意改变署名。

【参考立法例】

最高人民法院关于审理著作权民事纠纷案件适用法律若干问题的解释(2002)

第十一条　因作品署名顺序发生的纠纷，人民法院按照下列规则处理：有约定的按约定确定署名顺序；没有约定的，可以按照创作作品付出的劳动、作品排列、作者姓氏笔画等确定署名顺序。

第五条 【著作权人对作品的合法性保证义务】

著作权人应当保证许可出版者出版的作品不侵犯他人享有的著作权、隐私权、名誉权等合法权利。因作品出版侵犯他人权利的，由著作权人承担损害赔偿责任，出版者有权解除合同。

【理由】

本条是关于著作权人对作品合法性的保证义务规范，属于新设规则。

根据文责自负的原则，作者等著作权人应当对作品的合法性负责，给他人造成的损失，自应由著作权人承担责任。作品合法，是出版的前提，构成著作权人在出版合同中最为基本的义务。著作权人违反该义务时，出版活动已经成为非法，合同目的落空，出版者有权解除合同。

【参考立法例】

最高人民法院关于审理著作权民事纠纷案件适用法律若干问题的解释(2002)

第二十条　出版物侵犯他人著作权的，出版者应当根据其过错、侵权程度及损害后果等承担民事赔偿责任。

出版者对其出版行为的授权、稿件来源和署名、所编辑出版物的内容等未尽到合理注意义务的，依据著作权法第四十八条的规定，承担赔偿责任。

出版者尽了合理注意义务，著作权人也无证据证明出版者应当知道其出版涉及侵权的，依据民法通则第一百一十七条第一款的规定，出版者承担停止侵权、返还其侵权所得利润的民事责任。

图书出版合同（标准样式，1999）

第三条　甲方保证拥有第一条授予乙方的权利。因上述权利的行使侵犯他人著作权的，甲方承担全部责任并赔偿因此给乙方造成的损失，乙方可以终止合同。

第四条　甲方的上述作品含有侵犯他人名誉权、肖像权、姓名权等人身权内容的，甲方承担全部责任并赔偿因此给乙方造成的损失，乙方可以终止合同。

第六条　【出版者印刷、推广出版物的义务】[①]

出版者应当以适当的方式印刷并用通常的方法推广出版物。

【理由】

本条是关于出版者印刷、推广出版物义务的规定。

著作权人在同出版者订立出版合同时，在移转其作品及作品出版权的同时，必然对作品的最终出版怀有合理期待。但关于印刷及推销的事宜，在合同中往往很难得到体现。要求出版者以适当方式印刷并以通常方式推销，既

① 本条条文及理由主要根据李建伟等起草的出版合同文本修改而来。

保护了著作权人对其作品的合理期待，同时也有助于督促出版者认真选择出版物，积极促成出版物的出版和销售，推动出版市场、文化市场的繁荣。

【参考立法例】

我国台湾地区“民法”

第 519 条

出版者应以适当之格式重制著作。并应为必要之广告及用通常之方法推销出版物。

法国知识产权法典

L. 132 - 12 条

出版者应按行业惯例，确保对作品持续不断的使用及商业发行。

意大利著作权法

第 126 条第一款

出版者负有下列义务：

（1）依作品原样并按照正规出版惯例复制和销售作品，复制品上应当载明作者姓名，或者依合同约定载明作者的笔名或者隐匿作者姓名；

韩国著作权法

第 58 条

②如果合同没有特别约定，出版权人有义务按照惯例出版作品的原始形式。

③如果没有特别约定，出版权人有义务按照大总统令，在每一复制品上以公告形式标明复制权人。

第七条　【作品修改、删节】

经作者同意，著作权人可以在合同中许可出版者在作品编辑、审校过程中对作品进行必要的修改、删节。未明确授权的，视为作者不同意出版者对其作品进行修改、删节。

【说明】

本条是关于出版者修改作品权限的规定。基本沿用现行著作权法的规定。

修改权属于著作权的特殊内容，涉及作品完整性，专属于作者，不得转让。出版者在出版作品时如果要修改作品，需要取得作者的明确授权。

作品虽由作者创作完成，但从我国的出版现实来看，作品要从手稿变成正式出版物，必然需要出版编辑对文稿进行修改加工、把关。编辑对作者手稿的修改处理，不仅是编辑的权利，也是其责任。这种修改加工，同作者对作品的修改相比，虽然都是作用于同一部作品，但并不能在两者之间简单画上等号。编辑修改与作者对作品修改的侧重点不同。编辑的修改主要是按照《出版管理条例》《图书质量管理规定》等法规规章的要求来进行，而且在遵循出版行业相关规定的前提下，具有自主性。出版修改权的存在具有正当性。一方面，根据我国著作权法第一条的规定，不难发现我国著作权法的立法目的不仅在于保护著作权人的个人利益，还要兼顾到“鼓励有益于社会主义精神文明、物质文明建设的作品的创作和传播，促进社会主义文化和科学事业的发展与繁荣”这一社会公共利益。从著作权法“公”“私”两种立法目的的角度出发，作者修改权以及保护作品完整权等权利均系著作权法“私”属性之立法目的所衍生出来的权利，相应上述权利的行使目的也是着眼于维护作者的个人合法权益。而出版修改权的行使虽然也有提高相关作品质量的效果，但更多地则体现为推动、促使作者的个人创作变成公开出版物，从而为社会所共享。从这个角度讲，出版修改权则是系著作权法“公”属性之立法目的所衍生的权利类别，虽然其与作者修改权作用方向不同，但其权利产生也具有著作权法上的正当基础。由于出版修改权的公共利益属性，决定了其行使过程中必然对作者等著作权人的权利行使构成一种影响，但只要这种影响控制在合理边界内，作者应负有一定的容忍义务。另一方面，从出版现实出发，出版编辑行使修改权，对作品进行文字性修改、删节不仅是保障出版质量的需要，也是相关法规的明确规定。《出版管理条例》第二十四条、第六十二条都有相关规定；《图书质量管理规定》第十五条、第十六条、第十七条也分别对图书内容违反《出版管理条例》相关规定及图书编校质量不合格等情况规定了出版社所应当承担的行政责任。除因出版质量不达标可能要承担上述行政责任，根据我国侵权责任法等相关法律的规定，出版社还可能因作品内容错误、违法而对其他权利主体承担相应的民事侵权责任。根据权利义务相统一的基本原则，在上述法律、行政法规明确要求出版社必须对出版物的内容、质量负责的前提下，否认出版社有权对作者文稿进行修改，仍坚持出版社对文稿的修改必须来自作者授权，不仅会造成权利义务的严重失衡，而且必然不利于《著作权法》中“鼓励有益于社会主义精神文明、物质文明建设的作品的创作和传播，促进社会主义文化和科学事业的发展与繁荣”这一立法目的的实现。①

【参考立法例】

著作权法（2011）

第三十四条　图书出版者经作者许可，可以对作品修改、删节。报社、期刊社可以对作品作文字性修改、删节。对内容的修改，应当经作者许可。

我国台湾地区“民法”

第520条

著作人于不妨害出版者出版之利益，或增加其责任之范围内，得订正或修改著作。但对于出版因此所生不可预见之费用，应负赔偿责任。

出版者于重制新版前，应予著作人以订正或修改著作之机会。

德国著作权法

第39条

著作的改动（1）如无其他协议，用益权所有人不可改动著作及其标题或著作人名称［第10条第（1）款］;（2）如果著作人根据诚实信用原则无法拒绝对其著作或标题的改动，则允许之。

第42条

因观点改变而引起的收回权：

（1）如果著作人认为著作不符合其观点并且不能继续被使用，则可收回所有人的用益权。著作人的权利继承人（第30条）在声明收回时必须证明著作人生前曾有权收回并在声明收回时受到阻碍或在遗嘱中作出此声明。

（2）收回权不可事先放弃。不可排除对该项权利的行使。

（3）著作人应适当赔偿用益权所有人的损失。赔偿至少应等于用益权所有人至收回权声明发出时为止支出的费用；然而对于为已取得的使用而支出的费用不予考虑。只有当著作人作出赔偿或为此作出保证，收回才有效。用益权所有人必须在收回声明发出3个月内将费用数目通知著作人；如不履行这项义务，期满后收回即生效。

① 本段系李建伟等起草。

（4）如果著作人在收回之后又想使用该著作，则有义务以适当条件向前用益权所有人提供相应的用益权。

（5）第41条第（5）款和第（7）款之规定相应适用。

日本著作权法

第82条

在出版权所有者再次复制著作物时，其著作人在正当的范围内，可对该著作物进行修改或增减。

出版权所有者要再次复制作为其出版权标的著作物时，每次都必须将此意通知著作人。

意大利著作权法

第129条第一款

在作品印刷出版之前，作者可以进行修改，但是不得改变作品的性质和用途，因修改造成的额外费用由作者承担。

第八条　重印、再版

著作权人与出版者可以对作品出版后的重印、再版等问题进行约定。未明确约定的，未经著作权人同意，出版者不得再次重印、再版作品。

【理由】

本条是关于作品重印、再版的规定。沿用现行著作权法的规定。

实践中，出版者重印再版作品往往不通知著作权人，不经著作权人同意。著作权人无从知悉印数，从而追索版税等也就无从谈起。有些国家的立法规定了出版者向著作权人报告重印、再版义务。但此种义务仍然难以强制实现。因此，本条对之不做规范。有的合同中规定了著作权人查账权，实践中基本无法实现，故可以不加规定。为了防止此种情形，本条特别规定，除了另有明确约定外，重印、再版必须经过著作权人同意。

【参考立法例】

著作权法

第三十二条　……图书出版者重印、再版作品的，应当通知著作权人，并支付报酬。

我国台湾地区“民法”

第 518 条

版数未约定者，出版者仅得出一版。

出版者依约得出版或永远出版者，如于前版之出版物卖完后，怠于新版之重制时，出版权授予人得声请法院令出原人于一定期限内，再出新版。逾期不进行者，丧失其出版权。

日本著作权法

第 82 条

在出版权所有者再次复制著作物时，其著作人在正当的范围内，可对该著作物进行修改或增减。

出版权所有者要再次复制作为其出版权标的著作物时，每次都必须将此意通知著作人。

意大利著作权法

第 122 条第二、三款

约定版数的出版合同，自作品交付全部手稿时起 20 年内，出版者享有出版一版或者多版的权利。在合同中应当载明版数和每版印数。但是，各方可以就版数和印数或者报酬做出更多的约定。

出版合同没有约定版数和印数的，推定出版者只能出一版且印数不得超过 2000 册。

韩国著作权法

第 59 条

①即使出版权人再版，作者也可以在适当的范围内对作品的内容进行修改或增减。

②如果复制权人意图再版，应事先通知作者。

第九条　【图书脱销的处理规则】

图书脱销后，经著作权人提出请求，图书出版者拒绝重印、再版的，著作权人有权解除合同。

著作权人寄给图书出版者的两份订单在 6 个月内未能得到履行，视为图书脱销。

【理由】

本条规定了著作权人在图书脱销情况下享有的合同解除权。

基本沿用现行规则。但是，改终止合同为解除合同，从而与合同法总则的规定协调。

出版合同签订后，出版者处于优势地位。有时著作权人亟须重印、再版（脱销的情形），但出版者不予理睬。此种情形下，为了鼓励作品传播，特赋予著作权人以法定解除权。终止合同，含义应为解除合同。

【参考立法例】

著作权法

第三十二条　……图书脱销后，图书出版者拒绝重印、再版的，著作权人有权终止合同。

著作权法实施条例

第二十九条　著作权人寄给图书出版者的两份订单在6个月内未能得到履行，视为著作权法第三十二条所称图书脱销。

法国知识产权法典

L. 132－17条

在作者催告中给予的合理期限内，出版者不开始出版的或在脱销后不进行再版的，出版合同自动撤销。

巴西著作权法

第65条

图书脱销后，有权出版该图书的出版者不再出版的，作者可向其发出正式的通知，要求其在一定期限内再版；出版者未按要求再版的，将丧失其享有的出版专有权，并且作者可要求其赔偿损失。

第十条　【作品原稿的处理】

除了作品原稿是电子形式的外，出版者应当妥善保管著作权人交付的作品原稿，作品出版后或者出版合同解除的，出版者应当将作品原稿返还给著作权人。因出版者的原因致使作品原稿丢失、毁损的，出版者应当向著作权人承担损害赔偿责任。

【理由】

本条是关于出版者对作品原件的保管义务规范。基本沿用现行规则。但增加电子书稿的例外规范。

在仅有一份作品原件即纸质（手写或者印刷）原件的情况下，著作权人交付给出版者的原稿，构成了作品的唯一存在载体。此载体的毁灭消失，意味着作品的消失，因此，其对著作权人有着至关重要的意义，需要出版者给予足够的注意。

随着电子时代的到来，电子书稿的原件与复制件毫无差异，且易于保存，著作权自留原稿是可能的。因此，电子书稿无须出版者返还，一般也不会灭失。但退还原稿对于美术作品等艺术作品来说，尤其重要。

【参考立法例】

最高人民法院关于审理著作权民事纠纷案件适用法律若干问题的解释(2002)

第二十三条　出版者将著作权人交付出版的作品丢失、毁损致使出版合同不能履行的，依据著作权法第五十三条、民法通则第一百一十七条以及合同法第一百二十二条的规定追究出版者的民事责任。

第十一条　【著作权人与出版者的维权规则】

著作权人与出版者可以在合同中约定制止他人侵权其著作权的方式、获得经济赔偿后的分配比例、方式等。著作权人许可出版者享有对作品的专有出版权的，出版者有权以自己的名义向他人主张权利。

【理由】

本条是关于侵权处理规范的规定，对享有专有出版权的出版者所享有的独立性进行维权的资格加以明确化。

基本沿用现行规则。但又有所细化，添加了司法实践中常见的授权出版者代著作权人维权规范，使得侵权处理规则更加明确。

在出现侵权的情况下，由谁来维权以及维权结果的分配等问题往往需要约定。实践中，不少出版合同未雨绸缪进行了事前约定，也有在出现侵权情况后，再由著作权人与出版者再行约定的情形。

对于享有专用出版权的出版者，自然可以以自己的名义进行维权。这也是知识产权独占被许可人的通常权利。

【参考立法例】

著作权法

第三十一条　图书出版者对著作权人交付出版的作品，按照合同约定享有的专有出版权受法律保护，他人不得出版该作品。

最高人民法院关于审理商标民事纠纷案件适用法律若干问题的解释

第四条　……

在发生注册商标专用权被侵害时，独占使用许可合同的被许可人可以向人民法院提起诉讼；排他使用许可合同的被许可人可以和商标注册人共同起诉，也可以在商标注册人不起诉的情况下，自行提起诉讼；普通使用许可合同的被许可人经商标注册人明确授权，可以提起诉讼。

第十二条　【出版费用负担】

双方可以在合同中约定，由出版者承担全部出版费用或者由出版者和著作权人分担出版费用。双方未明确约定出版费用负担方式的，由出版者承担全部出版费用。

【理由】

本条系出版费用负担规则，属于新设规则。

目前，自费出版或者由著作权人分担部分出版费用的情形，并不少见。本条允许当事人对出版费用自由约定，不干预合同自由，其实也无法干预，这个基本上由市场决定。作品类型（文艺类、学术类等）不同，著作权人的谈判地位不同，各自有各自的需要，法律无须干预。仅设置缺省规则即可，即在当事人未对出版费用明确约定的情形下，由出版者负担。

第十三条　【作品发行利润分配】

著作权人与出版者可以对作品发行后的获利分配方式进行约定。双方可以按照版税、基本稿酬、印数稿酬或者一次性付酬等方式确定作品发行利润的分配。

【理由】

本条是关于作品发行利润的规范。沿用现行行政规章中的规则。

本条设置了有别于出版者单方对著作权人支付报酬的规则。出版者与著作权人往往构成利益共同体。法律应当鼓励由当事人自行约定利润分配方案，并对利润分配方案加以指引。

在版权局《使用文字作品支付报酬办法》中明确规定了三种利润分配方案，可供当事人参考。此种方案可以上升到法律层面。

【参考立法例】

使用文字作品支付报酬办法（2014）

第二条　除法律、行政法规另有规定外，使用文字作品支付报酬由当事人约定；当事人没有约定或者约定不明的，适用本办法。

第三条　以纸介质出版方式使用文字作品支付报酬可以选择版税、基本稿酬加印数稿酬或者一次性付酬等方式。

版税，是指使用者以图书定价 × 实际销售数或者印数 × 版税率的方式向著作权人支付的报酬。

基本稿酬，是指使用者按作品的字数，以千字为单位向著作权人支付的报酬。

印数稿酬，是指使用者根据图书的印数，以千册为单位按基本稿酬的一定比例向著作权人支付的报酬。

一次性付酬，是指使用者根据作品的质量、篇幅、作者的知名度、影响力以及使用方式、使用范围和授权期限等因素，一次性向著作权人支付的报酬。

完善我国知识产权侵权诉讼域外管辖权的若干思考*

刘义军**

摘　要：我国对涉外知识产权侵权案件的管辖遵循地域性管辖原则，但该原则在实践中日益显示出其弊端，导致我国法院在管辖权行使问题上缺乏弹性应对能力，不利于增强我国在国际竞争中的知识产权竞争力。建设创新型国家要求我国法院借鉴美国等国家做法，适度扩张对涉外知识产权案件的管辖权。本文尝试提出我国法院在审理不同类型涉外知识产权案件时突破地域性管辖的司法管辖规则，并对“平行诉讼”及“不方便法院原则”的司法适用进行了探讨。

关键词：涉外知识产权侵权纠纷　地域性　平行诉讼　不方便法院原则

Abstract: In China, intellectual property infringement litigations follow the principle of territoriality which presents gradually its limits in practice. In fact, it makes that our courts lack of flexibility in exercising its jurisdiction, which is not beneficial for national intellectual property competitiveness in the international competition. The purpose of constructing innovative state necessitates that our courts to learn from other countries as the United States and to extend national jurisdiction in dealing with intellectual property cases involving an extraterritorial element. This article proposes some rules of jurisdiction that can bypass the principle

---

* 本文系最高人民法院2015年度审判理论重大课题“涉国际竞争知识产权司法保护问题研究”的阶段性研究成果。

** 刘义军，北京知识产权法院审判二庭法官，法学博士生在读，研究方向为知识产权法。

of territoriality, and also discuss the application of "parallel proceedings" and "Doctrine of Forum Non Conveniens".

Key words: Transnational Intellectual Property Disputes; Territoriality; Parallel Proceedings; Forum Non Conveniens

一 我国关于涉外知识产权侵权案件管辖的相关规定

（一）知识产权的地域性特点

知识产权的地域性特点是各国所普遍承认的知识产权的重要特征之一。依据某一国家或地区的法律产生的知识产权仅在其本国或地区范围内有效，并接受该特定国家法院的专属管辖。[①] 基于知识产权的地域性特征，一旦侵害知识产权的情形涉及多个国家或地区时，除非国际公约另有约定，通常情况下被侵权人只能分别在其权利有效的特定国家提起诉讼，请求各有关国家的法律保护。同样，一国法院通常仅受理在本国范围内发生的侵犯本国法律保护的知识产权案件。

（二）我国对涉外知识产权侵权案件实行严格的地域性管辖原则

我国关于涉外知识产权侵权案件管辖权的法律规定主要体现在《中华人民共和国民事诉讼法》（以下简称《民事诉讼法》）第 28 条、第 265 条；2015 年最高人民法院《关于适用〈中华人民共和国民事诉讼法〉的解释》（以下简称《民事诉讼法司法解释》）第 24 条、第 25 条、第 531 条；2001 年最高人民法院《关于审理专利纠纷案件适用法律问题的若干规定》第 5 条；2006 年最高人民法院《关于审理涉及计算机网络著作权纠纷案件适用若干法律问题的解释》第 1 条等。根据上述规定可以推知，我国奉行严格的知识产权地域性管辖原则，对于侵害我国知识产权的案件，均应当由我国法院行使管辖权，具体的管辖法院为侵权行为地法院和被告住所地法院。对于侵害外国知识产权的案件，当事人可以协议选择被告住所地、侵权行

① 参见杨长海：《知识产权冲突法论》，厦门大学出版社，2010，第 41 页。

为地等与争议有实际联系地点的外国法院管辖。[①]

二　严格遵循地域性管辖原则的弊端

近几十年来，随着经济全球化的深入发展，各国经贸往来日益紧密，加之互联网的迅猛发展，知识产权领域中的区域界限日益模糊化，这使得涉外知识产权侵权案件展现出不同以往的复杂性和多样性。当前涉外知识产权纠纷的表现形式不仅仅是外国当事人就我国知识产权和我国当事人发生纠纷，还有外国当事人之间就我国知识产权发生纠纷以及我国当事人之间、我国当事人与外国当事人之间就外国知识产权发生纠纷等情形。因而，在涉外知识产权诉讼中，如不考虑案件的具体情形而一概要求遵循地域性管辖原则，将导致我国法院在管辖权行使问题上明显缺乏弹性应对能力，不利于增强我国在国际中的知识产权竞争力，不利于维护我国权利人的正当权益。具体而言，存在如下弊端。

（一）不利于我国法院管辖发生于境外的“侵权”行为

按照知识产权的地域性管辖原则，某一国家或地区所确立和保护的知识产权被侵权，则只能在该国或地区领域内才能发生效力，故一国法院通常仅受理在本国范围内发生的侵犯本国法律所保护的知识产权案件。在涉外知识产权侵权中，当侵害我国知识产权的行为分为若干阶段，部分侵权行为发生在国内、部分侵权行为发生在国外时，如果遵循知识产权的绝对地域性管辖原则，我国法院将无法对发生在境外的部分侵权行为一并进行管辖，不利于维护权利人的合法权益。而依据美国的最低限度联系原则，只要在外国发生的“侵害”内国知识产权的行为和美国存在某种“联系”，美国法院就可以

① 根据上述法律、司法解释规定可知，除《民事诉讼法司法解释》第531条涉及当事人可以协议选择被告住所地、侵权行为地等与争议有实际联系地点的外国法院管辖外，其他法律、司法解释所规制的原则上应均为发生于我国境内、侵害我国知识产权的行为。根据《民事诉讼法》第259条规定，在中华人民共和国领域内进行涉外民事诉讼，适用本编规定，本编没有规定的，适用本法其他有关规定。故结合该条可推知，我国法院受理的所有涉外知识产权纠纷，均可由被告住所地法院或侵权行为地法院管辖。

以此“联系”为据对该案行使管辖权。[①] 当然，美国法院也可以根据案件的情况拒绝对案件行使管辖权，这种在管辖权问题上的灵活性，为美国法院通过行使管辖权维护本国利益提供了强大的武器。此外，根据知识产权的地域性管辖原则，以我国公民或住所在我国的公民为被告提起的“侵害”知识产权行为发生在境外的诉讼，如果我国法院一概拒绝管辖，表面看对我国科技、文化发展并无害处，但此种行为客观上为仿冒、抄袭尚未在我国登记注册的外国或其他地区的知识产权提供了庇护作用，从长远来看，这不利于激发我国科技、文化发展的内生动力，也不利于我国科技、文化的创造性发展。[②]

（二）不利于我国法院管辖互联网等新技术条件下的跨国“侵权”行为

互联网、卫星通信等技术的迅猛发展，使得跨国知识产权侵权行为更容易发生。以通过网络或卫星通信技术实施侵害商标权的广告行为为例，如诉争商标在传输国和接受国分别归属于不同的权利人，该广告从传输国

---

① 美国调整国际、州际管辖权原则的制度，原本以被告的出现为原则，后来判例的演变使得被告人的居所、住所、国籍以及其在法院地的商业存在等均可以成为法院行使管辖权的依据。1945 年联邦最高法院在“国际鞋业公司诉华盛顿州”一案中所作的裁判体现了对司法管辖权严格地域性管辖原则的修正：正当程序条款允许各州对位于本州之外的人行使属人判决，正当程序仅仅要求被告与法院地之间具有某种最低联系，这种联系使得诉讼的进行不致违背传统的公平和公正观念。最低限度在“被告在美国境外发生的侵权行为，必须与其在美国境内发生的侵权行为有关，并可以归责于被告”条件下，美国就具有管辖权。“最低限度联系”原则在司法实践中对于知识产权严格地域性的突破体现在 Reebok International Ltd. v. Manatech Enterprises Inc. 一案中，Reebok 是原告拥有的美国注册商标，原告因被告在墨西哥出售假冒的 Reebok 鞋而在美国联邦地区法院提起了诉讼。根据地域性管辖原则，在墨西哥出售假冒 Reebok 鞋的行为并没有侵害原告拥有的美国商标权（即使原告同时也在墨西哥注册了 Reebok 商标，那么被告也只是侵犯了墨西哥的商标权而不是美国的商标权），美国法院无权管辖，也不能认定被告的行为构成对美国商标权的侵犯。美国第九巡回上诉法院维持了一项联邦地区法院的禁止令，认为美国法院有权管辖该案，并对被告在美国的资产进行了冻结。法院的理由是，根据有关证据显示，被告不仅在墨西哥出售假冒 Reebok 鞋并同美国出口的注册商标鞋子进行竞争，还定期将该产品销往美国，而且被告是在美国组织假冒 Reebok 鞋的销售活动的。美国法院以此为据认为该案与美国存在最低限度联系，其可以管辖该案并冻结被告的资产。参见杨长海《知识产权冲突法论》，厦门大学出版社，2010，第 103 页；何其生《比较法视野下的国际民事诉讼》，高等教育出版社，2015，第 58 ~ 62 页；韦燕《最低限度联系与网络管辖权——美国有关网络管辖权的判例及其发展》，《河北法学》2001 年第 1 期，第 8 页。

② 参见董开星《涉外著作权侵权管辖问题研究》，华东政法大学博士学位论文，2014，第 87 页。

通过网络或卫星发送到接受国，实际上侵犯了接受国的合法权利人的权利。接受国的权利人若要获得司法救济，就应到传输国提起诉讼，但是依据知识产权地域性管辖原则，传输国有权拒绝依据接受国法律而产生的商标权的侵权诉讼。而如果接受国的权利人在本国进行诉讼，则被告可依其在传输国取得的合法权利进行抗辩。这样，接受国的权利人即陷入无法主张权利的两难境地。即使接受国对本案进行审理并作出判决，也很难在传输国获得承认和执行。[①] 在我国为接受国的情况下，知识产权地域性管辖原则使我国权利人被侵害的权利得不到任何实质性的司法救济。

（三）不利于在国际贸易中维护我国当事人的正当权益

在国际贸易中，法律竞争力是国家竞争力的重要组成部分，足够范围的司法管辖，是我国法律竞争力的首要基础。根据前述规定可知，我国的涉外知识产权案件尤其是侵权案件的管辖制度以地域性管辖为主，尽管《民事诉讼法》第265条规定了因合同和其他财产权益纠纷，如该合同在我国签订或履行、诉讼标的物在我国境内、被告在我国境内有可供扣押的财产或设有代表机构，可对在中国领域内没有住所的被告在我国相应的法院起诉，但除此之外基本上没有其他途径对境外公司或个人等当事人进行管辖。如果境外当事人有意在贸易活动中规避我国法院的管辖，即使导致我国境内的企业和个人的合法利益因该境外公司或个人的行为受到损害，这些受害的企业和个人也无法在我国通过法律维护自身的合法利益。

三　建设创新型国家要求我国法院适度扩张涉外知识产权侵权案件的管辖权

（一）现阶段我国涉外知识产权保护的特点

我国加入WTO十余年来，经济全球化、一体化的进程加快，我国正处于由知识产权输入型国家向创新型国家过渡的关键阶段。该阶段的知识产

① 参见杜涛《欧盟跨国民事诉讼制度的新发展》，《德国研究》2014年第4期，第96页；李先波、刘林森：《论涉外知识产权诉讼管辖权之协调》，《湖南社会科学》2004年第1期，第2页。

权保护具有如下特点：一方面，我国知识产权保护水平不断提高，但与发达国家相比，我国知识产权保护总体水平仍然不高，我国公民、法人在涉外知识产权纠纷中总体上处于弱势（即被告）地位。另一方面，随着我国经济的迅速发展，我国的知识产权也开始打入国际市场，特别是广大发展中国家的市场。这意味着，我国既要承担一定的国际责任，也要合理地维护本国的利益，不能一概坚持涉外知识产权案件由我国专属管辖并适用我国法律的传统做法。否则，不仅不符合国际潮流，也不利于真正保护我国当事人的利益，使我国当事人不能分享到依照较高保护水平的国家法律所赋予的利益，同样不利于知识产权领域的国际司法合作关系和新国际秩序的建立。因此，借鉴欧美发达国家的司法实践经验，[①] 适应新的国际形势要

---

① 在英国法院审理的 Unilever plc v. Gillette（UK）Ltd 一案中，被告的美国母公司发明了一种先进的除臭剂配方。根据美国母公司向其英国子公司实验室提供的程式和该种新配方的粉装制品（这种粉装制品主要应用于制造已成品的除臭剂生产过程中），英国吉列子公司利用新配方成功生产出一种新的除臭剂，并将这种先进的除臭剂由被告在英国境内出售。根据相关证据表明，被告是自行决定使用新配方生产，并将该除臭剂投放市场的，与美国母公司无关。但英国原告指控该产品侵犯了该公司的专利权，并试图增加美国母公司为被告，以达到查明相关事实的目的，对此案英国高等法院与上诉法院采取了截然相反的做法。英国高等法院拒绝签发传票，而上诉法院则否决了高等法院这一判决，其认为，本案的焦点是确定被告的侵权行为是否有美国总公司的共同参与。调查表明，美国总公司与被告之间确实存在“共同行为”或说“行为一致”，包括许多事实，如除臭剂产品具有唯一性；美国母公司知悉原告的专利；美国母公司与被告之间是母子公司关系；在英国境内的销售必然会构成侵权；被告向其美国母公司就应用该配方制成可销售的产品曾经进行过咨询性意见的技术秘密协议；世界范围内美国母公司有权以“医学理由”否决它的任何海外子公司拥有任何新产品的权利；以及美国波士顿对其子公司新产品开出了合法出港证等。因此，上诉法院认为，母子公司双方只要是“……默认就已经足够”，没有必要去详细证明美国总公司与被告之间存在积极的共同行为，二者的共同行为中有可证明的共同行为即可。据此，上诉法院认定美国母公司和被告共同实施了侵权行为，通过这种连带关系行为，可以追加美国母公司作为当事人而使英国法院获得管辖权。在 Arrefui Mendizabel nd Cuenca Sanchez v. Regie Nationale des Usines 一案中，法国最高法院指出：根据法国法律，法国法院有权审理针对一家在西班牙生产零部件的西班牙公司的诉讼。法院认定该公司在西班牙生产的产品侵犯了一项法国的外观设计专利权，理由是该公司的零部件进口到了法国，尽管进口只是为了再出口而非在法国出售。本案中，法国法院依据该零部件进口到法国的事实确定了西班牙公司在西班牙生产零部件的行为构成了对法国专利权的侵犯。但因为本案中该公司将零部件进口到法国并不是为了在法国出售而只是再出口，所以这种联系并不密切。可见，法国法院所依据的其实也是一种最低限度的联系来行使管辖权。参见何其生《比较法视野下的国际民事诉讼》，高等教育出版社，2015，第 87 ~ 92 页；菲利普·G. 奥特巴赫《著作权上微妙的不平等》，《版权公报》1997 年第 4 期，第 14 ~ 15 页。

求，尽快构建适合我国国情的涉外知识产权管辖法律制度是十分迫切和完全必要的。

（二）我国法院依法对涉外纠纷积极实施管辖的意义

近年来，华为与美国交互数字公司的基本专利许可费诉争中,[①] 我国法院依法对涉外纠纷积极实施管辖，已经明显体现出有效保护我国产业利益的积极意义。2011 年 7 月，美国交互数字公司发起针对华为、中兴等业内公司的专利侵权 337 调查，要求美国国际贸易委员会禁止被告公司的产品进口美国，其策略是利用美国禁止令绑架华为等中国企业签署全球许可的“城下之约”，而中国企业不得不就其少量低价值中国专利（覆盖了华为全球主要销售收入）缴纳高额许可费（数倍乃至数十倍于苹果等其他厂商），极大削弱其参与全球市场竞争的能力，甚至丧失公平。针对其滥用基本专利的行为，2011 年 12 月，华为在深圳市中院提起诉讼，请求判决交互数字公司违反中国反垄断法，同时请求法院裁定其中国基本专利费率，以使华为公司能根据 FRAND 条件获得其中国基本专利许可，确保许可费成本与西方竞争者相当，从而公平参与全球市场竞争。[②]

针对华为公司依据中国合同法提出的中国基本专利费率确认之诉，交互数字公司在其管辖权异议书中，以相关标准化组织的会员政策规定司法管辖地为法国、相关许可义务不受中国法确立、原被告间尚未达成的许可协议履行地不在中国（更没有具体到深圳）、双方签订保密协议争议解决地为美国等理由，提出根据《中华人民共和国合同法》第 62 条、最高人民法院《关于印发全国法院知识产权审判工作会议关于审理技术合同纠纷案件若干问题的纪要的通知》第 24 条，本案应由美国法院管辖。针对上述对我国法院管辖权的挑战，深圳市中院、广东省高院认定华为作为涉案专利的

① 深圳市中级人民法院（2011）深中法知民初字第 858 号民事判决书；广东省高级人民法院（2013）粤高法民三终字第 306 号民事判决书。

② 本案虽非知识产权侵权纠纷，但其涉及国际竞争环境下外国知识产权人滥用知识产权行为的规制问题，其中体现的我国法院在遵循法律基本原则和精神的前提下对涉外纠纷进行积极管辖的思路，十分值得我国法院在涉外知识产权侵权诉讼中进行借鉴。

被许可方，住所及经营场所在深圳，因此确定深圳为其合同履行地。根据修改前的《中华人民共和国民事诉讼法》第 241 条以及最高人民法院《关于审理专利纠纷案件使用法律问题的若干规定》第 2 条的规定，认定深圳市中院具有管辖权。

可见，如果我国法院的管辖范围弱于西方发达国家，我国企业在国际竞争中的竞争力必然会受到制约。因此，我国不仅应当通过积极立法完善我国涉外知识产权案件管辖权的规定，还应当在司法实践层面遵循法律基本原则和精神进行大胆探索并有所突破。如华为诉美国交互数字公司要求认定其中国基本专利费率的案件，就是我国法院通过积极管辖保护我国产业利益的重要实践。事实上，以专利权为例，国外权利人的中国知识产权是否有效、价值如何、基于这些中国专利的收费诉求是否合理，往往会被外国法院所忽略，即使外国法院予以了关注，也没有能力基于中国法做出合理的判断，真正能够判断这些中国专利合理许可费的法院是我国法院。尤其是在当前行业实践中，外国公司往往以合同约定适用法和争议解决途径的方式排除我国法院的管辖，以获得其在我国法下本不应获得的利益。因此，我国法院从增强我国的国际竞争力，积极维护我国权利人的利益出发，应当积极借鉴欧美发达国家突破知识产权地域性管辖规则的限制，如通过最低限度联系原则和连带原则①的有益尝试，增强法官的法律推理和自由裁量能力，运用富有创造性并具有说服力的司法解释来弥补立法的漏洞和立法滞后的局限，让司法真正成为我国涉外知识产权管辖权实践的先锋。

---

① 例如，美国加利福尼亚州法院审理的 ITSI T. V. Productions Inc. v. California Authority of Racing Fairs 一案中，原告是位于加利福尼亚州的伊利诺伊公司，被告是一家墨西哥公司。原告称，被告在墨西哥播放的某些赛马广播节目是原告为加州某一赛马频道特别制作的，被告的行为是对其版权的侵害。根据地域性管辖原则，原告的版权只在美国范围内有效，被告在墨西哥的播放行为并不构成对原告所有的美国版权的侵害，美国法院无权管辖。但美国联邦加州法院受理了此案，理由是有足够的证据证明被告曾经在美国授权第三人在外国实施原告所拥有的美国版权，也就是说，本案中被告在墨西哥实施的行为是被告在美国（案件涉及版权的产生国）境内实施的侵权行为的组成部分。在此情况下，美国法院依据境外行为与境内发生的侵权行为之间的连带关系而管辖了在外国实施美国版权的行为。参见杨松才《美国知识产权法的域外适用》，《法学杂志》2007 年第 5 期，第 112～113 页；刘力《国际民事诉讼管辖权研究》，中国法制出版社，2004，第 72～74 页。

当然，构建适合我国国情的涉外知识产权管辖法律制度，不能照抄照搬西方发达国家的相关法律制度，还应当统筹考虑我国的经济、科技及文化发展水平，在继续奉行知识产权地域管辖原则的基础上进行有序渐进的突破。同时还应保证履行我国所参加的国际公约或组织的义务，不违反相关国际公约的规定；考量我国法院行使管辖权要起到对侵权行为的惩戒作用；考量我国法院行使管辖权后作出的判决结果能否被外国承认和执行；考量突破地域性管辖原则的目的必须是有利于提高我国企业在国际竞争中的竞争力，有利于创新型国家的建设。

四　突破我国涉外知识产权地域性管辖的司法管辖规则

综合前文所述，本文尝试提出我国法院在审理涉外知识产权案件时，突破知识产权地域性的如下司法管辖规则。

（一）侵害本国知识产权的情形

明确在当事人没有协议选择管辖法院的情形下，由被告住所地或惯常居所地法院管辖。在知识产权诉讼案件中，多数情况下，侵权行为地也就是被告住所地或惯常居所地，这两者经常是重叠的。如果被告住所地或惯常居所地不易确定或无法确定时，则由被请求保护地法院管辖。这样的条款设置不仅有利于我国公民、法人作为被告时的利益保护，也有利于在外国公民、法人作为被告时，行使案件管辖权的所在国法院作出的判决能够被顺利执行。

此外，网络知识产权侵权案件与普通知识产权侵权案件相比，既具有共性也具有特性。互联网的特性决定了法院在考虑管辖权问题上应充分考虑网络的特点，但也要注意网络只是一种技术手段，法院在确定是否对其行使管辖权时要充分尊重既有的审判实践，尽量保持一致。目前，美国和欧盟的司法实践均未脱离传统的涉外知识产权侵权管辖权理论，但法院越来越倾向于寻找案件相关行为与法院地所在国是否存在具体联系，使得争议案件的个案正义在很大程度上得到实现。[①]

与普通涉外知识产权案件的管辖权问题相比较，涉外网络知识产权案件在实践中更容易产生管辖权的积极冲突，而最终解决办法只有各国之间加强合作，通过订立国际公约或逐渐形成的国际惯例进行调整。就内国法院的审判实践而言，法院在审理涉外网络知识产权案件时，因侵权行为结果发生地具有网络中的发散性，故通常不应先行考虑，而应当优先考虑侵权行为实施地法院的管辖权。在具体考虑侵权行为实施地时，可以考察如下因素：侵权计算机终端所在地，网址类型是主动性、被动性或互动性，法院地是否和侵权行为实施地具有实质联系等。此外，网络环境中被告的身份及所在地几乎难以确认，而且网络用户应该知晓自己的行为结果会在世界范围内发生，但他往往不能准确地预见其活动直接或间接延伸到的具体区域，故在网络环境中运用“原告就被告原则”不利于纠纷的解决，而可以考虑引入原告住所地法院管辖的原则。这一原则的适用，不仅便于权利人维权，有利于节约诉讼成本，而且有利于将来判决的承认和执行。

（二）侵害外国知识产权的情形

侵害外国知识产权是指侵权行为地或结果发生地位于我国境外的情形。侵害外国知识产权案件主要可以分为如下两类。

---

① 在 Zippo Manufacturing Co. v. Zippo Dot Com. Inc. 案中，法院基于互联网行为的特点，发展了弹性衡量标准的管辖权确定方法，根据“弹性衡量标准”，只有被告的网上行为与管辖地有某种程度的互动行为，才能产生特定的管辖权，否则仅仅因为对被告网站的访问，不能产生管辖权。这一做法实际是对美国长臂管辖权在网络案件中的限制。此外，美国法院在实践中又通过判例逐步发展出“进一步活动说”、“实际影响标准”和“目标指向方法”等多种做法，这些做法实际上是对传统管辖权规则的回归，这种回归不仅保障了宪法赋予被告的“正当权利”，而且对原告也是一种公平之举。欧盟成员国的法院有关网络侵权案件管辖权的司法实践也不尽一致，而且至今仍在发展变动之中。但根据各时期欧盟各国法院确定网络侵权案件管辖权的态度不同，大致可以分为三个发展阶段：第一个阶段，网址的可登录性在侵权行为地的认定中具有根本重要的地位；第二个阶段，开始考虑当事人行为的针对性，及所涉行为与法院地国间的实际联系；第三个阶段，甚至不再关注网络技术手段的利用，法院将分析问题的重心基本放在相关行为与法院地国之间的具体联系上。参见何其生《比较法视野下的国际民事诉讼》，高等教育出版社，2015，第 76 ~ 85 页；孙尚鸿《试析欧盟〈布鲁塞尔民商事管辖权规则〉有关涉网知识产权案件管辖权问题的实践》，《比较法研究》2009 年第 5 期，第 95 页。

1. 对我国当事人侵害外国知识产权案件的管辖

例如，中国原告在我国法院起诉中国被告在美国实施侵害其知识产权的行为或英国原告在我国法院起诉中国被告在英国实施侵害其知识产权的行为。这类案件由于原被告双方或被告一方系我国公民、法人或其他组织，但侵权行为实施地或损害结果发生地位于国外，如果严格按照知识产权的地域性特点来说，我国法院本应当拒绝行使管辖权，但由于此类案件中双方当事人或被告一方为我国公民、法人或其他组织，如双方的住所地或经营场所均在我国境内，我国法院可以对发生于境外的侵权行为行使管辖权，这有利于减少当事人的诉累，同时有利于判决的承认与执行。

在上诉人（原审被告）鸿钛公司诉被上诉人（原审原告）栾述兵、原审被告日本 jvc 唱片公司、原审被告冯小波等侵害著作权纠纷一案中,[①] 鸿钛公司未经栾述兵许可，先在我国与他人、后在日本与他人共同出版了栾述兵享有著作权的作品。实际上，鸿钛公司与他人在日本共同出版栾述兵享有著作权的作品的行为，属于在我国境外实施侵害知识产权的行为可认定为我国公民、法人或其他组织侵害外国知识产权的行为。北京市二中院基于当事人中有日本公司，将其认定为涉外知识产权案件并进行管辖。北京市二中院经审理认为，鸿钛公司和 jvc 公司在我国境外联合发行 CD 唱片，没有付给栾述兵任何报酬，构成了对栾述兵作为著作权人和表演者依法获得经济报酬的权利的侵害。有学者观点认为，根据我国侵权责任法等相关法律规定，共同侵权行为应当承担连带侵权责任，法院可以合并审理。但如果侵权行为发生在境外，如本案中两被告在日本未经著作权人许可联合发行 CD 唱片的行为，我国侵权责任法中规定的上述法律规则并不能够适用，此时我国法律能否适用尚是一个需要分析的问题，至少要考虑冲突规则的适用问题，而非将发生于境内外的侵权行为简单地直接进行合并审理。[②]

2. 对外国当事人侵害外国知识产权案件的管辖

该类型主要可区分为如下两种情形：（1）中国原告在我国法院起诉德

---

① 北京市高级人民法院（1998）高知终字第 6 号民事判决书。

② 冯汉桥：《论侵犯外国知识产权的管辖与准据法》，《政治与法律》2011 年第 3 期，第 97 ~ 98 页。

国被告在德国或美国实施侵害其知识产权的行为；（2）中国原告在我国法院起诉美国被告实施侵害其在我国和美国的知识产权。

第（1）种情形，如果按照知识产权的地域性管辖原则，由于该类案件侵犯的是外国知识产权，我国法院原则上应当拒绝管辖，但是根据最高人民法院关于适用《中华人民共和国民事诉讼法》的解释第 532 条的规定，如果案件涉及我国国家、公民、法人或其他组织的利益，我国法院可以在特定情况下行使管辖权。该类案件还涉及我国法院行使管辖权后应当适用哪国法的问题，如果适用外国法还涉及外国法的查明以及作出的判决的承认与执行问题。

第（2）种情形，针对美国被告在我国实施侵害我国知识产权的行为，我国法院当然具有管辖权。特定情形下，我国法院对美国被告在美国实施的侵权行为亦有权行使管辖权，但要求此种侵权行为与我国具有某种联系，如可适度借鉴美国法院的“最低限度联系原则”和“连带原则”来建立“在美国未经许可实施我国知识产权的行为”与我国的联系。只要在美国发生的侵害我国知识产权的行为和发生在我国的侵权行为具有较为紧密的联系，或在美国发生的侵害我国知识产权的行为与我国法院管辖的案件具有连带关系，并对我国相关权利人的利益产生影响，我国法院就有权对分别发生在我国和美国的侵权行为一并行使管辖权。在原告王莘起诉被告北京谷翔信息技术有限公司、被告谷歌公司侵害著作权纠纷一案中，[①] 第二被告谷歌公司主张，其系在美国注册的公司，其对涉案图书进行数字化扫描的行为发生在美国，该行为虽然并未经过涉案图书著作权人的许可，但并未违反美国法律，因此，中国法院对其所实施的行为并无管辖权，且不应适用《著作权法》来评价其行为。北京一中院经审理认为，根据修改前的《民事诉讼法》第 243 条规定，涉外民事案件管辖权的确定可以依据多种连接因素，“侵权行为地”即为其中之一。因民事案件中涉及的被控侵权行为既可能是单一的侵权行为，亦可能是多个侵权行为，而多个侵权行为的发生地可能并不相同，因此，上述规定应理解为只要案件中所涉侵权行为“之一”发生在中国境内，中国法院即对

① 北京市第一中级人民法院（2011）一中民初字第 1321 号民事判决书；北京市高级人民法院（2013）高民终字第 1221 号民事判决书。

整个案件具有管辖权。同时，鉴于侵权行为地既包括侵权行为“实施地”，亦包括侵权行为“结果发生地”，只要案件中上述任一地点位于中国境内，中国法院就对整个案件具有管辖权。具体到本案，原告指控两被告实施了如下两个被控侵权行为：将原告作品进行电子化扫描（即复制）的行为；涉案网站将原告作品向公众进行信息网络传播的行为。对于涉案信息网络传播行为，鉴于涉案网站是在中国登记注册的网站，在无相反证据的情况下该网站中的相关行为均应认定发生在中国境内，即现有证据可以认定中国是被控信息网络传播行为的侵权行为地，依据这一连接点，中国法院即可对本案全部涉案侵权行为具有管辖权。对于涉案复制行为，两被告虽主张该行为发生于美国，但因其未提交证据佐证，故法院对两被告这一主张无法确认。在此基础上，法院进一步认为，即便扫描行为确实发生在美国，但鉴于第二被告认可其扫描的目的在于最终为用户提供相关作品，再结合考虑中文书籍的受众多数位于中国，且两被告均认可第一被告网站中所提供的原告作品确系来源于第二被告的情况下，法院合理认为作为关联公司的两被告所实施的复制行为及信息网络传播行为属于系列行为（即第二被告在复制原告作品后将其传输给第一被告并由第一被告向中国公众提供），据此，涉案扫描（复制）行为的结果发生于中国，中国法院对该扫描（复制）行为亦具有管辖权。综上，中国对本案全部被控侵权行为均具有管辖权。

在上述案件中，法院认为即使扫描行为发生在美国，但只要在美国发生的侵害我国知识产权的行为和发生在我国的侵权行为具有较为紧密的联系，并对我国相关权利人的利益产生影响，我国法院就有权对分别发生在我国和美国的侵权行为一并行使管辖权，这实际上体现了我国法院对知识产权侵权案件地域性管辖的突破。

当然，借鉴美国法院做法，这种管辖权行使的前提是，我国法院对发生于境内外的侵权行为一并进行审理比分别审理更方便，更能避免出现不同国家之间相互冲突的判决结果，并且要符合正当程序的要求。[1] 至于何为正当程序，可以主要从被告的角度进行考虑。参照 TRIPS 协议第 42 条有关

① 冯汉桥：《论侵犯外国知识产权的管辖与准据法》，《政治与法律》2011 年第 3 期，第 97 ~ 98 页。

“符合公平与公正的程序”的规定，其主要是从被告角度进行考虑的，即“被告有权获得及时的和包含足够细节的书面通知，包括权利请求的依据。应允许当事方由独立的法律顾问代表出庭，且程序不应指定强制本人出庭的过重要求。此类程序的所有当事方均有权证明其权利请求并提供所有相关证据”。①

五 “平行诉讼”及“不方便法院原则”的司法适用

由于知识产权主体、客体及相关内容的复杂性，加之各国为维护本国国家及权利人的利益，在突破知识产权的地域性管辖原则扩张本国法院管辖权的同时，常常会出现同一争议多个国家或地区的法院均具有管辖权的情形，从而形成管辖权的积极冲突，同时也给当事人挑选法院提供了可乘之机，这就涉及“平行诉讼”及“不方便法院原则”的司法适用问题。

（一）“平行诉讼”的司法适用

《民事诉讼法》司法解释第 533 条规定，中华人民共和国法院和外国法院都有管辖权的案件，一方当事人向外国法院起诉，而另一方当事人向中华人民共和国法院起诉的，人民法院可予受理。判决后，外国法院申请或者当事人请求人民法院承认和执行外国法院对本案作出的判决、裁定的，不予准许，双方共同缔结或者参加的国际条约另有规定的除外。外国法院判决、裁定已经被人民法院承认，当事人就同一争议向人民法院起诉的，人民法院不予受理。该条规定主要涉及我国法院对平行诉讼的处理问题。平行诉讼，实际上就是不同国家或地区管辖权的积极冲突，具体指相同当事人之间就同一标的在两个或两个以上国家或地区的法院进行诉讼，也称“一事两诉”。由于各国都奉行国家主权原则，而对民事诉讼行使司法管辖权是国家主权在民事诉讼领域的体现，因此在国际民事诉讼中，平行诉讼是存在的，也是允许的。我国司法实践不排除“平行诉讼”。对同一案件，只要根据我国法律或者我国参加的国际条约规定我国法院有管辖权的，则

① TRIPS 第 42 条。

不论该案是否在其他国家或者地区起诉，或者该案是否已由其他国家或者地区审理，或者其他国家或地区是否已对该案作出判决，均不影响我国法院对该案的管辖。在原告郭叶律师行诉被告厦门华洋彩印公司代理合同纠纷管辖权异议一案中，[①] 被告华洋彩印公司在厦门中院受理此案后，提出管辖权异议，理由是：被告认可厦门中院对本案的管辖权，但认为厦门中院审理本案存在诸多不便。例如，本案在香港有较大影响，涉及虚假上市问题、香港中介机构问题，可能还涉嫌刑事犯罪，法院调查事实困难；涉案合同约定了适用香港法律，法院查明并适用香港法律特别是判例法困难；涉案的杰威国际控股有限公司注册地点在百慕大，在我国没有住所地，法院追加其为本案当事人困难。况且原告郭叶律师行已经就本案在香港法院提起诉讼，如果内地法院再受理，就成为“一事两诉”。将本案移交香港处理，有利于维护香港的司法独立。厦门中院经审查认为，原告郭叶律师行以华洋彩印公司为被告，在厦门中院提起的代理合同纠纷诉讼，是涉港民事诉讼。香港是我国的一个独立司法区域，目前与内地尚未建立解决管辖权冲突和相互承认与执行法院裁决的司法协助关系，故香港法院是否受理同一诉讼，不是内地法院能否受理的前提。华洋彩印公司以郭叶律师行已经在香港法院提起诉讼，内地法院再受理就成为“一事两诉”为由，主张将本案移交香港法院处理，理由不能成立。[②]

（二）“不方便法院原则”的司法适用

除上述“平行诉讼”的情形外，在涉及多个国家均有管辖权的涉外知识产权纠纷中，还常涉及“不方便法院原则”的问题。“不方便法院原则”，具体指依照本国法律或国际条约规定，受案法院对某一国际民事诉讼享有管辖权，但该管辖权的实际行使，将给当事人和法院的工作带来种种不便，无法保障司法公正，也不能使争议得到迅速有效的解决，当别国法院对这一诉讼同样享有管辖权时，受案法院即可以自身属不方便法院为由，依职

① 参见《中华人民共和国最高人民法院公报》2004 年第 7 期，第 397 页。

② 本案虽为涉港民事诉讼，但鉴于香港目前与我国内地地区属于不同的法域，本案中涉及的“平行诉讼”问题与涉外知识产权诉讼中对该问题的考量并无本质不同。

权或者根据被告的请求，裁定拒绝行使管辖权。

司法实践中，我国法院已经产生了不少适用不方便法院原则的案例。如上述的原告郭叶律师行诉被告厦门华洋彩印公司代理合同纠纷管辖权异议案，原告巴润摩托车有限公司诉美顺国际货运有限公司海上货物运输合同纠纷案，[①] 李道之、班提公司与徐有木、建发公司、Castel Freres SAS 侵犯商标专用权及不正当竞争纠纷案[②]等。上述案件均属于我国法院依法具有管辖权的情形，且均属于被告提出管辖权异议，并主动提出适用“不方便法院原则”的情形。在原告巴润摩托车有限公司诉美顺国际货运有限公司海上货物运输合同纠纷案中，宁波海事法院认可了被告提出的不方便法院异议，认为涉案货物是在我国宁波港装运，宁波海事法院对该案件具有管辖权，但表示其系不方便法院，理由如下：一是原、被告双方均系美国注册的公司，案件的审理不涉及我国公民、法人或者其他组织的利益；二是原、被告没有约定选择宁波海事法院管辖的协议，且本案争议不属于我国法院专属管辖；三是案件争议的主要事实，即被告是否在目的港无单放货这一事件并不在我国境内发生，从证据的公证、认证和证明程序，对可能适用的美国法律的熟悉程度及对它的查明，对裁判等法律文书的承认和执行以及案件审理的效率等方面考虑，本院受理本案非常不便利；四是涉案货物交付地及无单放货争议事实的发生地在美国，美国当地法院对本案享有管辖权，且审理该案件更加方便，更有利于原告及被告参加庭审、证人出庭、证据收集和出示还有裁判文书的承认和执行等。综上，本案在美国当地法院受理，对双方当事人参加诉讼都较为便利，且不会损害原告方的合法权益，故被告提出的管辖异议成立，并裁定驳回原告的起诉请求。该案虽然并非涉外知识产权案件，但宁波海事法院在该案审理中对“不方便法院原则”的分析和运用方式完全可以适用于涉外知识产权案件的审理。在李道之、班提公司与徐有木、建发公司、Castel Freres SAS 侵犯商标专用权及不正当竞争纠纷一案中，温州中院受理后，Castel Freres SAS 在答辩期内提出

① 宁波海事法院（2008）甬海法商初字第 277 号民事裁定书。

② 温州市中级人民法院（2009）浙温知初字第 277 - 3 号民事裁定书；浙江省高级人民法院（2011）浙辖终字第 9 号民事裁定书。

管辖权异议，认为本案涉及两个独立的诉，即徐有木销售被控侵权产品所涉侵犯商标专用权纠纷和建发公司从 Castel Freres SAS 处进口被控侵权产品所涉侵犯商标专用权纠纷，两诉之间相互独立，并无必然关联，不具备合并审理的条件，温州中院对上述第二个诉由提起的诉讼不具有管辖权；依据国际民事诉讼领域普遍适用的“不方便法院原则”，建发公司、Castel Freres SAS 设在中国的代表处均在上海，作为原告之一的班提公司也在上海，温州中院审理本案存有诸多不便，且原告选择徐有木的所在地提起诉讼，属刻意制造连接点，规避管辖的行为，故本案不应由温州中院审理。温州中院经审理认为，根据《最高人民法院关于审理商标民事纠纷案件适用法律若干问题的解释》第七条之规定，本案系针对不同被控侵权行为实施地的多个被告提起的共同诉讼，李道之、班提公司可以选择其中任何一个被告的被控侵权行为实施地人民法院管辖。本案中，李道之、班提公司系以徐有木、建发公司、Castel Freres SAS 为共同被告提起诉讼，由于被告之一的徐有木的被控侵权行为实施地位于温州中院辖区范围内，故温州中院依法对本案享有管辖权。至于 Castel Freres SAS 提出的本案主体涉及多个国家从而原审法院有管辖权的主张则缺乏法律依据，该院不予采纳。Castel Freres SAS 不服，向浙江高院提起上诉。浙江高院作出裁定：驳回上诉，维持原裁定。

我国 2015 年 2 月 4 日开始施行的《民事诉讼法司法解释》首次以立法形式确立了涉外民事案件的不方便法院制度。分析条文可知，我国法律规定的“不方便法院原则”具有如下几个特点。

（一）启动主体。我国“不方便法院原则”适用的启动主体是被告一方，即只能由被告主动提出相关请求，我国法院即便发现自己是不方便法院也不得依职权行使。

（二）启动程序。被告认为案件更适于外国法院管辖的，应向我法院提出请求或者提出管辖权异议，以启动“不方便法院原则”的适用。

（三）“不方便法院原则”适用的条件。（1）不存在选择我国法院管辖的协议，这体现了法律对意思自治原则的遵守和尊重，既然双方当事人都事先自愿将纠纷交由我国法院管辖，就不得再提出“不方便法院原则”，以体现民事诉讼中的诚实信用原则，禁止当事人擅自反悔，确保协议管辖的有效性。（2）依法不属于我国法院的专属管辖范围，涉外民事案件的专属管辖是法律强制规定某些特定类型的案件只能由我国法院行使排他性管辖权，它是出于对社会公共利益的考虑而规定的，因此不允许被告适用“不方便法院原则”来排除我国法院的管辖。（3）不得损害我国国家、公民、法人或者其他组织的利益。（4）案件与我国联系十分微弱，我国法院审理相关案件极不方便。主要表现为：主要争议事实不发生在中国境内，且案件的审理不适用我国法律；我国法院审理案件在认定事实和适用法律方面存在重大困难。（5）可替代的更方便的外国法院具有管辖权，且审理相关案件更加方便。

由上可知，《民事诉讼法司法解释》中关于“不方便法院原则”的规定与我国之前司法实践中的做法是一致的。

在涉外知识产权案件的审理中，特别是针对本国当事人侵害外国知识产权案件以及外国当事人侵害外国知识产权案件的管辖问题，我国法院虽可以在特定情况下对案件行使管辖权，但在其他国家法院亦对该案件具有管辖权的情况下，管辖权的积极冲突几乎是不可避免的。因此，根据我国相关法律规定，总结审判实践经验，在存在“平行诉讼”的情况下，如果案件涉及我国国家、公民、法人或其他组织的利益，我国法院根据案件情况，可以在特定情况下行使管辖权，无论外国法院受理该案件的时间是否先于我国法院受理案件的时间。当然，该类案件还涉及我国法院行使管辖权后，应当适用哪国法的问题，如果适用外国法还涉及外国法的查明以及作出的判决的承认与执行问题。但无论何种情形，只要我国法院作出判决在先，我国法院均可以拒绝受理外国法院申请或当事人关于请求我国法院承认和执行外国法院裁判的申请。

在涉及多个国家均对某一涉外知识产权案件具有管辖权的情形下，当事人作为自身利益的最佳判断者，往往综合权衡各种因素而选择对自己最有利的国家法院进行管辖，这本无可厚非，但有些纠纷在当事人选择我国法院管辖时，我国法院依据我国法律相关规定虽具有管辖权，但如在相关案件审理上存在较大困难，无论是涉外送达、调查取证、证据保全、开庭审理、法律适用及判决承认与执行等方面都有诸多不便时，我国法院可运用“不方便法院原则”拒绝行使管辖权，这不仅有利于案件的公正、高效审理，也有利于维护我国司法的权威性，同时赢得其他国家对我国司法的尊重。

论不可分割合作作品

——以《北京爱情故事》著作权纠纷为例*

李伟民**

内容摘要：合作作品意指多人参与创作，成果不可分的作品。合作作品与其他多人创作的作品最大区别是贡献无法区分、成果无法分割、组成部分不可单独利用性。多数国家著作权法规定合作作品属于不可分割的作品类型，只有少数国家规定了“可分割合作作品”。中国现行《著作权法》第 13 条和《著作权法修订草案送审稿》第 17 条属于“可分割合作作品”的立法模式，但在实践应用中常常产生争议。本文认为，应该对《著作权法》合作作品制度进行完善，废除“可分割合作作品”的规定，建立新的合作作品制度，明确规定“两位或两位以上作者出于共同创作的目的，共同参与创作，贡献无法区分、成果不可分割、不可单独使用的作品是合作作品”。同时对共同共有的合作作品使用规则作出明确规定，以减少理论与实践的矛盾。

关键词：著作权法修改草案　多人作品　不可分割合作作品　共同共有

前　言

随着社会发展，多人共同创作作品成为常态，多人创作的作品有汇编作品、合成作品、合作作品等形式，其中合作作品是最为典型的多人作品。合作作品（works of joint authorship）是针对相对单一（single）创作者（creator）

* 该文全文刊登于《暨南学报》(哲学社会科学版)2017年第7期。

** 李伟民，法学博士，中国政法大学法学博士后，中国政法大学知识产权研究中心研究员，伟博律师事务所律师。

所创作的作品（works）而言的，创作作品的作者至少是两人或者两人以上，作品是一个完整不可分的整体。我国现行《著作权法》第 13 条是对合作作品的规定，其将合作作品界定为两人或者两人以上合作创作的作品；规定没有参加实质创作的人，不是合作作品的合作作者；并且规定了“可分割合作作品”制度——合作作品可以分割使用的，作者对各自创作的部分可以单独享有著作权。[①] 目前，我国《著作权法》正在进行第三次修改，共有三个修改草案向社会公布，[②]《著作权法修订草案送审稿》（以下简称《修订草案送审稿》）第 17 条是“合作作品”的规定，未做实质修改，增加了第 3 款、第 4 款，明确了不可分割使用合作作品作者的共有关系，增加了使用中的协议一致、目的理由正当、收益分配等原则，明确了合作作者享有侵权追诉的权利。《修订草案送审稿》第 17 条第 3 款是《著作权法实施条例》第 9 条的现有规定。[③]

对于合作作品，理论界认识不一。对于《著作权法》第 13 条第 2 款，有学者认为我国合作作品分“可分割的合作作品”和“不可分割的合作作品”。[④] 更多的学者认为我国合作作品分“可以分割使用的合作作品”和“不可分割

---

① 我国现行《著作权法》于 1990 年第七届全国人民代表大会常务委员会第十五次会议通过，1991 年 6 月 1 日正式生效，2001 年第一次修改，2010 年第二次修改，第三次修改正在进行中。

② 国家版权局 2012 年 3 月 31 日公布《中华人民共和国著作权法（修改草案）》，关于《中华人民共和国著作权法（修改草案）》的简要说明见国家版权局网站，http://www.ncac.gov.cn/chinacopyright/contents/483/17745.html。国家版权局 2012 年 7 月 6 日公布的《中华人民共和国著作权法（修改草案第二稿）》，关于《中华人民共和国著作权法（修改草案第二稿）》修改和完善的简要说明见国家版权局网站，http://www.ncac.gov.cn/chinacopyright/contents/483/17753.html。国务院法制办公室 2014 年 6 月 6 日公布的《中华人民共和国著作权法（修订草案送审稿）》，关于《中华人民共和国著作权法（修订草案送审稿）》的说明见国务院法制办公室网站，http://www.chinalaw.gov.cn/article/cazjgg/201406/20140600396188.shtml，2016 年 5 月 28 日最后一次访问。

③ 参见《著作权法实施条例》第 9 条，合作作品不可以分割使用的，其著作权由各合作作者共同享有，通过协商一致行使；不能协商一致，又无正当理由的，任何一方不得阻止他方行使除转让以外的其他权利，但是所得收益应当合理分配给所有合作作者。

④ 国内有学者认为，《著作权法》第 13 条第 2 款是“可分割合作作品”的规定，“合作作品可以分割使用的，作者对各自创作的部分可以单独享有著作权，但行使著作权时不得侵犯合作作品整体的著作权。”参见曾兴华《合作作品的著作权归属和保护》，《西南政法大学学报》2000 年 9 月第 2 卷第 5 期，第 26 ~ 31 页；曹新明《合作作品法律规定的完善》，《中国法学》2013 年第 3 期，第 39 ~ 49 页；冯涛《可分割使用的合作作品的权利争议与对策——以社会科学教科书为分析对象》，《中国版权》2011 年第 3 期，第 33 ~ 35 页。

使用的合作作品”。[①] 本文认为“可分割合作作品”和“可以分割使用合作作品”属于同义表述，本文采用“可分割合作作品”的表述。有学者认为，合作作品立法有广义说和狭义说两种立法模式，我国采用的是广义说。[②] 也有学者认为，著作权法所采取的合作作品立法模式有三种，“狭义说、广义说、折中说”，我国著作权法采用的是“广义说”，广义模式是指合作作品包括“不可分割使用的合作作品”和“可以分割使用的合作作品”。[③] 按该理论，多数国家著作权法关于合作作品是“狭义说”，属于“不可分割”。《修订草案送审稿》第 17 条第 2 款、第 3 款进一步明确了“可以分割使用的合作作品”和“不可分割使用的合作作品”，与现行《著作权法》合作作品的规定没有实质进步和改变，与所谓的“广义说”一致。

立法的缺陷，造成大家对“合作作品”理解和解释的不一致，我国“可分割合作作品”的立法规定和学理解释明显违背了“合作作品”制度产生的本意，实践中，可分割合作作品的案例和解释也是捉襟见肘，难以支撑理论，这次《著作权法》第三次修改，有必要对“合作作品”进行重新定位。

一　比较法视野下的合作作品制度

英美法系的版权法和大陆法系的著作权法差异较大，但是立法背景大致相同，成文法均制定于工业革命前夕，均以作品系个人独立创作的社会现实为立法前提。[④] 在《版权法》《著作权法》产生的初期，作品创作多以

---

① 参见李明德《知识产权法》，法律出版社，2008，第 63 页；王昌硕、陈丽频《知识产权法原理及要案评析》，光明日报出版社，1996，第 36 页；齐爱民、周伟萌《著作权法体系化判解研究》，武汉大学出版社，2008，第 10 页；王迁《著作权法学》，北京大学出版社，2007，第 159 页；潘灿君《著作权法》，浙江大学出版社，2013，第 62 页。

② 参见齐爱民、周伟萌《著作权法体系化判解研究》，武汉大学出版社，2008，第 10 页。

③ 参见卢海君《我国合作作品立法模式的缺陷与改革——以我国〈著作权法〉第 13 条的修订为背景》，《中国出版》2012 年第 3 期。“就合作作品的立法模式，归纳起来，主要有以下三种：狭义模式、广义模式和折中模式。狭义模式认为，合作作品仅包括不可分割使用的合作作品；广义模式认为，合作作品包括不可分割使用的合作作品和可以分割使用的合作作品；折中模式认为，合作作品包括不可分割使用的合作作品和可以分割使用但相互依赖的合作作品。我国现行著作权法所采取的合作作品立法模式是广义模式。”

④ 参见孙新强《论作者权体系的崩溃与重建》，《清华法学》2014 年第 2 期，第 130 ~ 145 页。

单个主体为主，确定著作权归属的原则为“创作人为作者”“著作权属于作者”，这种归属原则清楚明了，适用起来非常方便。

当电影等新型作品出现后，传统著作权归属原则立刻面临挑战，电影是典型的多人创作作品，根据传统的著作权法理论，参与电影制作的导演、摄像、编剧、作词、作曲、演员都参与了电影作品的实质创作。[①] 根据“创作人为作者”“著作权属于作者”的著作权归属原则，电影作品应该属于参与创作的所有作者共有的作品。但是如果把著作权给予其中任何一位作者，其他作者的权利保护就会难以保障，同时电影作品创作需要巨额资金，创作周期较长，风险巨大，需要专业的投资者参与其中，如何保护投资者的投资利益，是电影产业健康发展的保障。制片者、投资者和其他参与者的法律地位如何确立、利益如何平衡，这些都需要智慧。由于参与创作电影的作者人数众多，部分国家把电影作品作为“合作作品”，成果由参与创作人员共同享有，大陆法系国家多采用该种立法模式。

电影业发达的美国在其制定版权法的过程中，如何对待电影作品的著作权归属，也面临挑战和选择，曾经出现过按“合作作品”对待的选择方案，但最终放弃了“合作作品”的过渡方案。[②] 实践证明，把电影当作合作作品，不利于保护投资者（制片者）的利益，另外，由于权利主体众多，也不利于电影作品的顺利流转，投资人利益得不到保障。法院经过相关判例的发展，判决电影作品的著作权属于雇主，最终以成文法的形式确立了“视为作者”原则，也称“雇佣作品”原则（the works made for hire），[③] 把电影作

① 参见陈明涛《电影作品的作者身份确认及权利归属研究》，《知识产权》2014 年第 6 期。

② H. R. Rep. No. 94 – 1476, 94th Cong., 2d Sess. 121 (1976). Section 201 (a) defines a joint work as one "prepared by two or more authors with the intention that their contributions be merged into inseparable or interdependent parts of a unitary whole." The 1976 Act emphasizes the intent of the authors at the time of their respective contributions.

③ Congress first codified the work for hire doctrine in the Federal Copyright Act of 1909. 1, 17 U. S. C. § 201 (1982) (Historical and Revision Notes: House Rep. No. 94 – 1476) ("Section 201 (b) ...adopts one of the basic principles of the present law: that in the case of works made for hire the employer is considered the author of the work, and is regarded as the initial owner of copyright unless there has been an agreement otherwise."). Section 201 (b) reads: In the case of a work made for hire, the employer or other person for whom the work was prepared is considered the author for purposes of this title, and, unless the parties have expressly agreed otherwise in a written instrument signed by them, owns all of the rights comprised in the copyright.

品的制片者视为作者，正因为制片者是作者，所以享有电影作品完整的著作权，制片者是法律上的作者，其他参与人员是事实上的作者。[①] 美国《版权法》没有明确把电影作品作为“合作作品”，而是作为典型的“雇佣作品”，创作者不享有电影作品的著作权，“雇主”享有电影作品的著作权。美国《版权法》在“视为作者”原则之外设立了“合作作品”制度，第201条（a）款规定：“合作作品的作者为该作品版权的共同所有人”。第101条规定：“合作作品”，是指“由两位或两位以上作者本着使各自的创作融合为一个不可分割或者相互依存的整体之意向而共同完成的作品”。[②] 英国《版权法》把电影作为典型的“合作作品”，该法第1章10规定：“本编中‘合作作品’是指由两个或以上的作者合作完成的，且各个作者对作品的贡献不易于区分。电影应该被视为合作作品，除非该制作者与导演是同一人。”[③]

在著作权法领域，大陆法系国家普遍不接受美国《版权法》“视为作者”原则，部分国家把电影作品直接作为“合作作品”对待，把导演、编剧、作词、作曲等参与电影创作的人员当作是电影作品的共同作者。[④] 电影

① See, e. g. , May v. Morganelli-Heumann and Assocs. , 618 F. 2d 1363 (9th Cir. 1980); Murray v. Gelderman, 566 F. 2d 1307 (5th Cir. 1978); Scherr v. Universal Match Corp. , 417 F. 2d 497 (2d Cir. 1969); Brattleboro Publishing Co. v. Winmill Publishing Corp. , 369 F. 2d 565 (2d Cir. 1966); Bernstein v. Universal Pictures, Inc. , 379 F. Supp. 933 (S. D. N. Y. 1974), rev'd on other grounds, 517 F. 2d 976 (2d Cir. 1975); Charron v. Meaux, 60 F. R. D. 619 (S. D. N. Y. 1973); Royalty Control Corp. v. Sanco, Inc. , 175 U. S. P. Q. (BNA) 641 (N. D. Cal. 1972); IrvingJ. Dorfman Co. v. Borlan Indus. , Inc. , 309 F. Supp. 21 (S. D. N. Y. 1969); VanCleef and Arpels, Inc. v. Schechter, 308 F. Supp. 674 (S. D. N. Y. 1969); Kinelow Publishing Co. v. Photography in Business, Inc. , 270 F. Supp. 851 (S. D. N. Y. 1967); Electronic Publishing Co. , v. Zalytron Tube Corp. , 151 U. S. P. Q. (BNA) 613 (S. D. N. Y. 1966), aft'd, 376 F. 2d 593 (2d Cir. 1967). See also NIMMER, supra note 8, § 5. 03 [D], at 5 - 27 ["Ilnitial ownership of rights in a work made for hire are only presumed to be in the employer (or commissioning party), which presumption may be re-butted by an express agreement in writing between the parties"].

② See Robert P. Merges, Peter S. Menell, Mark A. Lemley, Thomas M. Jorde, *Intellectual Property in the New Technological Age*，齐筠、张清、彭霞、尹雪梅译，中国政法大学出版社，2003，第335页。参见杜颖、张启晨译《美国著作权法》，知识产权出版社，2013，第4页。英文原文：A "joint work" is a work prepared by two or more authors with the intention that their contributions be merged into inseparable or interdependent parts of a unitary whole。

③ 参见《十二国著作权法》翻译组《十二国著作权法》，清华大学出版社，2011，第571页。

④ 德国《著作权法》第89条，日本《著作权法》第10条第1款，法国《知识产权法典》第L. 112 - 2条第6项和第L. 113 - 7条。

和类似电影创作方法创作的作品成为著作权法中常见的、主要的合作作品类型。我国《著作权法》在电影作品著作权归属问题上，兼采美英《版权法》的"视为作者"原则和"合作作品"制度，法律直接规定电影作品的著作权属于制片者享有，同时保留其他参与作者的署名权，电影作品著作权归属制度最为特殊。[①]

美国、英国《版权法》明确规定"合作作品不可分割"。多数大陆法系国家著作权法明确规定"合作作品"属于"不可分割"合作作品，[②] 比如德国《著作权法》第8条、印度《著作权法》第2条。日本《著作权法》、意大利《著作权法》、南非《版权法》、韩国《版权法》也明确规定"合作作品不可分割"。

只有极少数国家著作权法采用了"可分割合作作品"的立法模式，俄罗斯《知识产权法》第1258条规定了"合作作品"，分"不可分割"和"可分割"的合作作品。[③] 我国"合作作品"的立法模式与俄罗斯基本一致。值得注意的是，"合作作品"是典型的多人创作作品，但是多个主体创作的作品还有结合作品[④]、汇编作品[⑤]、集体作品[⑥]、集合作

① 我国《著作权法》第11条"由法人或者其他组织主持，代表法人或者其他组织意志创作，并由法人或者其他组织承担责任的作品，法人或者其他组织视为作者"的规定，似乎采纳了美法的"视为作者"原则。但是，该法第15条"电影作品和以类似摄制电影的方法创作的作品的著作权由制片者享有，但编剧、导演、摄影、作词、作曲等作者享有署名权，并有权按照与制片者签订的合同获得报酬"的规定，似乎认为"编剧、导演、作词、作曲"是电影作品的共同作者，又具有"合作作品"的因素。

② 参见郑成思《版权法》，中国人民大学出版社，1990，第190页。

③ 参见《十二国著作权法》翻译组：《十二国著作权法》，清华大学出版社，2011，第432页；《俄罗斯知识产权法——〈俄罗斯联邦民法典〉第四部分》，张建文译，知识产权出版社，2012，第24页；《俄罗斯联邦民法典》1258条规定："通过共同的创造性劳动创作了作品的公民，无论该作品是一个不可分割的整体，还是可以分出各个具有独立意义的部分，都视为共同作者。"

④ 参见《德国著作权法》第9条，"多个作者为了共同利益而相互结合其作品，每一位作者有权对自己的部分单独发表、利用或者修改"。

⑤ 多国著作权法有汇编作品的规定。参见美国《版权法》101条；中国《著作权法》第14条，"汇编若干作品、作品的片段或者不构成作品的数据或者其他材料，对其内容的选择或者编排体现独创性的作品，为汇编作品，其著作权由汇编人享有，但行使著作权时，不得侵犯原作品的著作权"。

⑥ 法国《知识产权法》第L.113－2条，"集体作品是指由一自然人或者法人发起并由该人编辑、出版及发表的作品，且参与创作的多个作者的贡献已经融入到作品整体中，不可能就已经完成的整体赋予他们中任何一人以单独的权利"。

品[1]等制度。“合作作品”与其他多人创作作品明显的区别是，“合作作品”的作者具有“创作合作作品的合意”，属于“贡献无法区分”“成果不可分割”“不可单独利用性”。

二 《北京爱情故事》著作权纠纷拷问可分割合作作品制度

实践中，合作作品的案例基本上都是“不可分割的合作作品”，寥寥无几的“可分割的合作作品”判例也是理解的偏差和错误所造成。本篇以《北京爱情故事》著作权纠纷为例，来论述合作作品的构成要件、性质和特征，同时指出，实践中不可能存在“可分割的合作作品”，我国“可分割的合作作品”理论存在严重缺陷，应该尽早删除“可分割的合作作品”的规定，回归合作作品制度的本意和初衷。

39集情感都市剧《北京爱情故事》（以下简称《北爱》）2010年在国内热播，引起了收视热潮，深受观众喜爱，李亚玲和陈思成[2]是该剧的共同编剧。这部由陈思成导演，陈思成、李晨、张译、杨幂、佟丽娅、张歆艺、莫小棋等明星主演，一帮青年在北京恋爱与生活的现代爱情片，讲述了一群“北漂”在北京面对情感、物质诱惑和现实时所做出的不同选择和生活方式及态度。该剧于2010年12月8日在浙江卫视首播，受到公众好评，其他电视台陆续纷纷播出。[3] 该剧的共同编剧李亚玲、陈思成却闹起了矛盾，最终对簿公堂，陆续发生了两起著作权诉讼，该文的作者是该剧著作权案件的诉讼代理人之一，见证了《北爱》的成名和纷争。[4]

---

① 参见杜颖、张启晨译《美国著作权法》，知识产权出版社，2013年1月版，第2页。美国《版权法》101条定义，“集合作品，是指诸如期刊、选集、百科全书等，由可分割且独立的诸多文稿作品组合而成的一个整体”。例如，《知识产权》期刊就是一个集合作品。

② 陈思成于2012年微博认证改名为“陈思诚”，鉴于此次纠纷案件时间较早，判定结果及全文仍沿用旧名。

③ 参见新浪娱乐报道，http://ent. sina. com. cn/v/m/2012-01-06/11313526728. shtml，2016年1月18日浏览。

④ 《北爱》的剧本由李亚玲和陈思成共同创作，但是陈思成对外声明，《北爱》1~10集由自己单独所创作，2012年8月李亚玲向北京西城法院提起了确认《北爱》是合作作品的诉讼，主张自己对《北爱》1~39集享有著作权。本论文作者是原告李亚玲的诉讼代理律师之一。

原告李亚玲诉称，2009 年其与陈思成联合开始创作，至 2010 年 1 月完成《北爱》剧本。2010 年 3 月 23 日，陈思成亲笔书写委托书，承认其与李亚玲共同创作完成了《北爱》剧本，委托李亚玲代为办理著作权相关事宜。2010 年 4 月李亚玲在四川省版权局进行了《北爱》版权登记，版权证书号：21—2010—A（7157）—0177，版权登记证书上注明著作权人为：陈思成、李亚玲。① 随后，两人因为报酬问题产生分歧，2012 年 7 月 16 日，陈思成在北京举行记者见面会，陈思成和律师公开声称，《北爱》的人物、情节、故事梗概、构思等工作由其一人完成，陈思成个人单独享有《北爱》的著作权，陈思成只是委托李亚玲办理《北爱》的版权登记事宜，李亚玲不享有《北爱》的著作权。李亚玲以陈思成完全否认了李亚玲的作者身份，严重侵害了其作为合作作者应享有的著作权相关权利为由，于 2012 年 8 月向北京市西城区人民法院提起民事诉讼，要求法院依法确认“原告与被告共同创作了《北爱》剧本，两人为合作作者。”② 北京市西城区人民法院于 2012 年 12 月 7 日作出一审判决，判决主文如下：“综上，依照《中华人民共和国著作权法》第十一条、第十三条第一款，《最高人民法院〈关于审理著作权民事纠纷案件适用法律若干问题的解释〉》第七条之规定判决如下：确认陈思成、李亚玲为三十九集电视剧《北爱》剧本的共同著作权人。”③ 该判决书下发送达双方当事人之后，双方当事人都没有上诉，该判决内容已经生效。法院依据《中华人民共和国著作权法》第十一条、第十三条第一款作出了判决，认为《北爱》剧本为编剧陈思成、李亚玲的合作作品，并且属于《著作权法》第十三条第一款的“不可分割的合作作品”。

编剧陈思成和其代理律师在诉讼之初主张陈思成单独享有《北爱》剧本全部著作权，庭审中改变主张，认为《北爱》1～10 集的著作权属于自己单独享有，似乎认为《北爱》属于可分割的合作作品，但是其主张没有获得法院支持。通过该案例可以看出，在合作作品里，再来区分“可分割合作作品”，存在重大障碍，似乎理论不通、逻辑也不通。通过该案

① 参见北京市西城区人民法院（2012）西民初字第 24131 号民事判决书。

② 参见北京市西城区人民法院（2012）西民初字第 24131 号民事判决书。

③ 参见北京市西城区人民法院（2012）西民初字第 24131 号民事判决书。

判决的研究，再一次引发大家对《著作权法》“可分割合作作品”制度的反思。

合作作品与单人创作作品相对应，多人创作的作品还有结合作品、汇编作品、集合作品和合成作品等，只有具备一定要件的多人作品才能成为合作作品。合作作品的构成要件，理论界有“二要素说”和“三要素说”，“二要素说”认为构成合作作品，合作作者之间必须具有合作创作的意思，并且参与创作的作者之间要有合作创作的事实；“三要素说”认为，合作作品除了要符合“合意”“合创”两个条件外，还应具有单一的形态，即作品是一个不可分割的整体，不论是内容还是创作方法，各创作者的创作已经融为一体。①

本文认为合作作品的成立，必须同时满足以下四个要件。首先，参与创作的主体是两人以上，包括两人在内。这里的“人”常见的是自然人，还可以是法人、其他组织等。其次，主体具有共同参与和完成作品的合意，合意可以是书面的，也可以是口头的；可以是明示的，还可以是默示的。再次，主体具有实质创作行为。为作品仅仅提供辅助性劳动，没有进行实质创作的不属于合作。最后，主体对作品的贡献不可分，成果不可分。合作作者对作品的贡献大小无法量化，数量和质量都无法量化，单个部分排除单独利用性。《北爱》剧本四个要件都具备，是典型的合作作品，并且属于不可分割的合作作品。

（一）《北爱》剧本有两个作者

参与创作的主体是多人。《北爱》电视剧的片头、片尾显示，编剧：陈思成、李亚玲。另外根据21—2010—A（7157）—0177版权登记证书显示，著作权人：陈思成、李亚玲。编剧、作者、著作权人，三者高度一致，《北爱》剧本就是有两个自然人作者。

谁创作了合作作品，是首要解决的问题。结合《著作权法》和相关司法解释，参与实际创作、对作品具有实质贡献的人是合作作品的作者，仅

① 参见潘灿君《著作权法》，浙江大学出版社，2013，第60页。也有学者持近似“三要素”的观点，参见冯晓青《著作权法》，法律出版社，2010，第124～125页。

提供辅助性工作的人不是作者，因此也不是合作作品的作者。[①] 根据《著作权法实施条例》、最高人民法院的司法解释，对在作品上署名的人，如果没有相反证据证明，就推定为作品的作者。一般情况下，创作作品的人是作者。同时，法律认可“推定作者”，但是“事实作者”可以推翻“推定作者”。也就是说，对合作作品有实质贡献或者依据初步证据推定为作者的人才能是合作作品的作者。在作品上署名及版权登记证书的登记是认定作者的初步证据，除非有相反证据。[②]

（二）《北爱》剧本两个作者有共同参与创作的合意

多个创作主体之间，具有创作合作作品的意思表示。这种意思表示常常以合约、协议、口头约定或者实际行为体现出来。著作权是私权，合同或者协议在权利、义务安排中，作用非常明显。《北爱》创作过程中，陈思成、李亚玲之间没有签订书面的剧本创作合同，根据案件事实，两人之间以口头约定、实际行动的方式完成了《北爱》剧本的创作行为，根据《合同法》原理，二人之间形成了创作“合作作品”的“事实合同”。[③]

共同创作的意思表示在本案中非常明显，当陈思成邀请李亚玲参与正在进行中的剧本的创作时，二者之间即形成共同创作的合意。在实践中，多数合意是创作之前达成的合意，少数是在创作过程中达成的合意，但是无论如何不能是作品创作完成后达成合意，因为创作完成后达成合意，其实就是作品已经客观形成，这就属于作品的著作权转让而非共同创作的问题了。《北爱》剧本的两个作者是在创作过程中达成的合意，具有特殊性。

---

① 《著作权法实施条例》第 3 条规定：“创作，是指直接产生文学、艺术和科学作品的智力活动。为他人创作组织工作，提供咨询意见、物质条件，或者进行其他辅助工作，均不视为创作。”

② 参见《最高人民法院关于审理著作权民事纠纷案件适用法律若干问题的解释》第七条，“当事人提供的涉及著作权的底稿、原件、合法出版物、著作权登记证书、认证机构出具的证明、取得权利的合同等，可以作为证据。在作品或者制品上署名的自然人、法人或者其他组织视为著作权、与著作权有关权益的权利人，但有相反证明的除外。”

③ 《合同法》第 10 条第 1 款规定：当事人订立合同，有书面形式、口头形式和其他形式。根据《最高人民法院关于适用〈中华人民共和国合同法〉若干问题的解释（二）》的第 2 条规定：“当事人未以书面形式或者口头形式订立合同，但从双方从事的民事行为能够推定双方有订立合同意愿的，人民法院可以认定是以合同法第十条第一款中的‘其他形式’，订立的合同。”

再一点，合意必须不是产生委托作品、职务作品、演绎作品、汇编作品、集合作品、合成作品的合意，仅仅只能是创作合作作品的合意。创作者在存在产生合作作品意思的情况下，所产生的作品才是合作作品，当不存在共同创作合作作品意思的情况下，所形成的作品可能是演绎作品，也可能是合成作品或者集合作品。

（三）《北爱》剧本两个作者有共同参与创作的行为

多个主体有共同参与创作的行为。多个主体必须对作品的产生具有实质贡献，仅有辅助性劳动或仅仅提供物质条件、体力方面的帮助的不能是合作作品的作者。因为非实质创作行为，不构成合作作品的作者，也不享有合作作品的著作权。《著作权法实施条例》第3条规定："创作，是指直接产生文学、艺术和科学作品的智力活动。为他人创作组织工作，提供咨询意见、物质条件，或者进行其他辅助工作，均不视为创作。"

在《北爱》的创作中，陈思成把1～10集电视剧剧本初稿发给李亚玲修改，进行通稿和再创作，并且李亚玲完成了后续的剧本创作，这些劳动非辅助性的劳动，属于《北爱》实质创作的行为，等于李亚玲重新参与了前10集及共同完成了后续剧本的创作。虽然著作权法不保护影视作品的人物、桥段、情节等，但是二位编剧对人物、桥段、情节的选定、调整及修改，并最终以特殊的方式体现出来，这些工作是实质创作行为，《北爱》剧本是陈思成和李亚玲在反复商谈和交流的基础上，共同创作的成果。

（四）《北爱》的两个作者对剧本的贡献不可分、成果不可分

庭审中，原告李亚玲的代理律师认为，当陈思成把《北爱》的前10集的故事梗概、大纲发给编剧李亚玲进行修改、完善，再行写出后续剧本的行为，是一种新的共同创作行为，编剧李亚玲的创作行为已经融入了《北爱》电视剧剧本，其实就是两人对《北爱》剧本的贡献难以区分，事实也无法区分，无法具体量化，就是"你中有我，我中有你"。陈思成提供了1～10集剧本初稿，李亚玲进行修改润色，并完成后续部分的创作，让前后浑然一体，成为一部完整的电视剧，二位作者的创作部分相互融合，交织一起，无法分辨剧本中哪些部分是由陈思成完成，哪些部分是由李亚玲所

完成，只能规定二位作者对作品共同所有，可共同决定权利的行使。因此，不论李亚玲对《北爱》剧本贡献多大，她都享有整个剧本完整的著作权，即《北爱》剧本 1～39 集完整的著作权，而不是 11～39 集的著作权，不是部分著作权，更不是分割的著作权。

合作作品利益可分割不等于作品本身可以分割。实践中合作作品的作者各方常常通过协议对合作作品所产生的经济利益进行分割、安排，但是我们不能以合作作品的利益具有可分性，就当然得出合作作品具有可分性、单独利用性的结论。庭审中，原告代理律师坚持认为，电视剧的集数不能分割，况且也不能单独播放，最终也获得法院支持。很显然，《北爱》剧本属于不可分割的合作作品，原告与被告为共同合作作者，两人对剧本共同享有著作权。

三　合作作品的本质是不可分，合作作者共同享有完整著作权

合作作品本质就是贡献不可分、成果不可分。当前理论界，在解释"可分割合作作品"时，常常以对合作作品的"人为分割"、"物理分割"作为例证，来证明"可分割合作作品"的合理性，同时来解释《著作权法》第 13 条第 2 款存在的正当性，其实这种解释都是错误的。最常见的是举教科书的例子来说明"可分割使用的合作作品"，例如，甲、乙、丙三位专家共同撰写一本教科书，三人每人写一章，这本书对外享有完整的著作权，三位作者每人对自己的章节享有单独的著作权，这本教科书就是"可分割使用的合作作品"。[①] 也有学者举类似例子来证明"可分割使用的合作作品"，甲乙二位合作创作一本连环画册，连环画由甲创作，文字由乙完成，画和文字说明可以分割开来，各自作为画和故事来使用，所以连环画是

---

① 参见王迁《著作权法学》，北京大学出版社，2007，第 159 页。"例如，某《知识产权法》教材共有 4 章，分'总论'、'著作权'、'专利权'和'商标权'，由 4 名知识产权学者各自撰写。由于 4 章中的每一章都是相对独立于其他章节并且可以单独被使用，各章的著作权都由其撰写者所单独享有并行使。"

“可分割使用的合作作品”。[①] 本文认为，该类例子恰恰证明“合作作品”不可分，因为，这本教科书是存在独特体例结构和编排顺序的“合作作品”，当你拿出任何一章后，该书就会成为一个不完整的作品，此教材（三章体例）非彼教材（四章体例），拿出任何一章后，原作品成为新的作品，二者的性质完全不同。对连环画册而言，画和文字是天然的一个整体，如果画和文字彼此分离，就不是原来的画册，而成为新的美术作品和文字作品。其实，这种“可分割理论”是对原“合作作品”的割裂和破坏，是一种硬生生地人为物理分割，不能以此得出“合作作品”可以分割使用的结论。再一点，教材和画册在体例编排和统稿方面，也是具有独创性的劳动，也受著作权法保护，也不能人为割裂编排顺序和版面设计而单独存在。实践中如果把“教材”“画册”的部分章节单独使用，应该取得“合作作品”著作权人的同意，否则是侵权行为。

有学者用“双重著作权理论”来解释“可分割使用的合作作品”，认为可以分割使用的合作作品的合作作者享有双重著作权，既共同享有合作作品的整体著作权，又分别对各自相对独立创作的那部分享有一定限制的单独著作权。[②] 本文认为，这种观点明显是错误的，“双重著作权理论”解释演绎作品、结合作品、集合作品、汇编作品非常适合，但是合作作品就是一个享有完整著作权的作品，单个主体的创作已经融合，作品组成部分具有不可分性，不可能存在“双重著作权”。

随着社会的发展，人们对“合作作品”的认识也会发生改变。例如，在早期，有学者认为，“在公司法领域，股东对自己出资到公司的财产享有财产权”，该观点看似正确，其实是错误的，现在的公司法理论认为，当股东把自己的财产出资到公司，就意味着自己丧失财产的所有权，而换来对公司的股权，出钱的股东和出实物的股东都将不能再行区分。因为，所有财产是公司的财产，而不是股东的财产，公司对外享有完整的公司财产权。同理，“合作作品”原理也是一样，当多个创作主体共同合意、共同创作合

① 参见王昌硕、陈丽频《知识产权法原理及要案评析》，光明日报出版社，1996，第36页。

② 参见冯涛《可分割使用的合作作品的权利争议与对策——以社会科学教科书为分析对象》，《中国版权》2011年第三期；王昌硕、陈丽频《知识产权法原理及要案评析》，光明日报出版社，1996，第37页。

作作品，就预示着单个作者放弃了自己创作部分的著作权，不享有部分成果的著作权，不具有作品的单独利用性，合作作品以自己的完整性对外成为一个新的整体，而享有一个完整著作权。

多人参与创作的作品形式包括演绎作品、汇编作品、结合作品、集合作品等形式。演绎作品只是演绎者事后对演绎作品进行改变，与原作者之间不存在共同工作，演绎作品的作者不是原作的合作作者；汇编作品、结合作品、集合作品存在“双重版权”的情形；而在合作作品中，共同创作人出于产生一个完整作品的需要而去共同创作，各自的份额不能分开利用。因而，合作作品只产生一个作品，不可能产生多个作品，也仅仅存在一项著作权。

《北爱》著作权纠纷庭审中，被告陈思成在案件审理中辩称，就《北爱》项目，其于2006年独立启动项目策划及创意，搜集整理素材，于2007年完成人物小传，并与2009年10月完成了剧本大纲及前10集剧本，上述作品均已经构成了独立的作品。《北爱》的原始创意以及集中体现创意的作品均系陈思成独立完成。[①] 被告陈思成代理律师在庭审中坚持认为，陈思成享有《北爱》剧本1～10集的单独著作权，原告李亚玲只是代为办理著作权登记事宜，不是著作权人，不享有《北爱》剧本著作权。原告李亚玲的代理律师则在庭审中坚持认为，根据《著作权法》第十三条规定：两人以上合作创作的作品，著作权由合作作者共同享有。《中华人民共和国著作权法实施条例》第九条规定：合作作品不可以分割使用的，其著作权由各合作作者共同享有，通过协商一致行使。最终，法院判决《北爱》剧本属于共同共有的合作作品。

依据我国民法理论，共有分为按份共有和共同共有两类。按份共有是指共有人按照各自份额，对共有财产分享权利、分担义务；共同共有是指共有人对共有财产享有平等的所有权。合作作品是基于作者共同创作意愿而产生的新的作品形式，不是作品的集合或者汇编，不论合作作者其创作成果在作品中占多少的份额，都平等地享有合作作品的人身权利，包括发表权、署名权、修改权和保护作品完整权，同时享有完整的财产权利。合

① 参见北京市西城区人民法院（2012）西民初字第24131号民事判决书。

作作品作者之间非按份共有，而是共同共有关系。

在这次著作权法第三次修改中，有学者建议“合作作品”应该增加“合作作品著作权约定优先”的规定，“合作作者对著作权有约定的，应当优先按照约定享有著作权；合作作者对著作权没有约定的，该合作作品的著作权由合作作者享有”，并以我国著作权法关于“委托作品”及新的“视听作品”的“约定优先”的规定作为支持观点的依据。同时以外国法作为例证，“世界上已有一些国家立法允许合作作者对著作权归属进行约定。例如法国《知识产权法典》第 L. 113－3 条第 2 款规定‘合作作者应协商行使其权利’”。[①] 本文认为该意见有待商榷，第一，“委托作品”“视听作品”关于著作权的归属属于法律的特殊规定，制度规定中存在“著作权法定转让”的情形，其实与现行著作权法“人身权不得转让”理论明显存在冲突。第二，世界各国也没有“合作作品著作权归属约定优先”的立法模式。法国《知识产权法典》第 L. 113－3 条第 2 款“合作作者应协商行使其权利”的规定，只是说对“合作作品的使用协议一致行使”，但并没有对“合作作品著作权的原始归属作规定”。合作作品财产权利的自由约定，不能与合作作品共同共有著作权混同。合作作品的财产权使用及收益可以自由约定，但是合作作品的归属不能自由约定，尤其大陆法系国家受“人身权不得转让”理论的影响，更加不能以“约定优先”来调整合作作品的著作权归属。

本文认为，合作作品的著作权原始归属只能是法定，适用“创作人为作者原则”或者“视为作者原则”。但是合作作者可以对合作作品的经济利益比例和分配作出约定，当然可以适用“约定优先”原则，如果没有约定，则自然适用“共同共有”原则处理：当共有关系存续期间，合作作品为不可分之物，经济利益推定为按共有人人数比例享有，当共有关系消灭时，财产利益按相应比例进行分配，但是作品仍然还是合作作品。

四　我国合作作品制度的立法完善

我国关于“可分割合作作品”的制度违背理论基础，背离制度的本

---

① 参见杨利华、冯晓青《中国著作权法研究与立法实践》，中国政法大学出版社，2014，第 91～92 页。

质，应该属于法律移植的错误，实践中也不存在可分割的合作作品，极易产生争议。我国现行关于“合作作品”的规定，与国际多数国家的立法模式相悖，这次《著作权法》第三次修改，是对“合作作品”进行完善的最佳时机。

《著作权法（修订草案送审稿）》第 17 条“合作作品”的规定与现行《著作权法》《著作权法实施条例》的规定基本一致。第一款：“两人以上合作创作的作品，著作权由合作作者共同享有。没有参加创作的人，不能成为合作作者。”第二款：“合作作品可以分割使用的，作者对各自创作的部分单独享有著作权，但行使著作权时不得妨碍合作作品的正常使用。”第三款：“合作作品不可以分割使用的，其著作权由各合作作者共同享有，通过协商一致行使；不能协商一致，又无正当理由的，任何一方不得阻止他方使用或者许可他人使用，但是所得收益应当合理分配给所有合作作者。”第四款：“他人侵犯合作作品著作权的，任何合作作者可以以自己的名义提起诉讼，但其所获得的赔偿应当合理分配给所有合作作者。”

建议修改如下。

第一款：“两位或两位以上作者出于共同创作的目的，共同参与创作，贡献不可区分、成果不可分割、不可单独使用的作品是合作作品。没有参加创作的人，不能成为合作作者。”

删除原有第二款、第三款。

新增第二款：“合作作品著作权由合作作者共同共有，非经合作作者协商一致，不得行使合作作品著作权。”

新增第三款：“合作作者不得违反诚实信用原则而拒绝其他合作作者行使合作作品著作权。”

新增第四款：“合作作者可以对合作作品经济利益比例作出约定，没有约定的，合作作品利益按合作作者人数比例相应归合作作者享有。”

原有第四款改为第五款：“他人侵犯合作作品著作权的，任何合作作者可以以自己的名义提起诉讼，但其所获得的赔偿，有约定的，按约定利益比例分配，没有约定比例的，应当按合作作者人数比例平均分配给所有合作作者。”

结　语

“不可分性”是“合作作品”的实质特征，“单独利用性”已经成为区分“合作作品”与“结合作品”“汇编作品”等可分性“合作”作品主要的判断标准，“合作作品”的本质在于作品中结合部分的非单独利用性。报纸、期刊、百科全书、文集等作品虽然属于多人“合作”的作品，但都不属于著作权法上的“合作作品”，而属于“汇编作品”或者“集合作品”。我国《著作权法》关于“合作作品”的规定，明显背离了“合作作品”制度的本意，同时，目前也缺少“合作作品”的使用规则，在实践中常常产生争议。在著作权法修改之际，增加“合作作品不可分割”的规定，以和其他“合作”作品作有效区分，同时对“合作作品”使用规则进行明确，有利于“合作作品”的认定、使用和传播。

商标标志装潢性使用的法律后果*

周　波**

引　言

当事人：原告（被上诉人）路易威登马利蒂

被告（上诉人）国家工商行政管理总局商标评审委员会

原审第三人北京德善智业企业策划有限公司

案由：商标异议复审行政纠纷

要旨：商标标志作为商品包装装潢使用，因其难以起到区分商品来源的识别作用，故此类使用证据不应作为认定该商标驰名的依据。

案情：

2009 年 8 月 13 日，北京德善智业企业策划有限公司（简称北京德善公司）向中华人民共和国国家工商行政管理总局商标局（简称商标局）提出第 7617873 号图形商标（简称被异议商标，见图 1）的注册申请，指定使用在第 34 类“烟草、雪茄烟、非医用含烟草代用品的香烟、香烟、小雪茄烟、烟丝、香烟盒、吸烟用打火机、香烟过滤嘴、火柴”商品上。

2002 年 6 月 28 日，路易威登马利蒂向商标局提出第 3226108 号图形商标（简称引证商标，见图 2）的注册申请，经核准注册在第 18 类“皮革及人造皮革、旅行包、旅行用具（皮件）、箱子、钥匙包、卡片夹、议事日程盒”等商品上，专用权期限自 2006 年 5 月 14 日至 2016 年 5 月 13 日。

---

* 本文原载《中华商标》2016年第12期。

** 周波，北京市高级人民法院知识产权审判庭法官，北京航空航天大学法学院在读博士。

图1　被异议商标

图2　引证商标

路易威登马利蒂针对被异议商标于法定期间内向商标局提出异议。商标局经审理认为被异议商标图形与引证商标图形使用商品未构成类似，路易威登马利蒂所称北京德善公司恶意复制、抄袭其驰名商标以及被异议商标的注册和使用易产生不良的社会影响证据不足，依照2001年修改的《中华人民共和国商标法》（简称商标法）第三十三条的规定，商标局裁定：被异议商标予以核准注册。

路易威登马利蒂不服上述裁定，向国家工商行政管理总局商标评审委员会（简称商标评审委员会）提出异议复审申请，主要理由是：被异议商标构成对路易威登马利蒂拥有的驰名引证商标的复制、摹仿；被异议商标与引证商标高度近似，被异议商标被核准注册，会造成相关公众的混淆误认；北京德善公司已注册的多枚商标具有抄袭其他知名时尚品牌的倾向，易产生社会不良影响。综上，被异议商标的申请注册违反了商标法第十条第一款第（八）项、第十三条第二款、第二十八条的规定。

路易威登马利蒂向商标评审委员会提交了以下主要证据：①被异议商标及引证商标的商标档案复印件。用以证明两商标构成类似商品上的近似商标。②用以证明引证商标在中国消费者中广为知晓的证据：2006年2月至2009年6月刊载于《VOGUE》《时尚芭莎》《瑞丽》《MING》《今日风采》等杂志上的包含有介绍引证商标设计渊源报道及包含引证商标使用在箱包、钱包、棋类产品上的杂志封面及内页复印件。③用以证明商标的推广情况，其中包括广告投放，宣传推广活动的证据：中文平面媒体于1996～2000年对于使用“Damier”引证商标的箱包的介绍和报道、2006～2009年相关时尚杂志上包含引证商标使用的箱包等商品的杂志封面和内页复印件及印制的宣传手册、产品目录。④用以证明引证商标在核定使用商品上的产品销售情况的证据：一是，由第三方（外部审计师）安永会计师事务所出具关于带有引证商标的产品在 2006～2009 年在华销售业绩的确认函复印件。其中显示 2006 年包含引证商标使用的“Damier Ebene”皮具商品的销售总额约为人民币 1.71 亿元，并逐年持续增长至 2009 年的约 5.92 亿元。二是，路易威登马利蒂于其官网打印的其在大陆专卖店的清单公证书、显示专卖店数量变化的图表及可见引证商标使用在箱包等商品上的专卖店门店照片。此外，路易威登马利蒂还提交了其所有的“LV”商标的宣传、销售、使用情况及受保护记录，用以证明引证商标具有较高的知名度构成驰名商标。

2013 年 11 月 11 日，商标评审委员会作出商评字〔2013〕第 105567 号《关于第 7617873 号图形商标异议复审裁定书》（简称被诉裁定），认定：被异议商标与引证商标不构成使用在类似商品上的近似商标，被异议商标的注册未违反商标法第二十八条的规定。路易威登马利蒂提交的证据不足以证明引证商标在被异议商标申请日前达到驰名程度，且该商标核定使用的商品与被异议商标核定使用的商品在功能用途等方面存在一定差异。被异议商标的注册不会对路易威登马利蒂的权利造成损害，被异议商标的注册未违反商标法第十三条的规定。路易威登马利蒂关于被异议商标违反商标法第十条第一款第（八）项规定的主张，缺乏事实依据。依照商标法第三十三条、第三十四条的规定，商标评审委员会裁定：被异议商标予以核准注册。

路易威登马利蒂不服，向北京市第一中级人民法院提起行政诉讼。诉讼过程中，路易威登马利蒂提交如下了新证据：①路易威登马利蒂购买的烟盒产品的相关网页打印件的公证书，用以证明被异议商标在实际使用中会与引证商标相混淆。②卡地亚、都彭等品牌所生产的“包、打火机、香烟”等产品的打印件，用以证明被异议商标指定使用商品与引证商标核定使用商品构成类似商品。③北京德善公司申请注册的包括“埃陆威”“宝姿兰带”等其他商标信息，用以证明北京德善公司知晓引证商标，并具有不正当利用他人驰名商标声誉的恶意。④北京市高级人民法院作出的（2014）高行（知）终字第 3438 号行政判决书，用以证明“LV”商标已被认定为驰名，引证商标也应据此认定驰名。

审判：

北京市第一中级人民法院认为，被异议商标与引证商标未构成使用在相同或者类似商品上的相同或者近似商标。引证商标在箱包商品上构成驰名商标，被异议商标属于对驰名商标的复制、摹仿，被异议商标的申请注册已违反商标法第十三条第二款的规定。被异议商标未违反商标法第十条第一款第（八）项的规定。依照 1990 年 10 月 1 日起施行的《中华人民共和国行政诉讼法》第五十四条第（二）项第 1 目之规定，法院判决如下：一、撤销被诉裁定；二、商标评审委员重新作出决定。[①]

商标评审委员会不服原审判决，提起上诉。

北京市高级人民法院经审理认为，路易威登马利蒂在宣传和使用引证商标时，将引证商标作为箱包商品的整体外包装予以使用，在视觉上引证商标与箱包商品的外包装设计混同，且大部分商品将“Louis Vuitton”文字加入包体的设计之中，因此，路易威登马利蒂提交的上述证据不足以证明引证商标在被异议商标申请日前达到驰名程度。其他商标认定为驰名商标的记录不能作为本案引证商标认定为驰名商标的依据。被异议商标指定使用的“烟草、雪茄烟”等商品与引证商标核定使用的“旅行包、箱子”等商品差别较大，即使引证商标达到一定的知名状态，相关公众亦不会将两者混淆误认。被异议商标的申请注册未违反商标法第十三条第二款的规定。综上，北京市高级人民法院依照 2015 年修改的《中华人民共和国行政诉讼法》第六十九条、第八十九条第一款第（二）项、第三款之规定，判决如下：一、撤销原审判决；二、驳回路易威登马利蒂的诉讼请求。[②]

重点评析：

商标获准注册后，商标权人即享有对该商标标志的专用权，亦可以排斥他人未经许可而在相同或者类似商品上使用该标志或与其近似的标志。通常而言，如何使用注册商标是商标权人在其权利范围之内可以自行决定

① 参见北京市第一中级人民法院（2014）一中知行初字第 4702 号行政判决书。

② 参见北京市高级人民法院（2016）京行终 1325 号行政判决书。

的事项。即使是出现了 2013 年修改的商标法第四十九条规定[①]的相关情形，其后果至多也仅是商标权的权利消灭问题。[②] 因此，将商标标志作为商品的包装装潢使用并不为法律所禁止，商标权人完全有权自主决定是否将其商标标志作为商品的包装装潢使用。

但商标标志的装潢性使用，在商标法中涉及多个方面的问题，需要有一个较为全面的认识。本案的审理虽然从一个侧面有助于我们加深对商标标志装潢性使用及其后果的理解，但实际上，对商标标志装潢性使用可以有更多的观察维度。

一　侵权案件[③]中有关商标标志装潢性使用的法律后果

虽然商标权人自己可以对商标标志进行装潢性使用，但他人未经许可能否将商标权人的商标标志作为包装装潢进行使用，这一问题在我国海峡两岸却有着不同的处理方式。

我国台湾地区在相关“立法”中并未就此作出明确规定，相关问题的

① 2013 年修改的商标法第四十九条规定：“商标注册人在使用注册商标的过程中，自行改变注册商标、注册人名义、地址或者其他注册事项的，由地方工商行政管理部门责令限期改正；期满不改正的，由商标局撤销其注册商标。

注册商标成为其核定使用的商品的通用名称或者没有正当理由连续三年不使用的，任何单位或者个人可以向商标局申请撤销该注册商标。商标局应当自收到申请之日起九个月内做出决定。有特殊情况需要延长的，经国务院工商行政管理部门批准，可以延长三个月。”

② 有观点认为，连续、规范地使用注册商标是商标权人的法定义务。如黄晖博士认为，“已经注册的商标，负有连续使用和规范使用的义务。”详见黄晖：《商标法》，法律出版社，2016，第 100 页。但笔者认为，无正当理由连续三年不使用，仅是法律规定的注册商标专用权消灭的法定事由，而非商标权人因商标获准注册而负有的法定义务。王迁教授亦将注册商标连续三年不使用作为商标专用权消灭的情形之一予以对待，参见王迁《知识产权法教程》，中国人民大学出版社，2016，第 471 ~ 477 页。

③ 从性质上看，商标专用权的刑事保护与民事保护并无根本性的差异，二者的区别只是在于侵权程度不同，进而使一般的民事责任转化为刑事责任。因此，可以将民事案件与刑事案件结合在一起，分析商标标志装潢性使用的相关后果。

处理主要是通过判例予以解决的，但相关判例亦存在不同做法。比如同样针对商标权人以外的他人所实施的针对 Burberry 格状花纹商标的装潢性使用行为，否定说认为，“就非以文字或特殊图案组合而成之非传统商标，判断行为人是否成立侵害商标权之行为，应参诸一般社会通念、交易情形及同业间实际使用状况等情节，加以综合判断，并非有类似之花纹、立体形状或颜色等事项出现，即可认为有侵害商标权之情形。”[①] 而肯定说则认为，此类使用行为“足使相关消费者认识其为表彰商品来源之标识，自属商标之使用”，[②] 因此，可以认定其构成商标侵权行为。不难看出，上述两种见解的差异主要在于商标标志的装潢性使用是否应被认定为具有区分商品来源性质的商标使用行为，若认定其为商标使用行为，则必然得出侵权的结论；若不认定其为商标使用行为，则亦无侵权行为之可言。

对此问题，我国大陆地区则通过行政法规的方式作出了明确规定。2002年的《中华人民共和国商标法实施条例》（简称《商标法实施条例》）第五十条第（一）项规定，“在同一种或者类似商品上，将与他人注册商标相同或者近似的标志作为商品名称或者商品装潢使用，误导公众的”，属于 2001年《商标法》第五十二条第（五）项所称“侵犯注册商标专用权的行为”。上述规定在条例修改时变为 2014 年《商标法实施条例》的第七十六条，即“在同一种商品或者类似商品上将与他人注册商标相同或者近似的标志作为商品名称或者商品装潢使用，误导公众的，属于商标法第五十七条第二项规定的侵犯注册商标专用权的行为。”因此，从规范的层面看，在我国大陆地区，未经商标权人同意，他人是不能将商标权人的商标作为商品的包装装潢使用的。司法实践中，相关判例也认定此类行为构成商标侵权，需承担相应的民事责任。[③] 当然，《商标法实施条例》中强调的“误导公众”的侵权认定要件，实际上也暗含了该使用行为必须以构成区分商品来源意义上的商标使用行为为前提。

---

① 我国台湾地区智慧财产法院 100 年度刑智上易字第 113 号刑事判决书。

② 我国台湾地区智慧财产法院 102 年度刑智上易字第 72 号刑事判决书。

③ 相关案例可参见北京市第一中级人民法院（2007）一中民初字第 10149 号民事判决书（一审生效）、北京市高级人民法院（2011）高民终字第 2578 号民事判决书。

二　授权确权案件中商标标志装潢性使用的法律后果

在商标授权确权案件中，对某一商标使用行为的观察可以从两个方面入手：其一，可以称之为发挥积极效果的商标使用行为，即通过该使用行为，使得原本缺乏固有显著特征的标志能够通过该使用行为而取得显著特征进而作为商标获准注册，或者通过该使用行为而起到排斥在后的相同或者近似商标注册的作用；其二，可以称之为发挥消极效果的商标使用行为，即通过该使用行为而起到维持商标注册，避免商标注册遭撤销的商标使用行为。结合商标标志的装潢性使用，可以分述如下。

（一）装潢性使用能否发挥商标使用的积极效果

从商标标志自身而言，能够作为商品包装装潢而使用的商标标志，并不必然缺乏固有的显著特征。[①] 如果该商标标志具有固有显著特征且按照传统的、相关公众熟悉的惯常方式出现，则其可注册性自不必赘言。而且，经过这种传统方式的使用之后，该商标标志也将随之积累相应的商誉，形成商标自身的知名度，对于在后的相同或者近似的申请商标当然具有排斥力。但是，这里讨论的是该商标标志以包装装潢的方式使用，是否仍能发挥此种积极效果的问题。

常见的商标标志包装装潢性使用的具体表现形式有两种：一种是放大单个的商标标志，使其大面积覆盖相关商品表面，从而起到包装装潢的效果。将由一幅美术作品构成的商标标志作为装饰图案印制在 T 恤衫正面，即为此种方式的典型例子。另一种是以一定方式排列而重复出现的商标标志覆盖商品表面，从而起到包装装潢效果的情形。以拼接方式将商标标志作为服装面料的装饰图案而使用，即为此种方式的典型例子。

就第一种使用方式而言，不管该标志本身是否具有商标注册所需的显著特征，当其以上述包装装潢方式出现时，相关公众通常只会将其作为一

① 当然，也不必然具有固有的显著特征。该标志是否具有商标注册所必需的显著特征，仍需从个案加以审查判断。

种具有美感的或表达某种思想的图案加以识别对待，而难以将其作为区分商品来源的标志加以识别，因此即使其已经进行了大量的商业性使用，仍然难以发挥商标所应当具备的区分商品来源的识别作用，也就难以发挥商标使用的积极效果，上述使用行为并不能使原本缺乏显著特征的标志因此而具有了显著特征。举例而言，最高人民法院在阿迪达斯公司“三条杠”图形商标异议复审案驳回再审申请裁定中即指出：“即使按照阿迪达斯公司所述被异议商标就是‘三条杠’本身，其在服装上大量使用了‘三条杠’标志，也不足以认定该图像通过使用取得了商标注册的显著性。”①

本案则是第二种使用方式的典型例子。虽然一审法院认为引证商标经过使用已经达到了驰名程度，因而可以给予其跨类保护，但是二审法院则明确指出，引证商标标志是作为箱包商品的整体外包装使用的，在视觉上引证商标与箱包商品的外包装设计混同，在这种以装潢性使用方式出现的引证商标标志与“Louis Vuitton”文字结合在一起出现时，引证商标标志更是难以起到区分商品来源的识别作用，因此，路易威登马利蒂提交的上述证据不足以证明引证商标在被异议商标申请日前达到驰名程度，当然也就不能援引商标法第十三条的规定而阻止被异议商标的注册了。②

（二）装潢性使用能否发挥维持注册的消极效果

2001年商标法第四十四条第（四）项、2013年商标法第四十九条第二款均规定，没有正当理由连续三年不使用注册商标的，任何单位或者个人可以向商标局申请撤销该注册商标。因此，有必要讨论商标标志的装潢性使用能否发挥维持商标注册的消极效果。

从目前的司法实践看，我国大陆地区的相关案例还比较少见，但欧盟

① 最高人民法院（2012）知行字第95号行政裁定书。我国台湾地区的台北高等行政法院在“SCOTTISH HOUSE”图形商标注册案中，亦认为此类装潢性使用“客观上予相关消费者之寓目印象，或为商品或存在物上之装饰图案，或其识别商品或服务来源之识别标志为该外文‘SCOTTISH HOUSE’或小狗图形，皆不足以证明系争‘格纹图’已具指示商品或服务来源之功能而具有商标识别性，让消费者得‘单独’藉该‘格纹图’作为区别商品或服务来源之识别标志”。详见我国台湾地区的台北高等行政法院97年度诉字第01081号行政判决书。

② 参见北京市高级人民法院（2016）京行终1325号行政判决书。

地区已有类似的案例可资借鉴。如在针对与本案引证商标标志完全相同的欧盟第 5687851 号注册商标的商标无效案件中，欧盟法院就支持了欧盟内部市场协调局的裁决，对该商标予以无效宣告。[①] 虽然无效宣告案件与注册商标连续三年不使用撤销案件并不完全相同，但因这两类案件在注册商标丧失专用权方面具有类似的效果，因此，还是具有一定参考价值的。

本文认为，由于 2013 年商标法第四十八条强调，商标的使用必须发挥“识别商品来源”的作用，否则单纯地使用商标标志的行为仅仅是物理意义上标志使用行为而非商标法意义上的商标使用行为，因此，如果相关注册商标仅以包装装潢的方式使用，相关公众未将其作为识别商品来源的标志加以对待的，因其未发挥来源识别作用、不属于商标法意义上的商标使用行为，则当然不具有维持商标注册的作用；但是，如果上述商标标志的装潢性使用，客观上已经发挥了商品来源识别作用，因其已符合商标法有关商标使用的要求，则可以考虑据此而维持商标的注册。所以，商标标志的装潢性使用能否发挥维持商标注册的消极效果，还是应当根据个案情况加以个案的审查。不过以阿迪达斯“三条杠”案以及本案等案例所反映出的司法尺度来看，要想得出商标标志装潢性使用能够发挥来源识别作用的结论还是相当困难的。

① In Case T-360/12. 当然，该案的裁决结果在很大程度上考虑了该商标在保加利亚、丹麦等八个欧盟成员国境内没有通过使用取得显著特征的案件事实。

侵害他人技术成果的技术合同效力研究

缪奇川[*]

摘　要：技术合同无效制度是我国特有的制度，依现行《合同法》第三百二十九条的规定，当合同中包含的内容涉嫌侵害他人的技术成果时，相关合同条款无效。这一特殊的合同无效制度没有尊重当事人的自由意志，是对合同自由的过分限制，缺乏正当性和合理性；从实践的经验总结来看，该制度逐渐脱离实际需求，违背立法初衷，阻碍技术成果转移转化，影响科学技术进步。

本文通过对大量相关司法判例梳理，总结现行技术合同无效制度在实际应用中所表现出的问题；通过考察制定技术合同无效制度时的历史背景，探究该制度设计的初衷，分析其合理性和局限性。参考国外立法中对相关合同效力确定的做法，引入对技术成果适用无权处分的理论，本文提出在确定侵害他人技术成果的技术合同的效力问题时，应对侵害行为的表现形式进行分类化处理：当侵害他人技术成果具备《合同法》第五十二条、第五十四条的情况时，应依法确认合同为无效或可撤销合同；当侵害他人技术成果不涉及上述法条时，应关注侵害行为发生时行为人对相关技术成果是否具备处分权利，如具备则合同有效，不具备则可参照无权处分合同确认其效力。依此观点，本文对现行法律提出了修改建议。

关键词：技术合同　侵害他人技术成果　合同无效　无权处分

Abstract: Technology contract invalid system is our unique system, accord-

* 缪奇川，北京航空航天大学法学院硕士研究生。

ing to article 329 of China's *Contract Law*, when the contents of the contract included the alleged infringement of others technological achievements, relevant terms of the contract is invalid. This particular technology contract invalid system which lack of legitimacy and rationality, does not respect the free will of the parties and the freedom of contract is excessively restricted. From the summary of practical experience, this system is moving away from the actual demand. It against the legislative intent, hinder the transfer of technological achievements, affects scientific and technological progress.

Based on a number of related judicial precedents, this article summarizes the problems of current technology contract invalid system shown in practical application. Through review the historical background of making the technology contract invalid system, this article explores the original intention of the system design and analyzes its rationality and limitations. In reference to foreign legislation of determine relevant contract effectiveness, apply the theory of unauthorized disposition to technological achievements, this article claim that to solve the problem that how to determine the validity of technical contract which infringes others technological achievements, the first thing we should is classify them. Consider of whether the contract broke the *Contract Law* article 52 and article 54 or not, determine their validity. We could solve the problem by use the theory of unauthorized disposition. At last, the paper put forward a proposal for a change in the law.

Key words: Technical Contract; Infringes Others Technological Achievements; Contract Null and Void; Unauthorized Disposition

一　侵害他人技术成果的技术合同效力制度综述

（一）侵害他人技术成果的技术合同

1. 技术成果的概念和类型

技术合同（technical contract）作为合同的一种，其特殊性在于合同客体为技术成果。[①] 中国知识产权学奠基人郑成思先生认为，所谓“技术成果”（technological achievements）指的是技术领域的智力成果。[②] 而技术（technology），是由人类通过生产实践，总结出客观科学原理而逐步形成的，它发源于劳动生产，并随着市场经济的发展而进入交易市场，成为一种具备财产性质的权利。由此可以说，技术所表现的是人与自然之间的关系，技术成果则是人类通过改造自然而凝结的智慧成果。

2004 年，最高人民法院对合同法中技术合同审判问题进行细化分解，结合各级法院的审判经验，出台了《最高人民法院关于审理技术合同纠纷案件适用法律若干问题的解释》（以下简称《技术合同解释》）。首先，在该解释第一条中我们可以寻得“技术成果”的权威定义：技术成果的内涵属性应为“技术方案”，其取得方式应为“利用科学技术知识、信息和经验”。其次，其通过列举的方式划定技术成果的外延，具体包括：（1）专利（patent）；（2）专利申请（patent application）；（3）技术秘密（know-how）；（4）计算机软件（computer software）；（5）集成电路布图设计（Integrated circuit layout design）；（6）植物新品种（new varieties of plants）。[③] 最后，该条文第二款对“技术秘密”进行进一步解释。根据该条文的解释，我们可以发现技术成果和知识产权二者既有重叠之处，又非完全等同。一方面，专利权等技术成果本身就是典型的知识产权；另一方面，不受知识产权制度保护的技术方案也可能被认定为技术成果。如已进入公有领域的技术方案作为技术服务合同的标的，其应属技术成果。又如技术秘密这种主要依

---

① 合同的客体（或称合同的标的）是指合同当事人权利义务共同指向的对象。关于技术合同的标的是什么，争论颇多，有多种学说，主要有技术成果说、科学技术说、技术说、提供技术成果的行为说、知识形态的商品说等。虽然学说观点各有不同，但至少有一点是共同的，即都是围绕技术来界定的，正是这种技术的特征才决定了技术合同与其他一般合同的显著不同。

② 郑成思：《知识产权论》，法律出版社，2007，第 38～39 页。

③ 参见《最高人民法院关于审理技术合同纠纷案件适用法律若干问题的解释》第一条：技术成果，是指利用科学技术知识、信息和经验作出的涉及产品、工艺、材料及其改进等的技术方案，包括专利、专利申请、技术秘密、计算机软件、集成电路布图设计、植物新品种等。技术秘密，是指不为公众所知悉、具有商业价值并经权利人采取保密措施的技术信息。

靠保密措施保护而非知识产权制度保护的技术方案，其本身就是典型的技术成果。另外，某些具有知识产权属性的权利却不应认定为技术成果，如商标、普通文字作品的著作权等。①

与 1987 年颁布的《技术合同法》中对“技术成果”概念缺失界定的情况相比，②《技术合同解释》的颁布无疑是一大进步。即便这样，我们对技术成果的理解仍不能简单地局限于《技术合同解释》条文中所列举的六种形式。特别是在今天这样一个科技迅猛发展，新技术、新工艺层出不穷的时代，新的技术方案表现形式必不能被已有的法律所全盘囊括。正如德国法学家萨维尼（Friedrich Carl von Savigny）所说的“法律自制定公布之时起，即逐渐与时代脱节”。③ 所以，在这样的前提环境下，面对新出现的技术成果形式，不应轻易地排除在《合同法》所调整的范围之外，毕竟《技术合同解释》第一条本身亦非对技术合同标的作穷尽性的列举解释。④

2. 技术合同的概念及特点

如前所述，技术合同有别于其他类型的合同之处在于标的为技术成果，因此技术合同应当是以技术成果为客体而确定当事人之间权利义务关系的契约。从《合同法》第三百二十二条⑤中，我们可以获得关于技术合同的权威定义，即为技术开发、转让、咨询、技术服务而订立的合同。

通说⑥认为，技术合同包括以下四个特点。

其一，技术合同的标的是技术成果。技术合同标的并非传统性质的商品或者劳务，而属于技术成果这一特殊商品。

---

① 中林：《〈关于审理技术合同纠纷案件适用法律若干问题的解释〉的理解与适用》，《人民司法》2005 年第 2 期。

② 《技术合同法》及其实施条例没有对技术成果一般所指类型予以明确，只是把技术成果分为专利和非专利技术。

③ 王泽鉴：《民法学说与判例研究》（第一册），中国政法大学出版社，1998，第 286 页。

④ 黄松有：《技术合同司法解释实例释解》，人民法院出版社，2006，第 6 ~ 7 页。

⑤ 参见《合同法》第三百二十二条：“技术合同是当事人就技术开发、转让、咨询或者服务订立的确立相互之间权利和义务的合同。”

⑥ 参见崔建远主编《合同法》（第五版），法律出版社，2010，第 478 ~ 479 页；王利明主编《合同法》（第三版），中国人民大学出版社，2009，第 376 ~ 377 页；法律出版社法规中心编《中华人民共和国合同法配套解读》，法律出版社，2012，第 422 ~ 423 页。

其二，技术合同为双务、有偿、诺成合同。技术合同依当事人双方意思表示一致而成立，技术合同双方当事人都既享有权利又承担义务。

其三，技术合同的主体具有特定性。《合同法》及《技术合同解释》本没有对技术合同主体范围进行限定，但由于技术合同是围绕技术而开展的，所以实际上至少有一方的技术合同当事人是具备相应的技术能力且可以依靠自己的力量独立开展技术活动的，包括技术开发、咨询、转让、服务等工作。

其四，技术合同受多重法律调整。技术合同的法律调整既适用民法中关于债的一般规定，又适用知识产权法的相关规定，其法律调整具有多样性的特点。例如涉及专利的技术合同在适用《合同法》的同时，又要受到《专利法》及其实施条例的调整。

3. 侵害他人技术成果的含义及表现形式

《合同法》第三百二十九条明确规定了两种类型的技术合同无效，其一为“非法垄断技术、妨碍技术进步”的技术合同；其二为“侵害他人技术成果”的技术合同。[①] 然而，在《技术合同解释》中，仅对“非法垄断、妨碍技术进步”的具体表现形式做了进一步的解释，[②] 而对另一种导致技术合同无效的原因——“侵害他人技术成果”的具体表现没有做明确阐述。

① 参见《合同法》第三百二十九条：“非法垄断技术、妨碍技术进步或者侵害他人技术成果的技术合同无效。”

② 参见《最高人民法院关于审理技术合同纠纷案件适用法律若干问题的解释》第十条：下列情形，属于合同法第三百二十九条所称的“非法垄断技术、妨碍技术进步”：（一）限制当事人一方在合同标的技术基础上进行新的研究开发或者限制其使用所改进的技术，或者双方交换改进技术的条件不对等，包括要求一方将其自行改进的技术无偿提供给对方、非互惠性转让给对方、无偿独占或者共享该改进技术的知识产权；（二）限制当事人一方从其他来源获得与技术提供方类似技术或者与其竞争的技术；（三）阻碍当事人一方根据市场需求，按照合理方式充分实施合同标的技术，包括明显不合理地限制技术接受方实施合同标的技术生产产品或者提供服务的数量、品种、价格、销售渠道和出口市场；（四）要求技术接受方接受并非实施技术必不可少的附带条件，包括购买非必需的技术、原材料、产品、设备、服务以及接收非必需的人员等；（五）不合理地限制技术接受方购买原材料、零部件、产品或者设备等的渠道或者来源；（六）禁止技术接受方对合同标的技术知识产权的有效性提出异议或者对提出异议附加条件。

实际上，在《技术合同解释》颁布以前，最高人民法院下发的官方文件《技术合同纪要》[①] 曾经针对此问题进行过详细解释。纪要中认定《合同法》第三百二十九条“侵害他人技术成果”的行为具体表现为五种形式。[②] 尽管如此，文件中所罗列的侵害他人技术成果的表现形式实际操作价值并不高，因为那五种形式无非是对《技术合同解释》第一条所称的六种技术成果一一受到侵害的排列组合，且其此种归纳方法缺少合理性，没有根据技术成果的特点作分类。

本文认为，“侵害他人技术成果”可以粗略划分为侵害他人专利权利（包括专利权、专利申请权和专利实施权）、非专利性质的技术权利（包括技术使用权和技术转让权）和发明权、发现权及其他科技成果权的行为。具体行为方式应包含但不限于下述十种表现形式。

（1）当事人一方未经专利权人同意而与他人订立专利实施许可合同的；

（2）应由一方当事人申请专利或者由双方共同申请专利的发明创造，当事人以自己的名义申请专利的；

（3）未经当事人许可而实施专利，即以生产经营为目的，使用他人发明专利方法，或者制造、使用他人专利产品的；

（4）在专利实施许可合同中，被许可方实施专利超越了合同中约定的范围，包括实施期限、地区、方式等；

（5）许可方已经承诺不向他人发放专利许可或者自己实施该专利而违反该承诺又与第三人订立专利实施许可合同或自己实施专利，从而侵害被许可方的合法权益；

（6）个人未经单位同意而私自转让其职务技术成果的；

（7）单位未经个人同意而转让个人的非职务技术成果的；

---

① 该纪要全称为《最高人民法院关于印发全国法院知识产权审判工作会议关于审理技术合同纠纷案件若干问题的纪要的通知》。

② 参见《最高人民法院关于印发全国法院知识产权审判工作会议关于审理技术合同纠纷案件若干问题的纪要的通知》第一部分一般规定第一节第 12 条。五种表现形式分别为：（1）侵害他人专利权、专利申请权、专利实施权的；（2）侵害他人技术秘密成果的使用权、转让权的；（3）侵害他人植物新品种权、植物新品种申请权、植物新品种实施权的；（4）侵害他人计算机软件著作权、集成电路布图设计权、新药成果权等技术成果权的；（5）侵害他人发明权、发现权以及其他科技成果权的。

(8) 合同约定非专利技术的使用权或者转让权属于一方，而另一方擅自转让的；

(9) 剽窃他人作品，侵害他人版权的，如计算机软件；

(10) 将他人成果以自己名义申报发明奖、自然科学奖、科学进步奖、合理化建议奖和技术改造奖，或者向科学技术行政部门申请科技成果登记，并以此订立技术合同的。

（二）侵害他人技术成果的技术合同无效制度

1. 技术合同无效制度的主体内容

合同效力问题是合同法的核心问题，它在实践中往往也是当事人争议的焦点。除《合同法》第五十二条所规定的令合同无效的五种事由，第三百二十九条在技术合同领域专门划定两种技术合同无效——垄断技术而阻碍进步；侵害他人技术成果。从法律规范的构成要素的角度来分析，第三百二十九条完整地包含了全部要素：行为条件——技术合同要么非法垄断技术、阻碍进步，要么侵害了他人的技术成果；法律后果——技术合同无效。因此，该条可以成为合同当事人行事请求权的合法依据。[①] 第五十二条与第三百二十九条之间是一般规定与特殊规定的关系：比对第五十二条确定技术合同是否涉及一般合同无效的事由；比对第三百二十九条确定技术合同是否应特殊规定而无效。两条文共同构成我国特有的技术合同无效制度（技术合同无效制度的主体内容，又可称为效力确定部分）。

一旦技术合同因上文所述的无效制度判定而宣告无效后，其法律后果当为自始没有法律约束力（仅对被确定无效的合同条款而言），合同双方尽可能恢复到合同成立之前，返还财产，折价赔偿，过错方依具体实际情况来承担赔偿责任。

2. 技术合同无效制度的其他内容

技术合同与其他合同相同，在被确认无效或被撤销后须依据《合同法》第五十六条、第五十七条的规定返还、追缴财产以及赔偿损失。但是，技术合同与一般合同相比有其显著的特殊性，如合同客体为无形的技术成果、

① 参见王泽鉴《法律思维与民法实例》，中国政法大学出版社，2003，第69页。

履行技术合同能产生新的技术成果、技术合同的签订应有利于科学进步。[①] 考虑到这些特殊因素的存在，最高人民法院在《技术合同解释》中对技术合同被确认无效或者被撤销后会产生的法律效果等问题作了更为细致的规定，主要体现在该解释的第十条至第十三条。这四条司法解释条文形成对合同法规定的技术合同无效制度主体部分的有效补充，形成了完整的极具中国特色的技术合同无效制度。

因本文研究重点在于“侵害他人技术成果”这一类型的合同，故仅介绍《技术合同解释》对这一类型合同的相关调整规定。[②]

《技术合同解释》第十一条[③]第一款明确了因履行技术合同而产生的研发费用、技术使用费用、技术咨询服务费用等损失承担认定方法，第二款对技术合同无效、被撤销后因履行合同而产生的新技术成果权利归属进行了规定。

《技术合同解释》第十二条[④]为善意取得技术秘密的合同一方当事人创设了一种特殊的“善意取得”制度：在技术合同无效的前提下获得继续使用依无效合同而取得技术秘密的权利（在取得技术合同秘密的范围内使用技术秘密，范围限制包括了时间期限、地域范围、使用方式）。该条文第二款规定了对恶意受让情形的处理方式。

---

① 参见《合同法》第三百二十三条：“订立技术合同，应当有利于科学技术的进步，加速科学技术成果的转化、应用和推广。”

② 因《技术合同解释》第十条是解释“非法垄断技术、妨碍技术进步”的具体表现，故在此不予介绍。

③ 参见《技术合同解释》第十一条：“技术合同无效或者被撤销后，技术开发合同研究开发人、技术转让合同让与人、技术咨询合同和技术服务合同的受托人已经履行或者部分履行了约定的义务，并且造成合同无效或者被撤销的过错在对方的，对其已履行部分应当收取的研究开发经费、技术使用费、提供咨询服务的报酬，人民法院可以认定为因对方原因导致合同无效或者被撤销给其造成的损失。技术合同无效或者被撤销后，因履行合同所完成新的技术成果或者在他人技术成果基础上完成后续改进技术成果的权利归属和利益分享，当事人不能重新协议确定的，人民法院可以判决由完成技术成果的一方享有。”

④ 参见《技术合同解释》第十二条：“根据合同法第三百二十九条的规定，侵害他人技术秘密的技术合同被确认无效后，除法律、行政法规另有规定的以外，善意取得该技术秘密的一方当事人可以在其取得时的范围内继续使用该技术秘密，但应当向权利人支付合理的使用费并承担保密义务。当事人双方恶意串通或者一方知道或者应当知道另一方侵权仍与其订立或者履行合同的，属于共同侵权，人民法院应当判令侵权人承担连带赔偿责任和保密义务，因此取得技术秘密的当事人不得继续使用该技术秘密。”

《技术合同解释》第十三条[①]规定了第十二条中的“善意取得”技术秘密的相关费用承担。

可以承认《技术合同解释》的规定在一定程度上弥补了技术合同无效制度的部分漏洞，有其合理之处。首先，该解释充分考虑到技术秘密在使用时的特点，除设定与一般合同无效后的财产返还等责任之外，还增加了保密的义务；其次，规定技术合同履行中可能产生或衍生技术成果的归属；最值得注意的是，《技术合同解释》注意保护技术秘密善意受让的合法权益，注重技术合同当事人之间的利益平衡。尽管如此，我国的技术合同无效制度在实际应用中还是反映出相当大的局限性，下文将通过实证分析方法印证这一问题。

二　侵害他人技术成果的技术合同无效制度的实践情况及问题分析

（一）侵害他人技术成果的技术合同无效制度的实践情况

通过利用司法判例文书数据库搜索、查找司法案例文集专著等方法，本文收集到案情涉及侵害他人技术成果的相关司法判例，特选取其中最具典型性的三件列举如下。

1. 侵害他人技术成果技术合同的典型司法案例

案例一：伍韵洁等与重庆派威能源管理有限责任公司计算机软件开发合同纠纷案。[②]

该案当事人为原告重庆派威能源管理有限责任公司及被告伍韵洁、郭

① 参见《技术合同解释》第十三条：“依照前条第一款规定可以继续使用技术秘密的人与权利人就使用费支付发生纠纷的，当事人任何一方都可以请求人民法院予以处理。继续使用技术秘密但又拒不支付使用费的，人民法院可以根据权利人的请求判令使用人停止使用。人民法院在确定使用费时，可以根据权利人通常对外许可该技术秘密的使用费或者使用人取得该技术秘密所支付的使用费，并考虑该技术秘密的研究开发成本、成果转化和应用程度以及使用人的使用规模、经济效益等因素合理确定。不论使用人是否继续使用技术秘密，人民法院均应当判令其向权利人支付已使用期间的使用费。使用人已向无效合同的让与人支付的使用费应当由让与人负责返还。”

② 参见最高人民法院（2012）民申字第855号民事裁定书。

志明等两位自然人，经过一审和二审，最终由最高人民法院于 2012 年 11 月以裁定方式审理终结。经审理查明，2007 年 9 月 28 日，双方签订《协议书》，约定由伍韵洁、郭志明为派威公司在现有软件的基础上开发出一套全新的“能源管理信息系统”软件。在交付的软件成品中，包含了侵害第三方嘉力达公司的商业秘密的 C/S 结构软件，因此，一审、二审及再审法院均依据此认为该《协议书》有“侵害他人技术成果”的情节，并依据《合同法》第三百二十九条的规定确认合同中关于 C/S 结构软件的部分因侵害他人技术成果应属无效。关于无效后的相应民事责任承担问题，派威公司用于计算机软件著作权登记的 C/S 结构软件是伍韵洁、郭志明提供的，且其并未证明派威公司明知 C/S 结构软件侵犯嘉力达公司计算机软件著作权，故一审、二审及再审法院认定伍韵洁、郭志明是有过错的一方并赔偿派威公司。

案例二：原告义马金汇鑫能源综合利用有限公司与被告河南兴业天成环保有限公司等技术转让合同纠纷案。[①]

该案当事人为原告义马金汇鑫能源综合利用有限公司及被告河南兴业天成环保有限公司和周爱华等四名自然人，由河南省三门峡市中级人民法院于 2013 年 11 月审理终结。经审理查明，原被告双方于 2009 年 11 月 6 日签订技术转让（技术秘密）合同一份，约定兴业天成公司将其拥有的循环流化床锅炉干法强化脱硫项目的技术秘密使用权转让金汇鑫公司。河南省高级人民法院（2012）豫法民终字第 105 号民事判决认定，2007 年 4 月 18 日天津城市建设学院作为申请人，向国家知识产权局申请“循环流化床锅炉高效脱硫技术与粉煤灰制备低热水泥”发明专利，2009 年 6 月 3 日，天津城市建设学院被授予发明专利。发明名称为“循环流化床锅炉高效脱硫技术”，专利号为 ZL200710057165.2，专利权人是天津城市建设学院，孟照贤（本案被告之一）为发明人之一。金汇鑫公司据此提出兴业天成公司转让的技术秘密侵害了他人的专利权，应为无效。受诉法院认为，原告并未提交证据证明专利号为 ZL200710057165.2、发明名称为“循环流化床锅炉高效脱硫技术”的专利与本案转让的“循环流化床锅炉干法强化脱硫”的技术秘密是同一的，而且天津城市建设学院作为专利权人至今未提出异议，

① 参见河南省三门峡市中级人民法院（2013）三民一初字第 7 号民事判决书。

而兴业天成公司与金汇鑫公司基于其真实的意思表示，且不违背其他法律的强制性规定，所签订技术转让合同当属有效合同。

案例三：东北电业管理局科技开发公司热电辅机分公司诉青岛磐石容器制造有限公司专利实施许可合同纠纷案。[①]

该案当事人为原告东北电业管理局科技开发公司热电辅机分公司和被告青岛磐石容器制造有限公司，经过一审、二审和再审，最终由青岛市中级法院审理终结。经审理查明，1994 年 2 月原告自两位自然人祁世栋、侯文才（涉案专利权人）处获得实用新型滑压旋膜除氧器专利使用权，并约定东北电业管理局（以下简称“东北热电”）不得将此技术转让给其他方使用，专利权人也不得再将其专利转让给其他方。同年 7 月，东北热电辅机分公司以该专利与青岛第二锅炉辅机厂（本案原审被告，后改制更名为青岛磐石容器制造有限公司，以下简称“青岛磐石”）签订了为期三年的联合开发旋膜除氧器的合作协议，约定专利所有权为东北热电所有，青岛磐石不得转让。协议达成后，1994 年 7 月至 1998 年 2 月，青岛磐石分别与客户签订合同，分别使用了原告所提供的专利。东北热电诉称青岛磐石容器制造有限公司与客户签订合同应向其支付约定的 6% 的技术服务费，返还一切技术资料并终止双方协议的履行。而青岛磐石则辩解：双方签订的联合开发旋膜除氧器合作协议，实际是专利技术转让合同，东北热电对该专利不享有所有权，因此该合同应为无效合同。原审法院认为：两份专利实施许可合同中约定的内容，均未经过专利权人许可和追认，因此东北热电的行为侵害了专利权人的技术成果，依据《合同法》第三百二十九条之规定，认定本案双方所签订的专利实施许可合同属无效合同，该行为自始至终没有法律约束力。之后本案又经历了二审程序。最后在再审中，法院认为，“1994 年 2 月 20 日专利权人祁世栋、侯文才与本案上诉人签订的协议中约定，两专利权人将其共同拥有的 ZL93228834 号专利技术使用权转让给上诉人同时禁止上诉人再行转让（名为转让实为许可使用，且约定许可使用期为八年）。因此对该专利技术的使用权，上诉人无权处分。但上诉人违反该合同的约定，将其不具有处分权的专利技术又许可被上诉人使用。参照我国合同

① 山东省青岛市中级人民法院（2002）青民三终字第 1 号民事判决书。

法的无处分权规定，依据案例进展情况，确认了专利权人对上诉人许可被上诉人使用专利技术行为进行了追认，确认涉案技术合同为有效合同。

2. 侵害他人技术成果的技术合同效力认定的司法实践分析

（1）直接适用《合同法》第三百二十九条的案例较少

笔者利用“北大法宝”网站的检索系统搜索有关技术合同的司法裁判案例与裁判文书，检索结果超过一千多件案例。但在全部数据库中，援引《合同法》第三百二十九条作为当事人主张依据和法官审判依据的仅有 13 件案例。在这 13 件案例中，仅有 5 件是与第三百二十九条后半部“侵害他人技术成果”之规定相关，占全部技术合同审理案件的 0.4% 左右，份额可谓“极少”。[①] 从《合同法》第三百二十九条成为“冷门条款”可以发现，一方面现实中司法裁判会有意“回避”适用第三百二十九条来确定合同无效；另一方面也体现了该条文与实践脱节情况的严重性。

（2）对《合同法》第三百二十九条适用存在与《合同法》第五十二条竞合的情况

经过对案例的分析，笔者发现，在某些案例中，令相关合同无效的理由并非《合同法》第三百二十九条规定的“侵害他人技术成果”行为本身，而是该行为在实施过程中有恶意串通侵害他人利益的情节，令其真正无效的依据当为《合同法》第五十二条。在权利人主张权利确立合同无效时，既可以依据《合同法》第五十二条之规定又可以选择第三百二十九条。上述两条文存在内容重合，故在适用上产生了竞合的情况。

（3）涉及侵害他人技术成果的技术合同效力认定时，司法实践中的做法与《合同法》第三百二十九条不完全一致

在案例三中，再审法院山东省青岛市中院认为未经专利权人同意，对专利进行处分的行为属于无权处分行为，并非“侵害他人技术成果”，法院大胆地绕过分则规定，直接依据第五十一条的规定，将该合同定性为无权处分合同，在经过权利人追认后确认合同有效。这实际上与《合同法》第三百二十九条的规定并不完全一致。诚然，部分侵害他人技术成果的行为

① 参见“北大法宝”网站，http：//www. pkulaw. cn/CLink_form. aspx？Gid = 21651&tiao = 329&subkm = 0&km = fnl，最后访问日期：2015 年 5 月 17 日。

从权利处分的层面上确实与无权处分行为相近。法院在司法实践中对技术合同中侵害他人技术成果的行为做出的新解读值得作为后续立法的参考。

（4）对涉及侵害他人技术成果的技术合同效力认定存在变化

经过归纳总结，笔者发现，引用《合同法》第三百二十九条，将侵害他人技术成果的技术合同归为无效的案例审判时间较为久远，一般为20世纪90年代之判决，而2000年以后仅有一案确定合同无效。这说明，虽然《合同法》完整地继承了《技术合同法》及《技术合同法解释》中的技术合同无效制度，但是法官逐渐认识到将技术合同归为无效所带来的弊端和利益不平衡，并将这一认识体现在司法判决文书中。最能体现这一情形的典型案例是上述案例三，这一案例在1997年一审依据第三百二十九条认定技术合同无效的五年后再审又重新确认了合同效力，充分证明了司法实践对涉及侵害他人技术成果的技术合同效力认定所发生的变化。

（二）侵害他人技术成果的技术合同无效制度问题分析

1. 将侵害他人技术成果作为合同无效理由缺乏正当性

法律行为是私人自治的工具，这种自由属于宪法上的一项基本权利，[①] 因为自治首先是建立在人“生而自由”的信念基础之上的，[②] 所以非因重大理由，就不得对其予以限制和剥夺。换言之，作为基本的论题，自由本身是不需要证明的，而限制自由则需要进行证立，并且非有充分的理由则不得限制。就此而论，合同法中的合同无效制度所解决的问题是如何在合理的限度内对人们的意思表示进行控制，以维护与自由的价值等同或比自由的价值更高的价值。[③] 因此，我们在这里讨论将侵害他人技术成果作为合同无效的理由是否充分，是否维护了比合同自由价值等同或更高的价值，探讨这样的技术合同无效制度从价值层面是否具备正当性，这些都有待进一步思考。

---

① 德国宪法规定，保证个人享有自决权是国家和社会的一块基石。自决权，原则上也包括私法中的私法自治。参见〔德〕米·科斯特《私法自治及其限制》，载《中德经济法研究所年刊》，南京大学出版社，1994，第78页。

② 尹田：《法国现代合同法》，法律出版社，1996，第18页。

③ 刘春梅：《法律行为无效的有关理论与实践》，中国人民大学博士学位论文，1999，第78页。

解释合同“为什么会无效”的问题，无外乎从以下五个方面讨论：其一，公共利益对该合同效力的控制；其二，私人利益对合同效力的影响；其三，公序良俗对合同效力的控制；其四，现行法对合同效力的影响；其五，履行不能对合同效力的影响。以下分别从这五个角度具体分析将“侵害他人技术成果”作为技术合同无效的原因是否具备充分的理由。

（1）侵害他人技术成果行为并未直接损害公共利益，不可因此使技术合同无效

休谟曾说：“合同的强制力是基于这样一个社会事实：承诺是建立在社会利益和必要性基础上的人类发明。”① 因此，笔者认为，对以自由意志订立的合同采取确定无效这种极端的国家干预手段的基本理由也只能是基于对公共利益的维护。在实证法上，我们也可以发现，各国的立法无不以公共利益作为私人自治的边界。而对于我们今天讨论的主题——“侵害他人技术成果”而言，这一行为本身并没有直接损害公共利益。该行为所造成的结果绝大多数是侵害人与技术成果权利人之间的利益冲突矛盾，而对于不特定的多数人的利益，并不产生任何影响。我国在 1987 年颁布《技术合同法》时，将“侵害他人技术成果”的技术合同列为无效时，② 视如此行为与国家科教兴国的大潮流、大形势背道而驰，离经叛道。但是将少数特定人的技术成果受到侵害等同于社会公共利益遭到损害的观点，是无论如何也站不住脚的。

（2）侵害他人技术成果无疑是对私人利益的侵犯，但不可仅因此使得技术合同无效

主张侵害私人利益的合同应当归为无效的观点，其主要理由是认为在一定意义上，私人利益也可被视为公共利益的一种。但笔者认为，此种观点是不可取的，作为无效原理的公共利益应当是排除私人利益的。准确地

① Friedrich Kessler，Grant Gilmore and Anthony T. Kronman，Contracts，3nd. 1986. in *A Contract Anthology*，ed. With comments by Peter Linzer，Anderson Publishing Co. 转引自谢鸿飞：《法律行为的民法构造：民法科学和立法技术的阐释》，中国社会科学院研究生院博士学位论文，2002，第 56 页。

② 参见《中华人民共和国技术合同法》第二十一条：下列技术合同无效：（一）违反法律、法规或者损害国家利益、社会公共利益的；（二）非法垄断技术，妨碍技术进步的；（三）侵害他人合法权益的；（四）采取欺诈或者胁迫手段订立的。无效的合同，从订立时起就没有法律约束力。合同部分无效，不影响其余部分的效力的，其余部分仍然有效。

说，如果合同侵犯了私人的利益（如合同侵害了他人技术成果），则其后果可能是效力待定或者是可撤销，而非无效。理由是设计法律效力待定和可撤销的法律行为制度，其实质就是将法律行为的效力决定权完全寄托在特定的第三人或当事人身上。与此不同，法律行为的无效，则其判定的权力是归属于作为公共利益的代表者——法院。相反，不宜将侵害私人利益的合同归为无效合同的理由，恰恰是基于私人自治的考虑，即更多地将法律行为的效力系于私人自身。法律无须，也不能越俎代庖，代替当事人的自由意志帮助其决定行为的具体方式和内容，否则就与民法应有的自治精神背道而驰。[①] 在技术成果真正的权利人受到权利侵害时，正确的做法不应是直接去否定技术合同的效力，而是让受害者自己去决定效力的最终去向。正如有学者所言："在交易的公正受到损害时，最好的方法就是重新确立交易双方的平衡，而不是去摧毁已经发生的一切。"[②]

（3）侵害他人技术成果不涉及对公序良俗的损害，不可因此使技术合同无效

尽管如前文所述，私人利益不应成为限制合同效力的理由，但某些私人利益本身属于"不受侵害"或"不得放弃"的范畴。比如毒品交易，比如卖身契，应当认为，这类问题此时已经涉及"公共利益"，这种公共利益就是所谓的"公序良俗"，如德国《民法典》第138条所述，道德规范构成了对契约自由的一种限制。放在今天研究的问题中去，侵害他人技术成果的行为本身是否会对公共秩序和善良风俗有负面的影响？答案是否定的，对技术成果的侵害行为至多会减损技术成果权利人经济利益，此与道德无关。因此，不宜将侵害他人技术成果认定为会对道德风俗教化造成损害，亦不能因此使相关技术合同确定无效。

（4）侵害他人技术成果的技术合同即使有效也不会与已有的法律体系冲突，故不能以与现行法矛盾而剥夺其合同效力

王泽鉴先生认为，法律行为之所以要规定生效要件，这是基于法律体

① 就制度设计而言，当发生当事人之间的利益不公时，应考虑的是可撤销的制度，当然，这里还存在当事人的信赖保护问题。这是需要着重协调的。

② 徐涤宇：《非常损失规则的比较研究——兼评中国民事法律行为制度中的乘人之危和显失公平》，载《法律科学》2001年第3期。

系不能有矛盾的要求。[①] 因为如果不规定生效要件，依据法律行为的效力原则，就会发生当事人意欲追求的法律效果，而这种效果又是法律所禁止的。因此，如果不规定法律行为的生效要件的话，就会造成法律体系的自我矛盾。[②] 侵害他人技术成果的技术合同如果被判定为有效（或者效力待定，可撤销），将与《合同法》分则中其他类型的合同效力处理方式归同，并不造成法律体系的混乱。因此，法律体系不会成为让侵害他人技术成果的技术合同有效的障碍。

(5) 侵害他人技术成果合同不应履行不能而影响其效力

根据古罗马法中著名的杰尔苏规则，“给付不能不构成债”（impossibilium nulla est obligation），即任何因客观原因不能给付的物品不应成为债之标的。[③] 同样，依据1896年的德国《民法典》第306条的规定，“自始客观不能者为无效”。显然，技术合同中存在侵害他人技术成果的因素，并不会导致合同本身无法继续履行，更不会因此使合同无效。

应该承认，从权利价值位阶保护的角度考量，霸道地将全部侵害他人技术成果的技术合同归为无效是缺少正当性的。

2. 将侵害他人技术成果作为合同无效理由缺乏合理性

(1) 没有充分体现合同自由精神

合同自由精神是开创自罗马法时代并沿用和发展至今的，我国《合同法》也认可并吸收这一理论，并将其体现在法典中。但是，技术合同无效制度的创制有对合同自由精神产生冲击——利用公权力，强行否定技术合同的效力，是公权力在合同领域里的滥用。合同主体的自由意志不仅没有得到尊重，更与普遍的市场经济发展的内在要求不合。以例说明，某专利权人甲将其专利授权乙独占使用，在使用权期限未满之前，甲又将该专利授权丙使用，根据《技术合同解释》第一条之规定，专利使用权属于“技术成果”，故依据技术合同无效制度，甲的行为侵害了乙作为专利使用权的技术成果，因此甲与丙之间的授权合同条款无效。可殊不知甲才是该专利

① 王泽鉴：《民法总则》，中国政法大学出版社，2001，第276页。

② 参见谢鸿飞《法律行为的民法构造：民法科学和立法技术的阐释》，中国社会科学院研究生院博士学位论文，2002，第163页。

③ 黄风：《罗马法词典》，法律出版社，2002，第125页。

的所有权人，技术合同无效制度的设定将合同主体的自由意志降格让位给所谓的“保护技术成果”价值，这一做法是值得我们反思的。

另外，技术成果受到侵害的权利人的真实愿望可能也不是单纯希望相关技术合同无效，理由是通过确认合同效力而促成技术商品的交易既有利于作为技术成果权利人的自己获得经济利益，同时又可省去前期为合同签订而花费的成本。武断地判定合同无效不仅不能有效地保护技术成果权利人，更没有真正地尊重他的真实愿望。

（2）对技术成果权利人及其他合同当事人缺乏合理有效的保护

创制技术合同的无效制度本意是保护技术成果权利人的利益不受侵害，但是实际上这样的做法不能提供有效保护。从实际出发，技术成果权利人的利益诉求是通过技术成果的转让、使用而最终投入生产、创造价值并依此而获得经济利益，技术成果不受侵害只是其实现这样目标的前提条件。当出现其技术成果未经许可被他人利用或转让时，如其想寻求救济获得赔偿，大可以通过专利侵权诉讼等途径得以实现，合同本身的效力问题与其利益诉求之间并无简单且直接的逻辑关系。从合同当事人角度来谈，确定相关技术合同无效，相当于摧毁其交易行为合法的理由，只能以侵权者的身份参与后续的赔偿。基于他人技术成果而已经履行的进一步研发或技术服务所花费的研发经费、技术使用费、提供咨询服务的报酬等费用只能通过人民法院判定方式获得赔偿。①

（3）无效制度中创制的技术成果“善意取得制度”不能有效保护善意受让人的权利

首先必须指明的是，《技术合同解释》第十二条所规定的“善意取得该技术秘密的一方当事人可以在其取得时的范围内继续使用该技术秘密”并非通常意义上的善意取得制度。所谓善意取得制度是发源于日耳曼法中的“以手护手”原则，适用于物权领域的制度。技术成果从法律属性上来说多

① 参见《技术合同解释》第十一条第一款：“技术合同无效或者被撤销后，技术开发合同研究开发人、技术转让合同让与人、技术咨询合同和技术服务合同的受托人已经履行或者部分履行了约定的义务，并且造成合同无效或者被撤销的过错在对方的，对其已履行部分应当收取的研究开发经费、技术使用费、提供咨询服务的报酬，人民法院可以认定为因对方原因导致合同无效或者被撤销给其造成的损失。”

为知识产权，而知识产权能否使用善意取得制度目前仍无定论。在确认技术合同无效的前提下，不能通过善意取得理论来解释善意第三人所获得的有限权利，这是现行法中自相矛盾之处。更为值得关注的是，善意受让人所获得的技术成果使用权利是否应当受到法律保护，即他人侵犯了善意受让人的使用权利时，善意受让人能否作为适格原告主张自身的权利？如果具备资格又将依据哪一法律条文主张权利？这些问题都是为弥补技术合同无效制度的不足而产生的次生品，如若能从源头上确认合同效力，则此类问题迎刃而解。

（4）不利于技术成果转化和科技进步

《合同法》第三百二十三条明确了我国对技术合同的态度是寄希望于其能帮助科技成果转化推动科技进步。[①] 宣告合同无效，意味着技术成果作为商品在交易流转链中中断。绕过确认合同效力，而再去要求合同当事人去与技术成果权利人磋商、交易，相当于重复工作且充满不确定性，不仅耗时且增加交易成本。为技术成果转移、转化提供更多的可能性是技术合同法律制度设计的应有之义，而侵害他人技术成果的技术合同无效制度在客观上形成了技术成果转化的阻碍，降低了技术被下游产业所利用而创造经济利益的可能性。

（5）易成为 NPE 攫取不合理利益的手段工具

所谓 NPE 指的是非执业实体（Non-Practicing Entities），即通常所称的“专利流氓”“专利蟑螂”。NPE 并不投入资金和物料进行科技研发工作，不参与实际的生产和技术服务，其主要工作是对现有专利的市场价值进行评估并购买专利的使用权和所有权，通过主动发动诉讼获得高额的赔偿金从而获取其主要收入。时至今日，NPE 发展已愈发专业化、规模化和国际化，NPE 甚至可以设置陷阱，引诱第三方从事技术交易，再提起专利侵权之诉。如果仅因此而认定技术合同无效，无异于断送技术成果受让一方通过支付合理的专利转让或使用费用而获得补救的机会，随之而来的是 NPE 向合同各方主张高额的专利侵权损害赔偿费用，攫取不合理的利益。长此以往，

---

① 参见《合同法》第三百二十三条：“订立技术合同，应当有利于科学技术的进步，加速科学技术成果的转化、应用和推广。”

整个技术交易市场都将受到损害。

三　我国技术合同无效制度的产生与历史沿革

通过上文对侵害他人技术成果的技术合同无效制度从现实到理论的逐步深入剖析，发现该制度确有弊端。而技术合同无效制度是我国法律中鲜有的独创成果，其产生与历史环境不可分离。本节将对技术合同无效制度酝酿、诞生、沿革的时代背景进行全面介绍，深度挖掘技术合同无效制度的立法动因，分析技术合同无效制度在特定时期里的合理性；同时，通过将制度产生的时代背景与当前环境作对比，证明技术合同无效制度的局限性。

（一）我国技术合同无效制度的诞生

1949 年至 1981 年，我国关于调整合同关系的正式法律规定一直处于空缺状态。造成这一状况的原因一方面是受限于当时的社会大环境和特殊的时代背景，另一方面是法学发展滞后，民法研究发展缓慢。当时，国家规范各种经济关系的主要目标是完成国家生产计划指标，保证计划经济的有序运行，并依赖于行政法规、部门规章和地方法规对其调整。关于技术合同的发展，国内一直处于空白，没有相关正式的法律规范。

十一届三中全会的召开对中国合同法影响深远，1979 年召开的第五届全国人大第二次会议确定了把国家建设的重心转移到经济建设上。在该届会议上还明确提出制定经济合同法的提案，1981 年《经济合同法》在第五届全国人大第四次会议上通过，自此，中国出现了合同法法律。随后，1985 年六届人大常委会第十次会议又通过了《涉外经济合同法》。[①]

1985 年 5 月，国务院国家科学技术委员会[②]正式成立《技术合同法》起草小组，副主任吴明瑜任组长。包括外交部、教育部、外经贸部、机械工业部、国防科工委、国家计委、全国人大教科文卫委、工商总局、专利局、最

① 张玉东：《新中国合同法的制度与完善之》，山东大学 2008 年硕士学位论文，第 10～13 页。

② 我国最早于 1956 年成立了科学规划委员会和国家技术委员会，1958 年，两个委员会合并为国家科学技术委员会，1970 年与中国科学院合并，1977 年 9 月再度成立国家科学技术委员会，1998 年，改名为科学技术部。

高人民法院等部门参与起草工作。与此同时，来自北京大学、中国人民大学、中国政法大学和社会科学院的法学专家作为专家顾问为《技术合同法起草》献计献策。经过前期大量调研、反复论证和修改，最终《中华人民共和国技术合同法》于 1987 年 6 月 23 日六届人大常委会第二十一次会议通过。①

《技术合同法》第二十一条规定了四种情况下技术合同无效，自此，我国的技术合同无效制度正式诞生。②

（二）我国技术合同无效制度的发展

与其他国家将技术合同规范分散于民法典、商法典及其他行政法规的做法不同，我国的《技术合同法》是世界上第一部综合性的技术合同法律，开创了历史先河。其中对技术合同无效的特殊规定集中体现在第二十一条中所列举的第二种情况和第三种情况。但是，这样的规定显然过于宽泛，与技术合同的特殊性脱节，国家科委发现这一问题后，在 1989 年 3 月 15 日，由国务院批准的《中华人民共和国技术合同法实施条例》中对“侵害他人合法权益”的情况作了进一步明确。该实施条例的第二十五条对《技术合同法》所规定的四种情况作了解释，其中第三项对本文所研究的主题“侵害他人合法权益”限定在对知识产权等科技成果权利的侵害。③ 同时，《技术合同法解释》在第二十八条中还对合同无效的条款对合同整体的效力

① 周大伟：《〈中华人民共和国技术合同法〉制定中的种种悬念——以此文纪念中国改革开放 30 周年》，《中国政法大学学报》2009 年第 3 期。

② 参见《中华人民共和国技术合同法》第二十一条：“下列技术合同无效：（一）违反法律、法规或者损害国家利益、社会公共利益的；（二）非法垄断技术，妨碍技术进步的；（三）侵害他人合法权益的；（四）采取欺诈或者胁迫手段订立的。无效的合同，从订立时起就没有法律约束力。合同部分无效，不影响其余部分的效力的，其余部分仍然有效。”

③ 参见《中华人民共和国技术合同法实施条例》第二十五条：“技术合同法第二十一条有关技术合同无效的各项含义是：（一）‘违反法律、法规’，是指订立合同或者依据合同所进行的活动是法律、法规明文禁止的行为。‘损害国家利益和社会公共利益’，是指订立合同的目的或者履行合同的后果严重污染环境、损害珍贵资源、破坏生态平衡以及危害国家安全和社会公共利益。（二）‘非法垄断技术，妨碍技术进步’，是指通过合同条款限制另一方在合同标的技术的基础上进行新的研究开发，限制另一方从其他渠道吸收技术，或者阻碍另一方根据市场的需求，按照合理的方式充分实施专利和使用非专利技术。（三）‘侵害他人合法权益’，是指侵害另一方或者第三方的专利权、专利申请权、专利实施权、非专利技术使用权和转让权或者发明权、发现权以及其他科技成果权的行为。”

作了规定，并给予权利受侵害人合理的救济途径。[①] 这些规定都体现了我国在技术合同领域中的立法技术的发展与进步。

1999 年《中华人民共和国合同法》的颁布正式宣告我国告别了合同法领域“三法并存”的状态，有关技术合同的法律规定被纳入《合同法》第十八章中。而先前《技术合同法》中规定的违法损害国家、社会利益之情形被《合同法》第五十二条所吸收，承认其无效性；“采取欺诈或者胁迫手段订立的”之情形被《合同法》第五十四条所吸收，确认其为可撤销合同。而极具技术合同特点的其他两种情况：“侵害他人合法权益的”和“非法垄断技术，妨碍技术进步的”，则被新颁布的《合同法》完完整整地留存并沿袭下来，并且，为了彰显其重要性，单独设立一条，即我们今天所讨论的《合同法》第三百二十九条。

《合同法》的颁布实施也意味着先前使用的技术合同专门性法律失效，[②] 造成技术合同规定出现了短暂的真空期，最高人民法院知识产权庭庭长孔祥俊称，“司法实践中，技术合同效力的认定和处理存在一些特殊问题，有些问题还颇有争议”。[③] 对此，2004 年最高人民法院公布了《技术合同解释》对技术合同无效制度又作了全面的规定，特别是对平衡无效后各方利益设置了诸多新规则。至此，我国的技术合同无效制度已趋于完整。

（三）技术合同无效制度产生的时代背景特点

如前文所述，我国特有的技术合同无效制度形成于改革开放初期。总设计师邓小平提出“科学技术是第一生产力”和“尊重知识，尊重人才”，

① 参见《中华人民共和国技术合同法实施条例》第二十八条：“因侵害他人专利权、专利申请权、专利实施权、非专利技术使用权和转让权或者发明权、发现权以及其他科技成果权被宣布无效的技术合同，应当责令侵权人停止侵害、赔礼道歉、消除影响、赔偿损失。侵害他人专利权、专利申请权、专利实施权的合同被宣布无效时，尚未履行的，不得履行，已经履行的，必须停止履行。侵害他人非专利技术使用权和转让权的合同被宣布无效后，取得非专利技术的受让方可以继续使用该项技术，但应当向权利人支付合理的使用费。侵害他人发明权、发现权和其他科技成果权等技术成果完成人权利的合同，宣布部分条款无效后，不影响其余部分效力的，其余部分仍然有效。”

② 失效的相关法律包括《技术合同法》《技术合同法实施条例》《技术引进合同管理条例》《最高人民法院关于审理科技纠纷案件的若干问题的规定》。

③ 孔祥俊：《技术合同效力的认定与处理》，载《人民法院报》，2005 年 1 月。

把科技成果的重要性提升到前所未有的高度。与此相呼应的是，国内各项知识产权立法活动如火如荼地开展。[①] 技术合同无效制度便诞生于这样特殊的历史时期中，而在立法过程中所收到的来自时代环境下的挑战主要有以下几点。

1. 技术合同实践经验匮乏，难以为立法提供充足的参考资料

我国从 1978 年十一届三中全会后才逐步确立走市场经济的道路，此前的经济一直由国家计划指令调整，自然人之间的交易行为只能存在于小额、小范围、低频率的状况中，加上当时既没有知识产权相关法律规定，又受到“十年动乱”的影响，技术成果作为交易的客体写入合同中的例子几乎在那一时期无处可寻，当时有太多因素阻碍科技与经济结合。从 1978 年至无效技术合同制度确立的 1985 年短短数年时间，国家处于百废待兴之际，科技进步成果与市场经济距离依然很远。甚至可以说，虽然被冠以“合同”之名，但我国的技术合同的演进却不可避免地被刻上鲜明的政府引导的印记，一切有关技术的活动都要围绕着国家发展战略来开展。[②] 起步晚、发展时间短、发展方式特殊，三重因素作用导致了可供合同法立法参考的现实案例少之又少。

2. 我国合同法发展滞后，立法技术不完善

1949 年后，民法制度发展缓慢，甚至出现停滞和倒退的现象。直到技术合同无效制度产生的 12 年后，才出现统一的《合同法》。在此过程中，立法专家学者经历了长期的探索，出现过激烈的方向性分歧。例如在制定《技术合同法》时，立法小组曾试图在马克思主义经典文献中寻找理论依据，但客观事实是，马克思经济学著作中没有任何关于技术商品的描述。[③] 而在后来的《合同法》制度设计中，却大量地借鉴和引用了德国民法制度。中国合同法曲折缓慢的发展进程，也导致这一进程中可能会出现不那么完

① 1982 年 8 月颁布《商标法》，1984 年 3 月颁布《专利法》，1985 年 3 月成为《保护工业产权巴黎公约》成员国，1986 年 4 月颁布《民法通则》，1990 年 9 月颁布《著作权法》。

② 谢晓尧、曾凤辰：《技术合同的兴起与退隐——一个知识产权现象的地方性知识》，《知识产权》2014 年第 3 期。

③ 周大伟：《〈中华人民共和国技术合同法〉制定中的种种悬念——以此文纪念中国改革开放 30 周年》，《中国政法大学学报》2009 年第 3 期。

美的合同法制度，例如技术合同无效制度。

3. 缺少可供借鉴的国外专门技术合同立法经验

国家科委提出建议制定专门的技术合同法律，这一举动本身就是前所未有的大胆尝试。制定一部综合性的技术合同法会使各种技术合同关系得到统一调整，但同时也会带来挑战——没有可供借鉴的国外立法成功经验，这无疑会导致《技术合同法》的科学性和合理性在一定程度上有所减损。

4. 对尊重和保护知识的方法和途径理解不成熟

改革开放以后，国家需要大量的科技人才，对科学技术创新、成果转化要求比以往有较大提高。科技人才和技术成果受到人们的高度尊重，这一思潮会产生一个副作用——尊重知识的重点集中于保护科技成果，却忽视尊重和保护知识的理由和归宿。只要是侵害技术成果的行为，就被认定为是极端恶劣的行径，对待侵害技术成果的合同，大部分人的态度是“欲除之而后快”，其理所当然应该被认定为无效。在今天看来，这种想法并非对知识保护的成熟理解。

（四）小结

中国的技术合同制度产生于市场经济伊始阶段，即技术成果作为商品交易的经验不足且亟待规范的特定历史时期。编纂一部专门性的技术合同法律规范可以说开创了历史先河，在客观上促进了经济发展，特别是技术成果转化，极大地丰富和完善了我国技术合同规范制度，确定了技术交易中合同订立、修改、废止和救济等制度。但是当时实践经验欠缺又无国外立法经验参考，加之民众对知识保护的理解普遍不够深入等一系列原因造成我国技术合同制度，特别是技术合同无效制度存在局限性。在科技革命发展至今，“互联网 +”“中国制造 2025”的时代里，信息技术特别是互联网带给我们新的变化，它们不断重塑商业模式，影响着产业的生产和组织管理，催生着各种新的业态。[①] 在新的形势下，技术合同无效制度愈发难以配合快速发展的新时代，其弊端日趋明显，其修正势在必行。

① 参见怀进鹏在第三届中国电子信息博览会上的讲话。

四　技术合同效力制度的比较法研究

技术合同无效制度是我国法律体系特有的制度，不具有比较法研究的条件。但通过研究国外立法对相关合同效力的认定情况，可以反思我国这一制度，并对修改提供参考资料。

本节在比较法研究问题上采用功能研究方法，直击问题核心，重点考察国外立法对合同效力的认定立法。另外，本节中主要对英美法系国家技术合同效力进行阐释，而对大陆法系国家则重点考察其技术合同登记制度，以求在更广的范围内获取参考材料。

（一）英美法系国家技术合同效力制度

1. 美国合同法对技术合同效力的规定

美国作为典型的英美法系国家，其合同法是由判例法和制定法共同构成的。从渊源上说，各种判例法构成了调整技术合同法律关系的美国合同法的主要渊源。另外值得关注的是，在美国判例法发展的过程中，法学家和法律学者的专著发挥了十分重要的作用。虽然学者著述本身作为非正式法律渊源对法院的相关审判实践活动没有约束力，但是现实中法官每每在面临以往判决没有对相关问题做过明确回答的时候，就会援引或者参考法学著作。学者们把杂乱无章且篇幅浩大的判例收集、归纳成文，其中合同法的代表作是美国法学会在 1933 年发表的《第一次合同法重述》（*Restatement 1st of Contracts*）和 1952 年发表的《第二次合同法重述》（*Restatement 2nd of Contracts*）。另外，1952 年由美国统一州法全国委员会通过，并在几十年内修改 11 次的《统一商法典》（*Uniform Commercial Code U. C. C.*）也是美国合同法的重要渊源之一。除此之外，美国对侵害他人技术成果的相关法律还体现在各种专门制定法中。[①]

关于合同的效力问题，美国合同法的判例及相关著作和教科书一般都不会把各种有关合同效力的制度统一归类，甚至于在美国的法院判决和学

① 王军：《美国合同法（修订版）》，对外经济贸易大学出版社，2011，第 8 ~ 11 页。

者著作中也没有对合同效力这一概念形成统一的定义。但是，对无效（void）与可撤销（voidable）合同的区分还是得到普遍认可的。与此同时，美国法院对无效的或者效力不完整的合同广泛使用“有强制执行力的”（enforceable）一词来表状。在美国合同法中，能够影响合同效力的因素主要有以下几种：（1）当事人的缔约能力（the contracting ability）；（2）合同的形式（主要内容是沿袭英国《1677 年欺诈行为法》第 4 条对五种合同的规定）；（3）违反公共政策（contrary to public policy）；（4）错误（mistake）；（5）不正确的说明（misrepresentation）；（6）胁迫（duress）；（7）不正当的影响；（8）显失公平（unconscionable）。可以看出无论在司法判例，还是在制定法中，美国都没有将技术合同特殊化而特别设定一种令合同无效的情形。①

在美国合同法中，侵害他人技术成果的行为可能涉及上述所列举的若干种影响合同效力因素。以下将分别探讨各种因素下的合同效力问题。

第一，关于违反公共政策因素。美国法院在长期的司法实践中就公共政策具体由哪些政策构成这一问题创造了大量的可供援引的先例。其中对商业活动影响较大的有两个：一是反对限制贸易的政策，二是反对从事侵权行为或其他不法行为的政策。对第二点更为详细的解释是，当某项合同条款涉及公共利益，而合同一方属于社会中需要保护的阶层中的一员时，合同中免除另一方侵权责任或其他不法行为的条款一般是无强制执行力的（相当于无效）。由此可知，侵害他人技术成果行为本身并不属于该情况，故并不对合同效力产生缺失性影响。第二，关于不正确的说明因素。在美国司法判决中，不正确的说明有说明方仅对被说明方进行了“引诱”（inducement）和不正确说明设计合同本身是否存在（factum 或 execution）两种情形。而这两种情形的存在并不能成为将侵害技术成果的所有状况均认定为无效的理由，更何况美国法律认为不正确说明仅能成为合同撤销或提起侵权之诉的理由。②

---

① 可以说，即使在全世界范围内，认为侵害他人技术成果的合同无效的法律都非常罕见，中国《合同法》第三百二十九条之规定具有浓厚的中国特色。

② 王军：《美国合同法（修订版）》，对外经济贸易大学出版社，2011，第 136 ~ 137 页。

因此可以得出结论，美国合同法并不认为侵害他人技术成果这一行为本身能够成为技术合同无效的理由，仅当侵害行为涉及违反公共政策时，合同才有可能被认定为无强制执行力的。

在合同有效或可撤销的大前提下，美国合同法给予无过错一方充分的救济权利和途径，包括：（1）预期赔偿；（2）违约金；（3）惩罚性赔偿金；（4）实际履行；（5）解除合同；（6）恢复原状等。[①] 另外，由于技术成果往往涉及专利、计算机软件著作权和商业秘密等权利，受侵害的权利人又同时受到专利法等知识产权法律和商业秘密法的保护。对于侵权，美国专利法、版权法和商业秘密法普遍设定了禁令、损害赔偿、惩罚性损害赔偿、律师费等救济手段。[②] 所以，无论是合同当事人还是技术成果权利人，美国法律都提供了充足而有力的武器来面对当技术成果受侵害时的情形。

2. 英国合同法对技术合同效力的规定

“约因”或称“对价”（consideration）是英国合同之效力基石，也是英国法律传统的标志性符号。英国法学家汉姆森（C. J. Hamson）对约因的重要性有过这样的评价：“So far from being an additional and mystery，an accidental tom-tit in an otherwise rational of contract，consideration in its essential nature is an aspect of the fundamental notion of bargain，other aspects of which，no less or no more important，are offer and acceptance. Consideration，offer and acceptance are an indivisible trinity facets of one identical notion which is that of bargain. ”[③] 长久以

---

① 何家弘：《当代美国法律》，社会科学文献出版社，2011，第 215 ~ 217 页。

② See U. S. C. 283 Injunction：The several courts having jurisdiction of cases under this title may grant injunctions in accordance with the principles of equity to prevent the violation of any right secured by patent，on such terms as the court deems reasonable. See U. S. C. 284 Damages：Upon finding for the claimant the court shall award the claimant damages adequate to compensate for the infringement but in no event less than a reasonable royalty for the use made of the invention by the infringer，together with interest and costs as fixed by the court. When the damages are not found by a jury，the court shall assess them. In either event the court may increase the damages up to three times the amount found or assessed. Increased damages under this paragraph shall not apply to provisional rights under section 154（d）of this title. See U. S. C. 285 Attorney fees：The court in exceptional cases may award reasonable attorney fees to the prevailing party.

③ 该段文字的大意是：“consideration 对于简单合同绝不是可有可无的历史附属物，consideration 在本质上是交易的基本要素，是与要约与承诺并列的构成交易的不可分离的组成部分。” See C. J. Hamson，*The Reform if Consideration*，54 L. Q. R. 233（1938）p. 234.

来，英国合同法认为没有对价支持的非正式允诺没有强制力。[①]

英国合同法被美国所继承，关于合同效力瑕疵的影响因素与美国合同法基本相同，在此不做赘述。值得注意的特殊之处在于，英国法律中存在两种违法合同类型，即制定法上的违法（statutory illegality）和普通法上的违法（common law illegality）。发展至今，制定法所禁止的合同过错仅仅在一方的是不得强制的，[②] 普通法上的违法合同如果属于法律所禁止的合同类型，亦属不得强制。[③] 相关法律所禁止的行为往往是由于其违反了公共政策，而在英国法中所保护的公共政策的具体构成是在长时间的法庭裁判中逐步类型化的。比较典型的有以下几种类型：（1）合同的目的有害于司法管理（administration of justice）；[④]（2）危及公关安全（jeopardize the public safety）；（3）违背善良道德（good morals）；[⑤]（4）目的在于骗税（defraud the revenue）；[⑥]（5）贿赂公共活动（public life）；[⑦]（6）损害家庭关系。[⑧] 侵害他人技术成果至多可被认定为使他人私有权利受损，并不能被上述六种情况所涵盖。[⑨]

除以上所述之外，英国合同法判例及制定法[⑩]并没有对技术合同效力做特殊规定，更无对侵害他人技术成果的技术合同作无效处理制度。

（二）大陆法系国家的技术合同制度

1. 大陆法系国家的合同效力制度

大陆法系国家认为合同产生法律约束的理由，除非存在法律预先禁止

① 陈融：《解读约因——英美合同之效力基石》，法律出版社，2010，第4页。

② St John Shipping Corp v. Joseph Rank Ltd. （1957） 1 QB 267.

③ Ahmad bin Udon v. Ng Aik Chong（1969） 2 MLJ 116 at 117；Datuk Ong Kee Hui v. Sinyiam Anak Mutit（1983） 1 MLJ 36 at 41，reversing（1982） 1 MLJ 36.

④ Estate of Tuan Sheikh Abdulrahman，deceased（1919） 2 FMSLR 204.

⑤ Pearce v. Brooks（1886） LR 1 Exch 213.

⑥ Alexander v. Rayson（1936） 1 KB 169.

⑦ Lemenda Trading Co Ltd v. African Middle-East Petroleum Co. Ltd. （1988） QB 448；Parkinson v. College Ambulance Ltd and Harrison（1952） 2 KB 1.

⑧ Tan Kai Mee v. Lim Soei Jin（1981） 1 MLJ 271；W v. H（1987） 2 MLJ 235 at 240；Hyman v. Hyman（1929） AC 601 at 626.

⑨ 黄忠：《违法合同效力论》，法律出版社，2010，第187~189页。

⑩ 英国有关合同的主要制定法有以下几部：1943年《法律改革（履行受挫合同法）》、1967年《虚假陈述法》、1977年《不公平合同条款法》、1979年《货物买卖法》。

的事由，否则当事人之间依自身真实的意思表示达成合意由此而签署的契约应受法律保护。所述的“禁止的事由”即合同成为违反合同的缘由，大陆法系的代表国家德国在其《民法典》第一百三十四条对无效的法律行为进行了解释：“除基于法律发生其他效果外，违反法律禁止规定的法律行为无效。”① 德国法学家迪特尔·施瓦布（Dieter Schwab）在其著作《民法导论》（*Einfuhrung in das Zivilrecht*）中提到无效的法律行为是“应予以谴责的法律行为”。② 虽然大陆法系国家中对合同效力的理论研究极为深刻与丰富，亦存在争议的交锋点，但是可以明确的是，无论哪一种理论都未曾将“侵害技术成果”作为“应予谴责”而令合同无效的理由。

实际上，大陆法系国家所关注的合同无效事由同英美法系国家在本质上是契合的，即关注于合同内容是否侵害了多数人的公共利益，是否侵害了我们所珍视的公序良俗。鉴于上文已对侵害技术成果的行为是否侵害公共利益和公序良俗作了详细的论证，故下文重点将关注大陆法系国家对于善意第三人保护的制度设计，以期对我国立法提供成功的经验。

2. 法国技术合同制度

在法国，专利转让合同被视为类似销售合同，适用买卖的一般规定，特别适用民法典第 1582 – 1701 条有关买卖的规定。

转让又分为完全转让和部分转让。当转让涉及专利的总体，并在发明得到保护的全部领土范围内，它就是全部的；而当发明有几种应用，但转让只涉及其中某个确定的应用时，它就是部分的，当转让被限定在法国领土的某一部分时，这种转让也是部分的。

专利权的转让方必须是专利权的合法所有人，否则，真正的所有人可通过追还权利的诉讼来收回专利。对于专利权转让合同的形式，法国法院要求必须以书面形式提出。一般来说，法院认为合同不以书面形式提出，不能对第三人产生对抗效力，而且契约本身无效。此后，法院逐渐认为，这种无效只是相对无效，而非绝对无效，即只能由对方当事人提出无效，

① 根据德国《民法典施行法》第 2 条的规定，德国民法典意义上的“法律”指的是一切法律规范，包括德国民法典里的规范。

② 〔德〕迪特尔·施瓦布：《民法导论》，郑冲译，法律出版社，2006，第 659 页。

法院不能依职权认定其为无效合同。[①]

3. 日本技术合同制度

在专利登记、转让登记效力问题上，日本采取登记生效原则。日本专利法第98条第1款规定，专利权的转让（因继承及其他一般继承除外），若不进行登记就不会发生效力。就这一问题上，不同于英美法系国家的登记对抗主义的做法，体现出大陆法系国家的特点。

日本技术转让合同中，强调对交易的保护，特别关注对善意第三人利益保护的问题。日本技术转让中的善意取得体现在其《反不正当竞争法》中，[②] 对善意第三人的善意时间确定问题上，日本法认为只要善意受让人在获得技术秘密那一时刻是善意的即可，其后对技术秘密受让人的主观状态不再过问。并且，依此制度受让人获得技术秘密后可以使用和披露。[③]

五　侵害他人技术成果的技术合同效力制度立法完善

经过对侵害他人技术成果的技术合同无效制度的概括介绍，再从实践经验中考察该制度的实际效用，以及对其产生的历史背景原因入手，我们可以作出以下论断：侵害他人技术成果的技术合同无效制度出现于改革开放初期，社会对知识的保护意识和保护方法认识水平的发展不平衡，从而孕育了该制度，从本质上说，该制度是公权力在技术合同领域中的滥用。时至今日，技术合同无效制度已经在司法实践中逐渐受到冷落，更无法应对新技术带来的产业运营模式变化，逐渐成为技术成果转化的阻碍。修改我国以《合同法》第三百二十九条为核心的技术合同无效制度具有必要性，本节分别从技术合同类型化分类方法、相关合同效力认定方法、设计匹配

① 来小鹏：《专利合同理论与实务研究》，法律出版社，2007，第113～117页。

② 日本《反不正当竞争法》将“因交易取得商业秘密的人（以其不知且非因重大过失不知商业秘密是不正当披露，或者该商业秘密已经存在不正当获取行为或不正当披露行为为限）在其因交易取得的范围内，使用该商业秘密的行为和披露商业秘密的行为”作为适用不正当竞争的除外。

③ 来小鹏：《专利合同理论与实务研究》，法律出版社，2007，第117～119页。

的登记制度三个部分阐述对现行技术合同无效制度的修改。

（一）对不同类型的侵害他人技术成果的技术合同分类方法

根据《技术合同解释》的规定，“技术成果”包括专利权、商业秘密和计算机软件著作权等多种不同属性的权利。再考虑到侵害技术成果的主体地位和具体侵害方法的差异，将一切侵害他人技术成果的合同统一确定为有效或者无效的做法都是欠妥当的。对侵害他人技术成果的技术合同类型化分类的具体方法可以从侵害的具体表现形式和侵害人对做出侵害行为时是否具备处分权这两个角度进行分类。

1. 按侵害他人技术成果的表现形式分类方法

侵害他人技术成果，主要包括侵害另一方或者第三方的专利权、专利申请权、专利实施权、非专利技术使用权和转让权以及发明权、发现权和其他科技成果权的行为，具体表现形式参照本文第一部分所列举的十种情况。

对于具体处理技术合同案件而言，上述分类方式过于细致。对此，需要进一步对其划分类别，具体分类如下。

（1）未经专利权人的同意而处分专利权利的，包括与他人订立专利转让、专利实施许可合同；

（2）未经专利权人的许可而实施专利的，包括以生产经验为目的，使用未经授权或许可的专利，制造、使用他人专利产品的；

（3）侵害专利权人申请专利的权利和冒名申报奖项的，包括当事人以自己名义申请专利，而该专利应由双方或一方当事人申请的，本类也包括将他人成果以自己名义申报发明奖、自然科学奖、科学进步奖等奖项的；

（4）实施专利超越专利实施许可合同约定范围的，包括实施时间期限、地区和方式等；

（5）因职务发明问题而产生的侵害技术成果纠纷，包括个人未经单位同意而私自转让其职务技术成果和单位未经个人同意而转让个人的非职务技术成果的；

（6）侵害他人版权、非法窃取、披露他人技术秘密而与第三方签订技术合同的。

以上六种对侵害他人技术成果具体表现形式的分类虽具备一定的抽象性，能容纳实践中实际发生的侵害行为，但考虑到以下四点原因，此种分类方法仍有很大的局限性：其一，“技术成果”名词本身内涵丰富，上述分类方法过度倾斜于专利权利而忽视对侵害技术秘密和计算机软件著作权等技术成果权利的表状归类；其二，技术革新不仅带来生产方式的更替，更会影响交易方式的改变，上述分类方式并不能完全收纳新类型的交易方式，有可能出现挂万漏一之状况；其三，通过上述方法所获得的类别在法律属性之间区分并不明显，会出现其中几种类别合同效力相同而另几种类别的技术合同效力相同的状况，从立法技术角度考虑，在规定技术合同效力的法条制度设计过程中，这样的分类效果不明显，分类的意义不大；其四，没有考虑到侵害手段涉嫌欺诈、胁迫、乘人之危等情况。

鉴于笔者的水平有限，影响所及，通过以上列举式的对侵害行为具体表现形式做分类的方法不仅不能包容全部研究对象，更无法凸显各行为在法律属性上的区别和联系。综上所述，该分类方法与结果并不可取。

2. 按对技术成果是否具备处分权的分类方法

民法学家王利明先生在其著作《合同法研究》一书中对《合同法》第三百二十九条提出这样的质疑：“在实践中，侵害他人技术成果的行为经常表现为……此类情形在性质上实为无权处分，依据《合同法》第51条的规定，应当作为效力待定的合同对待，但《合同法》分则又将此种情形作为无效对待，这就形成了总则规定和分则规定的矛盾。”①② 同时，我们也能注意到在本文第二部分所列举的“东北电业管理局科技开发公司热电辅机分公司诉青岛磐石容器制造有限公司专利实施许可合同纠纷案”中，再审法院认定“侵害技术成果”的行为构成无权处分。无论从理论研究还是从司法实践来看，确实存在用无权处分理论来理解侵害他人技术成果行为的法律实质观点。这也为我们提供了一种新的分类方法——按当事人在侵害技术成果时是否具备对技术成果权利的处分权利来分类。

① 王利明：《合同法研究》，中国人民大学出版社，2012，第575页。

② 同时，王利明还认为：“从有利于对真正权利人的保护，促进技术进步的角度考虑，显然将其作为效力待定的合同来处理更为妥当。”

但是，在具体归类之前，必须先厘清一个问题：技术成果能否如物权一样适用无权处分的理论。所谓无权处分行为，是指无处分权人处分他人财产，并与相对人订立转让财产的合同。[①] 判断技术成果能否使用无权处分理论的核心应该是技术成果这种“非传统财产”与“传统理论中的财产”的差异是否大到足够成为无权处分理论移植的阻碍。

首先，技术成果的无形性不足以成为技术成果适用无权处分制度的障碍。客体的有形无形与否与是否适用无权处分制度并无直接关联，技术成果作为商品的权利与物权同属于财产权利，而财产权利是一种人与人之间的关系。以技术成果的无形性为由而断言知识产权不适用无权处分，是混淆了“权利”与“客体”，将客体特点上的差异等同于权利层面的差异。

其次，占有性质上的差异不足以成为技术成果适用无权处分制度的障碍。专利权等知识产权需依法经行政机关审核登记备案，其公示方式与不动产物权类似。虽然著作权并不以注册登记作为公示方式，但是其权利推定方式导致其不需要考虑占有的问题，即如无相反证据则作品署名人即推定为作品的作者。另外，技术秘密这一类技术成果不需要如物权一般严格的排他性占有，权利人也可依照法律规定禁止他人使用以保证自己对其独占使用权。因此，大部分类型的技术成果权利不牵涉占有问题的同时能够适用无权处分，小部分牵涉占有问题的技术成果权利又能够以其他方式解决无权处分问题。

最后，地域性、时间性等特点不足以成为技术成果权利适用无权处分制度的障碍。这些特性的产生源自知识产权制度设定程序上的要求，与权利本身的性质无关，没有触碰到适用无权处分条件问题，不足以成为技术成果权利不适用善意取得制度的理由。[②]

将侵害他人技术成果的技术合同（不涉及《合同法》五十二条的情况）确定为无权处分合同，是充分尊重技术成果权利的意志。技术成果真正的权利人受到权利侵害时，正确的做法不应是直接去否定技术合同的效力，而是让受害者自己去决定效力的最终去向，由技术成果权利人自己考虑是

---

① 王利明：《论无权处分》，《中国法学》2001 年第 3 期。

② 参见缪奇川《以商标权为例试论知识产权的善意取得》，《北京航空航天大学研究生论坛论文集》2013 年第 10 期。

否应该撤除合同的效力。

另外，在技术成果领域中引入无权处分理论，将为技术成果善意受让人善意取得该技术成果权利提供理论支持，因为善意取得发生的前提即为无权处分人处分相应财产权利。此举可使《技术合同解释》中所创设的“不完整的善意取得”转化为真正完整的善意取得，进而对善意受让人给予更为可靠的权利。

既然可以将无权处分的理论适用于技术合同领域，那么就可对具体的侵害他人技术成果行为进行分类：（1）行为人在侵害他人技术成果时对该技术权利具备处分权利；（2）行为人在侵害他人技术成果时对该技术权利没有处分权利。

对第二种情形比较容易理解，且此种情况在实践中出现概率更高，它经常表现为，未经权利人的许可非法转让其发明创造的合同，合同约定技术成果使用权归一方的，另一方未经许可就将该项技术成果转让给第三人。[①] 对第一种情况理解较难，虽然出现概率较小但确实存在，例如本文前述所举之例。[②]

3. *两阶层分类法*

上述分类方法较按具体侵权方式分类的方法有明显优势，也更为科学合理。即使如此，无权处分分类方法依然遗漏了现实中欺诈、胁迫、恶意串通等非法手段侵害技术成果的现象。

因此，最为科学的分类方法应是将侵害他人技术成果的行为分两个阶层逐步分类，首先考虑侵害他人技术成果的行为是否涉及《合同法》第五十二条、第五十四条之规定，此为第一阶层；如果该侵害行为并不涉及上述两法条之列举情形则考虑该侵害行为做出时行为人对相关技术成果是否具有处分权利，此为第二阶层。

上述分类方法不仅可以将全部侵害技术成果行为归纳完全，亦能应对新出现的交易模式，同时，更符合接下来的合同效力制度设计法律属性层

① 段瑞春：《技术合同》，法律出版社，1999，第105页。

② 该例为某专利权人甲将其专利授权乙独占使用，在未登记且使用权期限未满之前，甲又将该专利授权丙使用。甲对丙的授权行为当属有权处分，此种情形类似与物权中的“一房二卖”。

面上的需求。

（二）侵害他人技术成果的技术合同效力认定方法

1. 第一阶层分类的技术合同效力认定

根据上文所阐述的“两阶层分类”理论，首先考究侵害他人技术成果行为是否具有《合同法》第五十二条列举的情节，如有，则直接依据第五十二条确定该技术合同无效而无须另援引技术合同无效制度；如侵害他人技术成果行为具有《合同法》第五十四条所称的“重大误解”“显失公平”等情节，则直接依据第五十四条给予相关合同当事人以撤销权。如若上述情节均不具备则进入第二阶层以确认技术合同的效力。

2. 第二阶层分类的技术合同效力认定

关于无权处分的合同效力，目前理论界仍存在争议。《合同法》第五十一条规定：“无处分权的人处分他人财产，经权利人追认或者无处分权的人订立合同后取得处分权的，该合同有效。”关于该条款所规定的无权处分合同效力的解释，①② 比较流行的有三种观点，即无效说、效力待定说和有效说，其中有效说又分两种，分别为物权合同效力待定下的债权合同有效说和一般情况下的有效说。③ 笔者更倾向于效力待定说，即合同的效力取决于征得权利人对此是否追认或者履行期限届满前处分人是否取得该标的物的所有权。若追认或者已取得标的物的所有权，则该合同有效；反之，则该

---

① 我国学界关于《合同法》第五十一条所规定的无权处分行为效力的解释显然不是文义解释。因为，按照文义解释的规则，“根据一般的语言使用或者特殊法律理解所推出的词语含义为法律解释提供一个界限。如果想要超越这个界限，得到一个特定的、适用于该案情的解释，则根据方法论的真实性，我们可以毫不讳言地指出，使用解释的方法是无法达到这个目的的。”参见〔德〕N. 霍恩《法律科学与法哲学导论》，罗莉译，法律出版社，2005，第 133 页。

② 按照文义解释的规则，文义解释应当尊重法律条文的词句含义，按照法律条文用语的词句含义进行解释，而不能超越可能的文义，否则就超越了法律解释的范围而构成造法活动。从《合同法》第五十一条的词句含义看，“经权利人追认或者无处分权的人订立合同后取得处分权的，该合同有效”，也就意味着在权利人追认或者无处分权的人订立合同后取得处分权前，无权处分行为应为效力待定。该条的词句并不含有将该行为的效力确定为有效或无效的含义，因此，将该条无权处分行为效力解释为有效和无效是一种非文义解释。

③ 李军：《无权处分合同效力与物权变动模式之关联》，法律出版社，2013，第 161 页。

合同无效。[①] 但是，无论上述何种观点，都与物权变动理论有关，而本文研究对象是一种特殊的财产权利——技术成果，故而在此层面上断言三种观点孰优孰劣并无意义。更何况，无论吸收何种观点，对于所研究的技术合同都会根据《合同法》第五十一条之规定，再依据行为人是否取得处分权而确定合同的最终效力——要么有效，要么无效。《合同法》第五十一条的立法初衷也是尽量减少合同效力不确定的状态，使无权处分的合同效力最终趋于稳定。因此，学术界认为无权处分合同效力虽然有差异，但是一旦承认了技术成果可运用无权处分这一前提，都会殊途同归地依据《合同法》第五十一条确认合同的效力。

根据上述论断，可以确认，在第二阶层的分类中，如若侵权人在侵害技术成果时对该技术成果权利具备处分权则该合同有效，侵权人对技术成果权利受损之人赔偿损失即可；如若侵权人在侵害技术成果时对该技术成果权利没有处分权则该技术合同效力待定，依据《合同法》第五十一条之规定，考察行为人侵害技术成果之行为是否获得技术成果权利人追认，如若获得追认，则该技术合同有效；如若不能获得追认，则该技术合同无效。

（三）技术合同登记制度对侵害他人技术成果的技术合同效力影响

我国对技术合同设置了登记制度，因此，确认技术合同的效力时必须研究合同登记制度对效力的影响。

1. 现行法中的技术合同登记制度

2000 年 2 月 16 日，《技术合同认定登记管理办法》颁布，该办法确立了我国的技术合同登记制度。[②] 该管理办法明确了技术合同登记制度中合同范围、申请登记的流程、所需提交的材料、未登记对技术合同的影响等内容。该制度设立的主要目的是加强技术市场管理，保障国家有关促进科技成果转化政策的贯彻落实。[③] 而具体促进科技成果转化方式的主要落脚点在

---

① 崔建远：《无权处分辩》，《法学研究》2003 年第 1 期。

② 1990 年原国家科学技术委员会发布《技术合同认定登记管理办法》。

③ 顾宁：《技术合同登记认定服务平台建设的实践与探索》，《江苏科技信息》2013 年第 19 期。

于对技术合同主体给予相应的减免税收政策，包括增值税①和所得税。②

另外，2001 年 7 月 18 日由科学技术部发布的《技术合同认定规则》中也规定了有关技术合同登记的部分制度。

2. 技术合同登记制度对侵害他人技术成果的技术合同效力的影响

技术合同登记制度直接与减税等奖励政策挂钩，《技术合同认定》第六条规定："未申请认定登记和未予登记的技术合同，不得享受国家对有关促进科技成果转化的税收、信贷和奖励等方面的优惠政策。"由此观之，未经登记的技术合同本身效力不受影响。

虽然如此，经过登记的技术合同较未经过登记的合同公信力更高，登记制度的设置也可以为判断技术成果受让人在取得该技术成果权利时的善意状态提供佐证。各级地方的科学技术行政部门、管理部门对已登记的技术合同进行公示，在技术成果受让人明知合同相对方并非技术成果权利人时，应当认定其受让时所持主观态度为"非善意"。

结论和立法修改建议

技术合同无效制度是我国特有的制度，依现行《合同法》第三百二十九条的规定，当合同中包含的内容涉嫌侵害他人技术成果时，相关合同条款无效。这一特殊的合同无效制度不仅没有尊重当事人的自由意志，更是对合同自由的过分限制，缺乏正当性和合理性；从实践的经验总结来看，该制度逐渐脱离实际需求，违背立法初衷，阻碍技术成果转移转化，影响科学技术进步。

通过对大量相关司法判例梳理，总结现行技术合同无效制度在实际应

---

① 原财政部、国家税务总局关于贯彻落实《中共中央国务院关于加强技术创新，发展高科技，实现产业化的决定》有关税收问题的通知（财税字［1999］273 号）中提到，对单位和个人从事技术转让、技术开发业务和与之相关的技术咨询、技术服务业务取得的收入，免征营业税的政策继续沿用。

② 2008 年 1 月 1 日《中华人民共和国企业所得税法》《中华人民共和国企业所得税法实施条例》正式颁布，在所得税法第二十七条第四项中规定符合条件的技术转让所得免征、减征企业所得税，是指一个纳税年度内，居民企业技术转让技术所得不超过 500 万元的部分，免征企业所得税，超过 500 万元的部分，减半征收企业所得税。

用中所表现出的问题；通过考察制定技术合同无效制度时的历史背景，探究该制度设计的初衷，分析其合理性和局限性。参考国外立法中对相关合同效力确定的做法，引入对技术成果适用无权处分的理论，本文提出在确定侵害他人技术成果的技术合同的效力问题时，应对侵害行为的表现形式进行分类化处理：当侵害他人技术成果具备《合同法》第五十二条、第五十四条的情况，应依法确认合同为无效或可撤销合同；当侵害他人技术成果不涉及上述法条时，应关注侵害行为发生时行为人对相关技术成果是否具备处分权利，如具备则合同有效，不具备则可参照无权处分合同确认其效力。

依此观点，本文对现行法律提出了修改建议，具体如下。

根据全文论证，通过本文提出的“两阶层分类法”对侵害他人技术成果的不同情况可分为三种类型。

（1）触犯《合同法》第五十二条、第五十四条的情况。对于此种情况可分别依据第五十二条和第五十四条确定合同效力；

（2）侵害人在处分技术成果时有处分权利的情况。对于此，可认定为有权处分时依照《合同法》合同成立生效的条款确定其效力；

（3）侵害人在处分技术成果时无处分权的情况。对于此，直接依据《合同法》第五十一条之规定确认其为无权处分合同并根据权利人的追认情况确定其效力。

以上三种情况分别被《合同法》第五十一条、第五十二条、第五十四条分解处理。故第三百二十九条后半部已无存在必要，建议删除《合同法》第三百二十九条中“侵害他人技术成果的”部分。[①]

因修改《合同法》第三百二十九条之故，其他司法解释中相关条款亦需修改：对于《技术合同解释》第十二条中“根据合同法第三百二十九条的规定，侵害他人技术秘密的技术合同被确认无效后”部分修改为“根据合同法第五十一条的规定，未经权利人同意而处分技术秘密的合同被确认无效后”，该解释的其他内容不变。

---

① 实际上该条中“非法垄断技术、妨碍技术进步的技术合同”规定为无效亦有其不合理之处，参见王宏军《我国技术合同无效制度的立法缺陷——评〈合同法〉第329条》，《政治与法律》2008年第9期。

四　附录

研究基地大事记

北京科技创新中心研究基地正式设立

2016 年 1 月 22 日下午，北京市哲学社会科学规划办公室主任王祥武、副主任张庆玺及市教委副主任叶茂林等一行七人莅临北京航空航天大学考察“北京科技创新中心研究基地”的筹建工作。基地首席专家张军院士，基地负责人、法学院院长龙卫球教授，科学技术研究院领导，以及基地校内十余位专家参加会议，会议由北京市哲学社会科学规划办公室副主任张庆玺主持。

基地首席专家张军院士代表学校致辞，首先感谢市哲社办、市教委长期以来对北航人文社会学科发展的大力支持。张军院士指出，在全球科技创新格局和世界城市体系中，科技创新正成为世界城市的重要标志性功能，科技创新中心的发展代表了一个国家的核心竞争力。建设具有全球影响力的科技创新中心是中央赋予北京的新定位，也是首都经济社会转型发展的内在要求。多年来，北航始终坚持服务国家战略需求，突出自主创新，强化协同创新，积极搭建国家级创新平台，取得了一批原创性和代表前沿高技术的标志性成果，培养出一批创新型领军人才和创新型团队。通过充分整合校内外学术资源，依托北航建设北京科技创新中心研究基地，对于打造服务首都建设科技创新中心的战略智库具有重要意义。研究基地将紧密围绕国家战略和首都发展需要，深入研究国际科技创新中心演化规律，聚焦制约北京科技创新中心建设的若干问题，重点面向科技创新政策制定、机制设计、人才保障、科技创新评价等关键领域，深入开展基础研究和应用对策研究，为首都建设科技创新中心提供理论支持、智力支撑和决策参考。法学院谭华霖教授代表基地筹备组，围绕基地建设背景、优势条件、研究团队、主要研究领域等方面做了基地申报汇报。

考察组专家高度评价了北京科技创新中心研究基地筹建工作，认为前期筹建工作视野宽、起点高、选题准。北京市教委副主任叶茂林指出，研究基地要深入研究、总结全球科技创新中心发展规律，进一步在科技创新评价指数、制约创新发展的体制机制问题、科研机构创新能力第三方评价等方面开展深入探索，对北京建设科技创新中心给予理论支撑和决策参考。北京市哲学社会科学规划办公室主任王祥武指出，基地选题符合北京经济社会发展需要，论证充分深入，研究目标清晰，研究团队实力强，对于首都落实创新驱动发展、加快建设全国科技创新中心具有重要意义。王祥武主任最后宣布批准“北京科技创新中心研究基地”成为北京市哲学社会科学研究基地。

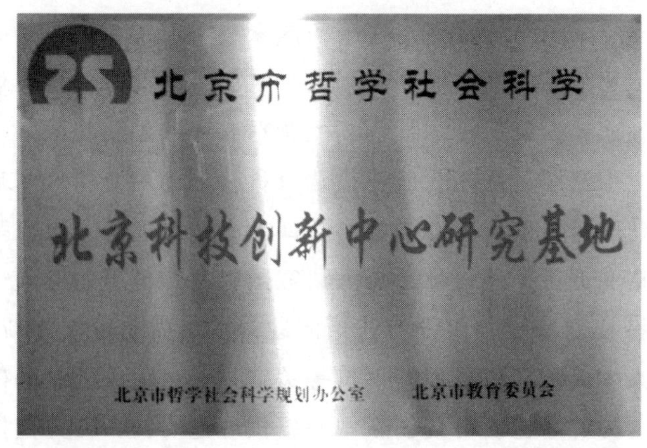

北京航空航天大学召开北京科技创新中心研究基地建设研讨会

2016 年 2 月 1 日上午，北京航空航天大学召开“北京科技创新中心研究基地”建设研讨会，基地首席专家张军院士，副校长房建成院士，科学技术研究院、人事处、教务处负责人，以及基地校内外专家十余人参加会议。会议由基地负责人、法学院院长龙卫球教授主持。

会上，法学院谭华霖教授代表基地秘书处首先对基地建设初步方案做了汇报。研究基地将立足服务北京决策，全面支撑北京建设有全球影响力的科技创新中心的城市战略定位，提出了“1 + 1 + N”的建设设想，即打造 1 个高端交流平台，发布 1 套创新评价指数体系，形成决策服务支持机制、学会建设机制、学术期刊运营机制等 N 项运行机制，力争建设成为该领域决策服务中心、科学研究中心、人才培养中心、学术交流中心和全球科技创新情报中心等五大中心。与会人员围绕基地建设目标、研究特色、运行机制、平台支撑等进行了热烈讨论。

副校长房建成院士指出，“北京科技创新中心研究基地”是学校服务北京科技创新中心建设的重要平台，要充分整合学校资源，发挥特色优势，并进一步结合国防和军队体制机制重大变革，加强对服务国家和区域经济社会发展的政策研究，充分发挥研究基地在该领域的影响力。

基地首席专家张军院士作会议总结讲话。他指出，基地定位要围绕立足北航、服务北京、面向全球，打造成为具有国际影响力的品牌智库，其建设要注重“四性”：一是独立性，要充分发挥自身特色优势，建设独立品牌；二是科学性，要发挥北航大数据领域科研优势，提高研究工作的科学性；三是开放性，要与校内外优势团队或单位全面开展合作；四是国际性，要坚持国际化发展道路；通过持续性建设打造基地的权威性。张书记强调，要坚持以人为根本，进一步解放思想，发挥基地在“引人”“聚人”“育人”方面的作用，以加强人文社科基地建设为重要抓手，推动学校人文学科建设的快速发展。

研究基地受托对“北京高等学校高精尖创新中心建设计划”开展第三方评估

2016 年 5 月，受北京市教委委托，研究基地作为第三方评估机构，对清华大学“未来芯片技术高精尖创新中心”、“结构生物学高精尖创新中心”和北京大学“工程科学与新兴技术高精尖创新中心”等高精尖中心建设情况进行了专项评估。市教委叶茂林副主任、基地首席专家张军院士、基地主任龙卫球教授等参加评估活动。

专家组一行先后前往北京大学和清华大学，分别对三家高精尖中心建设情况进行现场考察，听取中心负责人汇报，并进行深入交流座谈，围绕进一步加强高精尖中心建设提出了针对性意见和建议。“北京高等学校高精尖创新中心建设计划”（简称“高精尖计划”）是北京市深入实施创新驱动发展战略、落实首都城市战略定位、发挥北京高校科技智力资源优势、构建“高精尖”经济结构的重要举措。该计划旨在整合中央在京高校、市属高校和国际创新资源三方力量，集中力量建设若干高精尖中心。北京市财政对高精尖中心按照建设周期给予稳定支持，五年为一周期，每年给予每个中心 5000 万至 1 亿元的经费投入。市教委是“高精尖计划”的牵头组织部门。2015 年 10 月，清华大学、北京大学等高校牵头论证的 13 家高精尖中心获得市教委首批认定。此外，根据“高精尖计划”总体要求和《北京高等学校高精尖创新中心建设管理办法（试行）》等文件规定，高精尖中心实行第三方评估制度，第三方机构在中心建设中期和结束期进行全面评估。

时任北京市委副书记、市委教育工委书记苟仲文莅校调研研究基地建设等情况

2016年6月17日，时任北京市委副书记、市委教育工委书记苟仲文到我校调研，听取了我校关于北京市科技创新中心研究基地、各高精尖创新中心以及北京学院等发展建设的情况汇报。

苟仲文书记对北航相关工作取得的进展给予肯定，并表示，北京市科技创新中心研究基地、北航各高精尖创新中心以及北京学院的建设，是北京市和北航进一步贯彻落实创新驱动发展战略和京津冀协同发展战略的重要举措，北京市将进一步给予政策和空间支持，支持北航为北京建设科技创新中心做出新的、更大的贡献。

研究基地举办第三方科技评价法制体系建设首次学术研讨会

2016 年 10 月 12 日，由研究基地联合北京航空航天大学法学院、中国科技法学会和中关村兰德科教评价研究院共同举办的第三方科技评价法制体系建设首次学术研讨会在北航举行。北京航空航天大学学术委员会主任赵沁平院士、副校长房建成院士、基地主任/法学院院长龙卫球教授，以及解放军原副总参谋长张黎上将、中科院原副院长杨柏龄、中国人大制度研究会副秘书长吴高盛、国家发改委国家投资项目评审中心副主任黄阳发等二十余位科技界和法学界专家参加会议。

会议围绕第三方科技评价实践和第三方科技评价立法这两个话题进行，与会专家就第三方科技评价实践、第三方科技评价立法的必要性和立法基础及程序、第三方科技评价的主体资质、第三方科技评价主体的独立性及责任承担等问题展开了深入交流与研讨。

第三方科技评价对于预防和解决科技评价领域存在的问题、优化国家科技资源配置、服务政府决策、保障科技事业健康发展有重要作用。《国家创新驱动发展战略纲要》《“十三五”国家科技创新规划》等重要文件及全国科技创新大会等重要会议强调建立第三方科技评价制度、发展第三方科技评价事业。本次会议的召开提出了许多建设性意见，对该问题的研讨必将极大推动第三方科技评价及其法律制度的发展和完善，促进我国科技事业的不断进步。

研究基地参与协办第二届中国互联网法治大会

2016 年 10 月 16 日，第二届中国互联网法治大会在北京会议中心隆重举行。本次大会由中国互联网协会主办，北京航空航天大学法学院、北京科技创新中心研究基地作为学术支持单位参与协办。作为中国互联网法律界的年度盛会，本次会议集结了政府部门领导、业界领袖、专家学者、知名律师、互联网行业领军人物、中小企业主、创业者等约两千余人。全国人大法律委员会苏泽林副主任、最高人民法院民二庭杨临萍庭长、工业和信息化部政策法规司李巍司长，国家互联网信息办公室王岚生副主任，与国家知识产权局、国家版权局、国家工商行政管理局等主管部门的领导，来自北京航空航天大学、北京大学、中国人民大学、中国政法大学等著名法学院校的专家学者，来自腾讯、京东集团、平安集团、百度、乐视等数十家国内著名互联网公司的高管们，围绕着“互联网 +”时代的个人信息保护制度建设、司法与法律服务创新、网络空间治理等问题进行了深入研讨。

本次互联网法治大会将主题定为“互联网＋”时代的创新与治理，聚焦互联网法律创新，关注法治前沿问题。大会分为一个主论坛和五个分论坛。在主论坛的高峰对话环节，北京航空航天大学法学院院长龙卫球教授与国家工商总局反垄断与反不正当竞争执法局陆万里副局长、国家版权局版权管理司段玉萍副司长、北京知识产权法院宋鱼水副院长、北京大学法学院薛军副院长、中国人民大学法学院杨东副院长等嘉宾一起就互联网法治问题进行对话。基地主任龙卫球教授在发言中指出，在当今互联网和大数据时代，数据已成为一项重要的资产，应当在法律上承认数据的财产属性。龙卫球教授还就数据资产化的路径选择、保护方式与制度设计等问题进了阐述。

在“互联网创新发展与治理”分论坛中，基地研究人员周学峰教授作为主持人主持了该分论坛，其在发言中阐述了互联网时代的技术创新、商业创新与规范治理的关系，并与来自国家版权局、国家工商总局、北京律师协会、南京邮电大学、知名互联网企业的专家学者们进行了交流；肖建华教授做了《“互联网＋”时代电子证据在司法领域的应用》的主题演讲；王天凡主持了与知名互联网企业法务总监对话的环节，就互联网企业法务所面临的问题进行了交流。在“个人信息保护”分论坛中，裴炜副教授做了《互联网时代个人信息权的建构和立体式法律保障》的演讲，并与专家们就个人信息权的制度建构进行了交流和探讨。在“互联网＋时代的案例研讨分论坛”上，孙国瑞教授对论坛新评选和发布的“影响中国互网联法治进程的反不正当竞争与反垄断案件”做了专家权威点评。在“互联网＋时代保险服务发展分论坛”上，任自力教授主持了该分论坛，并就互联网时代的金融创新与规范发展问题做了精彩发言。

研究基地协办第六届两岸民商法前沿论坛

2016 年 11 月 5 日至 6 日，由北京航空航天大学法学院与台湾政治大学法学院携手联合举办的第六届两岸民商法前沿论坛在北京航空航天大学如心会议中心隆重召开。研究基地主任、北京航空航天大学法学院院长龙卫球教授和台湾政治大学法学院院长林国全教授做了开幕致辞，刘保玉教授和王文杰教授主持论坛。

本次论坛主题为“民商法的国际性与地域性”，旨在讨论如何融合全球战略，打造一部世界先进，并能体现中国文化传统与地域特殊性的民法典。我国著名法学家、中国政法大学终身教授江平先生，台湾地区“司法院”前副院长及大法官苏永钦教授，中国人民大学常务副校长、中国民法学研究会会长王利明教授，中国社会科学院法学所研究员、中国民法学会常务副会长孙宪忠教授，全国人大常委会法工委民法室原主任姚红女士，全国人大常委会法工委民法室前副主任、巡视员扈纪华女士，北京知识产权法

院副院长、全国妇联副主席宋鱼水法官，中国政法大学教授、中国商法学研究会会长赵旭东，中国政法大学教授、中国婚姻家庭法研究会会长夏吟兰，中国人民大学法学院教授、中国民法学研究会副会长杨立新，北京大学法学院教授、中国民法学研究会副会长、中国保险法学研究会会长尹田，台湾政治大学原院长黄立教授、现任院长林国全教授、校部主任王文杰教授、副院长王千维教授和叶启洲教授，台湾大学法律学院王文宇教授、陈自强教授和陈忠五教授，台北大学法学院终身荣誉教授陈荣传，台湾东吴大学学务长郑冠宇教授等出席了此次盛会。来自中国政法大学、中国人民大学、北京大学、清华大学、中国社会科学院、北京航空航天大学、西南政法大学、华东政法大学、西北政法大学、厦门大学、武汉大学、浙江大学、南京大学、中山大学、台湾政治大学、台湾大学、台湾台北大学、台湾东吴大学、台湾高雄大学等两岸法学院校和科研机构的专家学者，以及来自法院、政府监管部门、律师事务所、著名网络企业等实务部门的实务工作者，共计一百九十余位嘉宾出席了本次论坛。新华社、法制日报、中国新闻网、财新网、凤凰网、中国法制出版社、法律出版社、北大出版社等新闻出版机构也出席和支持了论坛。

此次两岸学术界、实务界的空前盛会得到了社会各界的广泛关注，各位专家学者围绕法典编纂思路，民法典编纂有关的重点、难点问题进行了重点探讨，特别是针对中国民法典编纂中涉及的国际接轨、发展、创制问题进行了热烈的探讨。论坛会期持续两天。一年一度的两岸民商法前沿论坛，规格高、论题时政强、论坛影响大，为两岸民商法的交流提供了重要的交流平台，在两岸法学界具有重大影响。

研究基地教师代表参加中国科学技术法学会 2016 年年会暨中国首届企业科技法治与知识产权战略高峰论坛

2016 年 11 月 26～27 日，以“创新与法治：大科学、大数据、大发展”为主题的中国科学技术法学会 2016 年年会暨中国首届企业科技法治与知识产权战略高峰论坛在青岛黄海饭店隆重召开。本次会议由中国科学技术法学会，青岛市企业联合会、青岛市企业家协会联合主办，来自中国法学会、科技部、最高人民法院、北京知识产权法院以及北京大学、中国政法大学、西南政法大学、华东政法大学、上海交通大学、北京航空航天大学等近 30 所科研院校的科技法学界的知名专家学者，以及企业界、法律界的代表共计 300 余人出席本次会议。与会嘉宾就当前科技法治新形势和未来发展方向等议题进行了深入研讨。

在大会前召开的中国科学技术法学会理事改选会议上，北京航空航天大学副校长房建成院士当选为中国科学技术法学会副会长，研究基地常务副主任谭华霖被增选为中国科学技术法学会理事。

荣誉证书

谭华霖：

科技法学奖是经国家科技奖励办公室审核，中华人民共和国科学技术部批准，由中国科学技术法学会设立的面向全国科技法学研究、科技法制建设、科技法律服务领域的综合性奖项。科技法学奖分设杰出贡献奖、突出成就奖和优秀人才奖等三个奖级。为表彰和奖励您在我国科技法学研究领域做出的突出成绩，特授予“科技法学奖”——优秀人才奖。

中国科学技术法学会

二〇一六年十一月二十六日

此外，为表彰和奖励在我国科技法学研究领域做出突出成绩的个人，会议还在 26 日上午举行的开幕式上宣布了第七届“科技法学奖”获奖人并进行颁奖，基地常务副主任谭华霖获得“科技法学奖”——优秀人才奖，并在科技研发与科技成果转化分论坛研讨中做了重点发言。

研究基地联合承办第二届“科技促进经济发展峰会”

2016 年 11 月 26 日，由中关村兰德科教评价研究院主办，中国科学院管理创新与评估研究中心、中国人民大学教育学院、北京航空航天大学法学院、北京科技创新中心研究基地等单位联合承办的“科技促进经济发展·2016 峰会”在北京达园隆重召开，年度主题为“创新型国家建设与科教机制创新”。

中关村兰德科教评价研究院院长、解放军原副总参谋长张黎上将，中关村兰德科教评价研究院副院长、中国科学院原副院长杨柏龄，中关村兰德科教评价研究院副院长、教育部原副部长、北京航空航天大学赵沁平院士，中关村兰德科教评价研究院副院长、国务院研究室原副主任尹成杰出席会议，北京大学光华管理学院名誉院长、兰德研究院首席专家厉以宁教授，谢克昌院士、何祚庥院士，中国高等教育研究会会长瞿振元教授，中国高等教育研究会副会长张德祥，中国科技体制改革研究会会长张景安、北京科技园建设（集团）股份有限公司的郭莹辉董事长等应邀出席峰会。

来自政府部门、国防大学、中国科学院、中国工程院、清华大学、北京大学、中国人民大学、北京航空航天大学、北京师范大学、厦门大学、大连理工大学、中国科学院大学、军工科研院所的相关领导、专家学者、企业领袖等150多人参加了峰会。

张黎院长在致辞中指出，建立第三方评价机制是完善国家评价体系的重要举措，也是推进国家治理体系和治理能力现代化的重要方面。要积极贯彻国家创新驱动发展战略和军民融合发展战略，不断增强综合国力，提升国家科技创新水平。深入推进军转民、民参军工作，加快形成全要素、多领域、高效益的军民深度融合发展格局。

会议由中关村兰德科教评价研究院副院长、教育部原副部长、北京航空航天大学赵沁平院士主持。会议同时举办了三个平行分论坛，围绕“改革科技评价制度、提升科技供给质效和运行机制活力、改革教育评估制度、建设世界一流研究型大学、创新军民融合发展机制、建设区域科技创新中心”六个议题展开讨论，取得丰硕理论成果。

北京航空航天大学法学院院长、研究基地主任龙卫球教授就科技评价立法提出了专家意见；研究基地副主任陈巍从某技术成果鉴定欺诈的司法案例中，分析了科技评价专家法律责任的重要性，并给出了相关建议。

研究基地首席专家张军院士担任《中华人民共和国卫星导航条例》起草工作组副组长

2016年11月29日下午，《中华人民共和国卫星导航条例》（以下简称《条例》）起草工作组第一次会议在京召开，中央国安办、中央网信办、国务院法制办、军委法制局、卫星导航专项领导小组成员单位共23个部门，以及起草工作组和支撑单位北京航空航天大学等单位领导、代表和专家共80余人参加。

会上，北斗卫星导航系统杨长风总设计师作为《条例》起草工作组组长宣布了工作组名单，研究基地首席专家张军院士作为起草工作组副组长代表支撑单位从背景情况、前期立法情况和《条例》起草准备工作等方面汇报了前期进展，并从基本思路、主要任务、支撑保障和计划安排四个方面详细介绍了起草工作方案。与会领导、代表和专家纷纷表示，《条例》将填补我国在该领域的立法空白，对于维护国家安全、保障北斗系统运行发展，以及促进卫星导航产业健康发展具有重要意义，北航作为支撑单位所做的前期准备工作扎实充分、工作方案切实可行。各部门表示将积极参与《条例》的起草工作，并对后续工作提出了多项建设性意见。杨长风总设计师最后做了总结讲话，强调了制定《条例》的重要性和迫切性，对下一步的起草工作进行了全面部署。

作为国家卫星导航领域的基本法规，该《条例》已列入“国务院 2016 年立法工作计划”，将规范国家卫星导航领域相关活动和工作，确立北斗系统作为国家信息基础设施的法律地位。

研究基地承担“中国制造2025”政策法律研究多个重点项目

“中国制造 2025”是我国实施制造强国战略第一个十年的行动纲领。研究基地立足该领域重大需求，承担了“中国制造 2025 政策法律体系研究”、工业和信息化部知识产权推进计划等多个重点项目，积极为我国制造强国建设贡献智库力量。

“中国制造 2025 政策法律体系研究”是工信部党组 2016 年确定的重大软课题之一，为了保证该课题的顺利开展，2016 年 7 月 29 日，工信部为此召开了专题会，会议由刘利华副部长主持。会上，工信部政策法规司介绍了课题研究总体工作方案和推进情况，国务院发展研究中心、中国电子信息产业发展研究院、北京航空航天大学、中国信息通信研究院四家课题承担单位的负责人分别汇报了研究思路和框架，来自国务院研究室、中国社会科学院的专家就研究方法和需要关注的重大问题提出了意见和建议。在此项重大课题中，基地研究团队承担了“中国制造 2025 法律体系”方面的研究任务。北京航空航天大学副校长魏志敏代表课题承担单位参加了此次会议，并向工信部表示将全力支持项目团队完成其所承担的研究任务。基地主任龙卫球教授被聘任为课题指导委员会委员。周学峰教授作为北航课题组负责人向会议介绍了课题组的组成、研究思路和研究提纲。

近年来，研究基地从服务国家战略出发，不断加强国家工业和信息化领域的法律研究，承担了多项重点任务。基地常务副主任谭华霖教授作为项目负责人连续多年承担工业和信息化部知识产权推进计划项目，如2015年承担“互联网+背景下中国制造业转型升级知识产权现状、问题及对策研究”、2016年承担“智能传感与控制领域知识产权协同运用研究与推进”、2017年承担“制造强国战略下高校专利运营与实践”等，研究成果为我国工业和信息化主管部门制定相关政策提供了重要的决策参考。

研究基地为C919客机研发及产业化提供法律政策支持

2017年5月5日下午2时许，我国具有完全自主知识产权的新一代大型喷气式客机C919在浦东机场首飞成功，研究基地首席专家张军院士一行应邀了参加C919的首飞仪式。作为研制C919的中坚力量，从我国大飞机专项论证开始，北京航空航天大学相关专家学者在这项伟大的事业中，做出了卓越的成绩与贡献。北京航空航天大学校旗作为一位特殊的乘客，同C919一起飞上蓝天。

值得一提的是，长期以来，研究基地负责人龙卫球教授团队承担了C919重大民机专项产业化法律比较与政策支撑研究等多项重大攻关课题，就大飞机研发及其产业化发展的法律架构和政策事项进行了国际国内对比与完善研究，为中国大飞机研发和生产与市场化提供了及时的法律策略支持。

研究基地举办第一届互联网治理青年论坛

2017 年 11 月 4 日，由《环球法律评论》编辑部、北京航空航天大学法学院、北京科技创新中心研究基地、北京大学知识产权学院及北京中伦律师事务所联合主办的第一届互联网治理青年论坛在北京航空航天大学如心会议中心举行，论坛以“网络空间治理的国际性和地域性”为题，围绕“技术治理与法律治理”“平台治理与互联网规制”“数据保护与网络安全”三个主题展开。论坛协办单位包括《暨南学报》（哲学社会科学版）编辑部、北京大学《网络法律评论》编辑部、《东方法学》编辑部、《北京航空航天大学学报》（社会科学版）编辑部、《北航法律评论》编辑部以及北京火币中国网络技术有限公司。来自全国三十多所知名法律院校的专家学者、互联网企业、司法部门和律师界的代表，共一百五十多名青年才俊参加了本次论坛。

开幕式由北京航空航天大学法学院院长助理毕洪海副教授主持。研究基地主任、法学院院长龙卫球教授对与会学者的到来表示热烈欢迎，并介绍了本次论坛的背景以及讨论主题。中国社会科学院法学研究所研究员、所长助理、《环球法律评论》主编、中国互联网与信息法研究会副会长周汉华教授、北京中伦律师事务所合伙人陈际红律师、《暨南学报》（哲学社会科学版）主编孙升云教授、《东方法学》副主编、编辑部主任吴以扬教授进行开幕式致辞，周汉华教授宣读了本次论坛的获奖人员名单，并祝贺获奖作者取得了好成绩。

在主题报告环节，重庆大学法学院齐爱民教授、北京航空航天大学法学院周学峰教授、中国政法大学李爱君教授以及北京航空航天大学计算机学院朱皞罡教授进行了精彩的主旨报告，多位与会专家学者围绕相关主题进行了精彩点评。

中国人民大学法学院副教授、未来法治研究院执行院长张吉豫教授主持自由研讨环节，与会专家围绕“技术治理与法律治理的关系”“区块链对法律制度的影响”“电商平台的法律性质”三个主题发表意见。

研究基地专家应邀参加工业和信息化部政策法规司新业态重点领域法律制度供给专家研讨会

11 月 22 日，工业和信息化部政策法规司在北京组织召开了新业态重点领域法律制度供给专家研讨会，邀请各领域专家就“互联网＋”、人工智能、大数据、自动驾驶、无人机等新业态领域法律制度供给以及促进制造业法律制度建设等进行了专题研讨。政策法规司司长梁志峰主持会议。研究基地主任龙卫球教授和常务副主任谭华霖教授应邀参加会议。

会上，龙卫球教授从学术视角系统解读了新业态重点领域的迅速发展对立法工作提出的挑战，即一方面法律规范要更好地促进先进生产力的发展，另一方面要进一步保障工业安全、经济安全和社会安全。龙院长针对新业态下企业和个人数据保护问题、法律责任分担问题、网络安全问题、规范平台以防止数据垄断问题、《标准化法》修改问题、劳动法改革问题以及调整既有民法制度等问题进行了全面深入的报告，并对工业和信息化领域相关立法工作提出了具体专家建议，得到了与会专家学者的高度赞同。谭华霖教授重点结合党的十九大精神对当前我国工业和信息化领域立法工作提出了意见和建议，并补充介绍了近年来学院依托北京科技创新中心研究基地、工业和信息化部重点实验室等重点平台在服务和支撑工信部、北京市等政府部门立法和决策方面开展的主要工作及取得的成绩。

梁志峰司长充分肯定了与会专家的意见和建议，指出这次会议是深入学习党的十九大报告关于着力加快发展实体经济、深化全面依法治国实践的新论述、新要求的一次会议。应当按照“鼓励创新、包容审慎”的原则，适时修订不适应产业发展的旧规定，制定促进产业发展的新措施，奋力开创工业和信息化立法工作发展新局面，提升我国产业在新一轮科技革命和产业变革中的竞争力，增强我国经济发展新动能。

来自政府、高校、部属事业单位、企业等方面的 20 多位专家参加了会议。

2016～2017年研究基地承担主要科研项目一览表

项目名称	项目来源	负责人
信息法基础	全国哲学社会科学规划办公室	龙卫球
作为特殊类型法定之债的牺牲责任研究	全国哲学社会科学规划办公室	周友军
航空事故的行政调查与刑事司法的衔接机制研究	北京市哲学社会科学规划办公室	王海涛
高校创新科技成果市场化的模式研究	北京市哲学社会科学规划办公室	陈巍
网络犯罪电子证据原理探析与规则构建	北京市哲学社会科学规划办公室	裴炜
法的自主性问题研究	北京市哲学社会科学规划办公室	泮伟江
智能传感与控制领域知识产权协同运用研究与推进	工业和信息化部科技司	谭华霖
“互联网＋”背景下中国制造业转型升级知识产权现状、问题及对策研究	工业和信息化部科技司	谭华霖
签署《世界无线电通信大会最后文件》相关法律问题研究	工业和信息化部无线电管理局	夏春利
民航无线电管理机制研究	工业和信息化部无线电管理局	夏春利
《中国制造2025》法律体系课题研究	工业和信息化部政策法规司	周学峰
无线电管理相关法律咨询	工业和信息化部无线电管理局	夏春利
互联网新兴业态知识产权法律问题研究	中华人民共和国国家知识产权局	肖建华
大数据时代数据安全与保护法律问题研究	国家计算机网络与信息安全管理中心	肖建华
互联网新兴业态领域法律问题研究	国家计算机网络与信息安全管理中心	肖建华
保证保险的法律性质及风险研究	中国保险监督管理委员会	任自力
统计法治研究	国家统计局政策法规司	孙国瑞
结构耦合：法与社会关系理论的新范式	中国法学会	泮伟江
安全防范信息的采集与利用相关法律问题研究	中国法学会	裴炜
工业和信息化法的体系构建与重点立法研究	中国法学会	龙卫球

续表

项目名称	项目来源	负责人
欧洲伽利略系统管理体制及其卫星导航产业法律问题研究	中国空间法学会	高琦
我国保险纠纷调解处理机制的构建	中国保险学会	任自力
民法典编纂问题研究	中国应用法学研究会	龙卫球
北京市科技经费审计质量优化研究	北京高技术创业服务中心	宋晓东
网络平台法律责任与治理研究	腾讯科技（深圳）有限公司	周学峰
意大利 Knox 案对我国构建以审判为中心刑事诉讼制度的启示	中央高校基本科研业务费专项资金	初殿清
网络服务提供者的刑事责任研究	中央高校基本科研业务费专项资金	孙运梁
市场化债转股法律机制与实证研究	中央高校基本科研业务费专项资金	乔博娟
电子数据证据刑事应用规则研究	中央高校基本科研业务费专项资金	裴炜
全面依法治国与我国风险社会的治理	中央高校基本科研业务费专项资金	泮伟江
外层空间法规则的变迁与国家利益保护	中央高校基本科研业务费专项资金	高国柱
大数据环境下网络安全对策研究	中央高校基本科研业务费专项资金	梁文婷
行政法视野下的产业规制模式	中央高校基本科研业务费专项资金	毕洪海
我国工业和信息化法律体系研究	中央高校基本科研业务费专项资金	乔博娟
我国航天法立法中的重点与难点问题研究	中央高校基本科研业务费专项资金	杨彩霞
电子证据理论与司法应用	中央高校基本科研业务费专项资金	裴炜
科技创新法制研究	中央高校基本科研业务费专项资金	乔博娟
工业和信息化领域立法现状与前瞻	中央高校基本科研业务费专项资金	王海涛

图书在版编目（CIP）数据

科技创新中心建设：法律与政策研究．2017／谭华霖主编．-- 北京：社会科学文献出版社，2017.12

ISBN 978-7-5201-1962-7

Ⅰ．①科…　Ⅱ．①谭…　Ⅲ．①科技中心-建设-研究报告-北京-2017　Ⅳ．①G322.71

中国版本图书馆 CIP 数据核字（2017）第 314549 号

科技创新中心建设：法律与政策研究 2017

主　　编／谭华霖
副 主 编／陈　巍　贾明顺

出 版 人／谢寿光
项目统筹／刘骁军
责任编辑／姚　敏　关晶焱

出　　版／社会科学文献出版社
　　　　地址：北京市北三环中路甲 29 号院华龙大厦　邮编：100029
　　　　网址：www.ssap.com.cn
发　　行／市场营销中心（010）59367081　59367018
印　　装／北京季蜂印刷有限公司

规　　格／开　本：787mm × 1092mm　1/16
　　　　印　张：24　字　数：374 千字
版　　次／2017 年 12 月第 1 版　2017 年 12 月第 1 次印刷
书　　号／ISBN 978-7-5201-1962-7
定　　价／98.00 元

本书如有印装质量问题，请与读者服务中心（010-59367028）联系